秘密

刘宝江 编著

华龄出版社
HUALING PRESS

图书在版编目（CIP）数据

秘密 / 刘宝江编著 . -- 北京 : 华龄出版社，2024.3

ISBN 978-7-5169-2714-4

Ⅰ . ①秘… Ⅱ . ①刘… Ⅲ . ①成功心理－通俗读物 Ⅳ . ① B848.4-49

中国国家版本馆 CIP 数据核字 (2024) 第 001665 号

策划编辑	刘慧滢	责任印制	李未圻
责任编辑	郑　雍	装帧设计	韩海静

书　名	秘密	作　者	刘宝江
出　版 发　行	华龄出版社 HUALING PRESS		
社　址	北京市东城区安定门外大街甲 57 号	邮　编	100011
发　行	（010）58122255	传　真	（010）84049572
承　印	三河市燕春印务有限公司		
版　次	2024 年 3 月第 1 版	印　次	2024年3月第1次印刷
规　格	670mm x 960mm	开　本	1/16
印　张	14	字　数	123千字
书　号	ISBN 978-7-5169-2714-4		
定　价	59.00 元		

PREFACE

前言

大多数人总是得不到想要的东西，并且百思不得其解为什么不想要的东西却一直重复地向自己涌来？于是，他们发出疑问：

为什么我也有梦想，却无法实现？

为什么我想拥有财富，却一直贫穷潦倒？

为什么我想摆脱糟糕的原生家庭，却一直无法逃脱，只能在其中挣扎？

为什么我处处对别人好，却依然不被重视？

为什么我掌握不了自己的命运，始终被命运操控和捉弄？

为什么……

难道这个世界真的不公平吗？难道是这些人运气不好吗？其实，只是因为他们没有掌握人生的“秘密”，关于自我价值的，关于内心的，关于命运的，关于财富的，关于家庭和职业的，等等。这些“秘密”是这个世界上最神奇的法则，也是普通人和强者产生差距的关键。

因此，我们需要了解这些“秘密”：

内心的秘密——我们无法控制别人，但可以掌握自己的内心。我们可能自卑、懦弱，可能有不美好的童年，可能遇到一些心酸的事情，但是管它呢，那又怎样？做好自己，做强大且坚定的自己，而不是浪费时间去抱怨、哀叹，就可以得到想要的，赢得幸福和快乐。

命运的秘密——谁可以掌控我们的命运？是我们自己。在内心深处，我们对于环境、身份、能力、机遇以及自己的理解，决定了我们有什么样的命运。如一位心理学家所说："潜意识才是命运，其他都不是。"这里的潜意识就是指我们的意志，是潜意识层面对自己的看法和评价。

财富的秘密——很多人虽然很忙碌，但是与财富无缘；很多人非常有钱，但是不理解什么是真正的财富。其实，财富包括金钱和物质，也包括身体健康、精神愉悦、内心富足，等等。这才是财富的本质和意义。

世界的秘密——这个世界是残酷的、不公平的，充满竞争和角逐，当然也少不了合作和共赢。想要让自己变得强大，我们需要有才华、能力和天赋，更需要信任、爱与和平。在了解这个世界的规则、强化自身价值的同时，能与其中的人或事和解，成功和美好才有机会一一呈现。

除此之外，人生还有一些"秘密"，事关心灵和思维，事关生活和幸福……

这些"秘密"可能被隐藏了，也可能已被一些人掌握。但是不管怎样，它都是这个世界上最重要且神秘的力量。掌握并实践它，我们的人生才可能发生转变，心想事成才不是一场梦，必然会成为触手可及的现实。

CONTENTS

目录

Part 3 你如何变得更强——那些关于竞争的秘密

Part 4 “你们”如何变得更强——那些关于合作的秘密

Part 5 财富秘密——从头开始，认识财富

Part 6 职场秘密——这里是谁的主场

Part 7 家的秘密——谨防“人生加油站”后院起火

Part 8 思维秘密——最后，你成了什么样的人

Part 1 <<<

人生“源密码”——走进内心世界的“秘密领地”

无论面对怎样的人生，面对怎样的挑战，只要你内心世界足够强大，心理足够有韧性，就会不断地创造幸福和快乐，用自己的力量改变一切。如果你对自己有怀疑，对人生有迷茫，想要触底反弹，就需要走进自己的内心，并使其强大、有韧性。

“不孤单”是人生幻觉，你终究只能靠自己

人是一种群体动物，从出生的那一刻就免不了和别人打交道，依靠父母、兄弟姐妹，交朋友、找伴侣，与同事、伙伴交往合作。这一切都是常态，所以很多人害怕孤单，总想着让他人来陪伴，跟他人分享一些重要的东西，与他人一起做事。好像身边有了人，就有了依靠，有了支撑自己的动力。一旦身边没了人，内心就感觉孤单，充满无力感和迷茫感。尤其是看到熙熙攘攘的人群，看到别人都成群结队、有人依靠、有人帮助，内心更是陷入迷茫和绝望。伤心了，感叹自己孤身一人，无人陪伴；失败了，抱怨无人可以依靠，只能孤军奋战。

作家三毛说：“当我们不肯探索自己本身的价值，我们过分看重他人在自己生命里的参与时，孤独不再美好，失去了他人，我们便惶惑不安。”三毛虽然是这样说，但是她依旧没能逃脱这一命运。她顽强地自我疗伤，并且继续创作，但仍未能走出失去丈夫的悲伤与绝

望。最后，她选择自杀，结束了自己的生命，也留下了遗憾。

孤独真的能让人无法逃脱吗？其实，并非如此。

这些人似乎忘记了，没有人能一直陪着你，也没有人能永远成为你的依靠。每个人的人生终究都要一个人去走，苦和痛都得自己扛，事都得自己做。虽然有父母和兄弟，但是生活中的很多苦与累只能一个人承受；虽然有很多朋友，也有伴侣，但是那些出其不意又必须经历的苦难，依然需要一个人去面对。更重要的是，只有靠自己，也只有让自己强大，坚持再坚持，顽强再顽强，才能成功和幸福地生活。

靠自己，不是排斥他人，让自己生活在“孤城”中。靠自己，是在生活中不断强化自我价值，确立人格的独立、自主以及正确的自我感；同时，不依赖他人，不把希望寄托在他人身上，更不会渴望通过他人改变自己的命运。

一个男孩考上一所重点高中，这所学校是当地数一数二的，是很多人“挤破脑袋”都想进去的。男孩成绩优秀，但是有点儿“不合群”。别人三五成群，他总是孤单一人，上课、下课都是如此。除了参加课堂讨论、集体活动，他几乎不参加群体活动。然而，他的努力的确让人佩服和尊重，就是靠着这一份努力和执着，男孩考入重点大学，成为当地的高考状元。

直到看到媒体报道，同学们才知晓他家中的一些事情。男孩父母常年在外工作，只有爷爷奶奶照料他的生活起居，所以他很懂事，从小就很独立，什么都靠自己。因为是留守儿童，也没有兄弟姐妹，男孩时常受人欺负，没有人帮他、护他，但他都自己承受下来，从不把受欺负的事情告诉爷爷奶奶。因为他顽强、有勇气，也敢于反抗，到了初中便没人再敢欺负他。

初中时期，男孩也叛逆过，和一些不好好学习的孩子混在一起，逃课、打架时有发生。大人们都说这个孩子学坏了，说不定会成为不读书的小混混。可是，这样的情况只持续了一年时间，初三的时候，男孩就“恢复如初”，彻底与“坏小孩”断了联系，把时间和精力都投在学习上。

只因为爷爷奶奶身体逐渐不好，尤其是爷爷年纪大，劳累过度，开始卧床不起。爷爷把男孩叫到身边，对他说：“孩子，你父母不在身边，爷爷奶奶又不能帮助你，你唯一能依靠的只有自己。所以，你一定要好好学习、好好生活，尽最大的努力照顾自己，考上一个好学校。这不是为了任何人，而是为了你自己。”

听了这话，男孩彻底醒悟了。他努力学习，不断让自己强大起来，同时还要照顾身体越来越不好的爷爷奶奶。虽然这样的生活很苦很累，但是他却咬牙坚持着，一直没有放弃。也是因为这样，男孩越来越优秀，成为同龄人中的佼佼者。

当你独自一人的时候，会感到身边万分寂静；当你无人依靠，只能靠自己的力量完成一些事情时，会感觉有些吃力……但是，你必须知道：只有靠自己，做人才有底气，才能拼出属于自己的天地。

这个世界上，没有人能一直陪着你走下去，父母家人、伴侣、朋友、同事乃至对手，都有可能随时离开你。更何况，身边有人并不是我们孤独的真正原因，有人依靠和帮助也不是我们成功的根本原因。

身边有人，却无话可说，无人理解，孤独感更强；有人依靠和帮助，自己不独立、不强大，照样无法成功。

因此，不要因为感到“孤单”，就让身边围绕着一群人；不要因为独自一人，感觉自己渺小、势单力薄，就想着依靠他人。不孤单，是一种幻觉。即便你身边有很多的人，但是发现你所有的话都无法向别人说，所有的事都得一个人去承担，这才是真正的孤单。有些时候，“孤单”不是一件坏事，它可以让我们更独立、强大，在脆弱的时候自我鼓励、自我挑战，让我们和自己和解，而不是无病呻吟、到处求助。

当然，靠自己也不是推开所有的人，排斥所有人的安慰、支持与帮助。真正地靠自己，是学会做自己的主人，愿意依靠自己的努力改变生活，不再为他人而放弃自己。当父母不在身边的时候，我们能自主自立，做自己能做的事情，活出属于自己的精彩；当朋友不关心自己的时候，我们可以自我安慰，从悲伤、痛苦中走出来，好好地生活；当面对生活的困难与捉弄，就算知道自己是孤身一人，也有勇气和胆量去拼搏，充满希望与向上的心。

简言之，安全感和成功是需要自己去争取的，也是靠自己挣来的。所以，不管经历过什么，不管现在的生活如何，我们终究要靠自己，而不是任何人。只有依靠自己，才能让自己足够强大，这样才不会陷入追寻“不孤单”的幻想中，更不会妄想始终依靠他人。

人终其一生，不过是在追求童年的缺失

童年缺失什么，人们长大后就会苦苦追求什么，执着得到什么。缺少了爱，就会苦苦地追求爱；缺少了自由，就会渴望自由，不再受任何人、任何事束缚；缺少物质条件，就会热衷于金钱，对于物质的渴望也会异常强烈。

心理学家认为，存在童年情感缺失的个体，长大后几乎是以报复性的方式治愈自我。比如童年时期，家庭条件不好，父母习惯了节俭，不会特意给孩子买零食、做美味的饭菜，只有过年或亲朋好友来做客，家里才会吃一顿好的，或是父母会给弟弟、妹妹买些零食，自己时常吃不到，只能在一旁看着。长大后，这些人会特别喜欢买零食，品尝各种美食，弥补童年的缺失，同时也在治愈自我。

再如，父母比较刻板、固执，对孩子的要求非常严格，总是制定很多规矩，然后要求孩子按照规矩去做事，不得“越雷池一步”。长大后，这样的人往往喜欢体验新的事物，尝试父母曾经不让自己去做的事情，不再循规蹈矩，不再愿意遵守一些规则。在他们看来，越是新的东西，越是“不合规矩”的东西，越具有吸引力。

当然，这些人已经认识到童年的缺失，于是和自己“斗争”，弥补这些缺失，改变自己，完善自己。事实上，很多童年的缺失给人留下了很大的伤痕，这些伤痛多数埋藏在心中，影响着我们的行为、心理，困扰着我们的生活，但是我们却毫无察觉。很多时候，就算察觉了，也无法摆脱、无法改变，只能让自己陷入其中。

人们常说：三岁看大，五岁看老。人的性格、心理都是在小时候就形成的，环境、父母的教育方式、父母的行为以及态度都会影响孩子，造成孩子童年时期某些东西的缺失。比如，自卑、敏感、讨好等性格的形成往往都源于其童年受到的影响，等到长大真正学习思考后，人们便开始修修补补，追求或弥补童年的缺失。

又如，具有讨好型性格的人，是因为童年时期缺失了爱、关心和重视。因为缺爱，不被父母重视和珍惜，所以他的自我价值感非常低，渴望得到爱和关注，不停地追求别人的认可，甚至活在别人的期待里。为了得到爱与关注，他们企图讨好每个人，愿意做任何事。

为了得到朋友，不管什么时候，他都听从别人的，不敢拒绝，且想办法讨朋友开心；为了得到父母的爱，他们细心、体贴，把父母照顾得很好，把自己辛苦赚来的钱都交给父母，还无条件地支持和帮助弟弟妹妹；为了让爱人不离开自己，他们只付出、不索取，愿意做任何事，愿意受任何委屈，甘心做“舔狗”。

讨好的背后就是补足童年时期缺失的爱和安全感，等到发现讨好无法得到预期的效果后，他们可能会自我质疑和否定，更加急迫地追求别人的认可，然后更加卖力地讨好。因为感受不到爱和自我价值，他们陷入空虚与执迷，下意识地、无法自控地讨好所有人，态度越来越低微，行为越来越激烈，甚至丢掉了自尊和人格。

《被嫌弃的松子的一生》中的松子就是如此。松子有个生病的妹妹，备受父亲的喜欢，简直是被宠爱的公主。与之相反，松子却不被父亲喜欢，甚至不被看到、重视。看着妹妹得到了爱，她内心产生了嫉妒，也渴望得到父亲的爱。于是，她想办法讨父亲开心，希望父亲能多给自己一些关注，但是效果都不佳。

一个偶然的机会，因为做鬼脸取悦了父亲，所以她就像找到“灵丹妙药”，开始拼命地做鬼脸来逗父亲笑。在她的认知里，讨好才能得到认可、关注与爱，所以她习惯了讨好，长大后更是如此。

她当上了中学教师，班上学生拿了别人的钱，她认为用自己的钱还上就可以解决问题，于是就拿了其他教师的钱，再加上自己的钱，还给了事主。当事主问她为什么不把小偷带来时，她甚至承认是自己偷的钱，结果失去了工作。

后来她离开了家，找到一个男友。这个男友是个怀才不遇的作家，心理有些问题，时常打松子，还让她出去赚钱。松子不仅不反抗，反而拼命地讨好，不惜忍受虐待、出卖自己，甚至还吸了冰毒，只为男友能爱自己、重视自己。尽管如此，她依旧没能得到想要的东西。所以她开始堕落，不停地更换男友，和混混们在一起，卖力地讨好，企图找到一份爱和认可。

松子想要通过讨好来获得爱，希望能弥补童年的情感缺失，但是因为看不到自己的价值，也无法摆脱内心的“魔”，所以无法真正与自己和解，更无法让自己得到救赎。结果，在讨好中，她彻底失去了自我，越是想要追寻越受伤，得不到爱与自我。

弗洛伊德说：“人的一生总是在弥补童年的缺失。”童年的缺失，大多在潜意识中藏着，让人们无法察觉，也影响着我们的人生。接下来，人们可能会认识它，弥补它，改变它。然而，有些人治愈了童年，有些人却无法治愈，苦苦地追寻着，依旧找不到出路，挣扎其中。

如何弥补童年的缺失，又如何走出童年的阴影呢？其实需要做到以下几点。

第一，接受缺失和创伤。

童年的缺失，童年的渴望，可能会被隐藏、压抑在内心中，也可能在某个时期突然爆发出来。没有人是无缺陷的，就像毕淑敏说的：“即便是在一个非常完美的家庭中成长的孩子，也难免会受到心灵的伤害，造成童年时期某些东西的缺失。”所以，当我们发觉自己有缺失和遗憾，要接受它，同时也接受自己。只有接受了，才能正视它，然后改变自己、治愈自己。

第二，给自己无条件的爱，鼓励和拥抱自己。

决定我们人生的，不是任何人，也不是童年的缺失，而是我们自己。我们需要爱，但前提是给自己无条件的爱，鼓励自己、拥抱自己、爱自己，这样才能够让自己强大，看到和认可自己的价值。

我们都期待有一个完美的童年，但事实上，每个人都需要靠自己，一个人背负着伤痛、遗憾、希望而努力前行。给自己无条件的爱，鼓励自己，告诉自己值得被爱，对自己负责，而不是让他人影响、控制你，你才能够渡过难关，治愈自己。

第三，建立持续且亲密的关系。

好的、持续的亲密关系，可以让一个人脱离低价值感，拥有勇气、信心，进而变得强大。当一个人成为最好的自己时，他就可以弥补童年的缺失，完全自我治愈。所以，我们需要想办法确立好的且持续的亲密关系。

“悲观”的同义词是“远见”

悲观，是一种远见。

因为鼠目寸光的人，活在当下，及时享乐，不考虑未来如何，自然不可能悲观。有远见的人，会把一件事想得很长远，想要面对和挑战未来与未知，思考未来会有什么样的变化，这些变化具有哪些不好的影响、带来多少危机，这些变化万一失控会怎样，所以会产生焦虑、害怕，自然快乐不起来。

从某种意义上说，悲观是一种真正的乐观。这里所说的悲观并不是心态上的悲观，而是一种对于事物本源认识上的悲观。比如，认识到事物不是完美的，有着很多缺点、不足，也有坏的一方面；事情会朝着坏的方向发展，产生很多不利的后果；我们没有自己想象中的那么强大，在现实面前，我们的力量是渺小的，会陷入失败、挫折、痛苦。我们的很多愿望不能实现，现实往往让我们陷入痛苦之中……

然而，这里的悲观并不是彻底的悲观，也不意味着只看到现实的坏与悲，只看到自己的渺小与无力。与此同时，悲观者的心态是积极的，他们能够接受现实，却不陷入自我逃避、自我厌弃之中，反而努力让事情朝着好的方向发展，努力战胜现实、战胜自我。

有一个年轻漂亮的女孩，名叫维罗妮卡，虽然她有好的工作，但是是仍决定自杀。理由有两个：一是生命中的一切都是一成不变的，一旦失去青春，一切都会朝着坏的方向发展。衰老了，疾病来了，朋友们远去了；活着不会为生命增添光彩，相反，受苦的可能却大大增加；二是她经常看报、看电视，知道世界发生了什么，发现一切都错乱了。她感觉自己很无能，无法改变世界。

既然不好的事情只会越来越多，为什么不趁早死去呢？于是，她选择结束自己的生命。

这个女孩就是彻底的悲观主义者。我们不能说她是聪明者、有远见者，因为她的选择只有一个——逃避。逃避是彻底的悲观主义者的一大行为表现，在积极的悲观主义者身上却没有这样的特质。

有人问作家木心："您是悲观主义者吗？"

木心回答说："其实悲观主义是看透了，但保持清醒、勇往向前。释迦牟尼就是一个悲观主义者，可是他的大雄宝殿题了四个字——'勇猛精进'。悲观主义止步，继而起舞，这就是悲剧精神。"

这是木心对于悲观的解释，看透了世界的悲与喜、好与坏、黑暗与光明，但是并不逃避、绝望，而是选择继续前进，朝着美好的未来而努力。

简言之，这里的悲观是积极的悲观主义。相比于相信"生活很美好""有志者，事竟成"的盲目乐观主义，积极的悲观者认识到世界其实并不美好；相对沉浸于"这个世界很糟糕""我就算努力了，根本也不会成功"这样彻头彻尾的悲观主义，积极的悲观者则能认识和接受最坏的结果，但依旧做最好的打算和最大的努力。

或许有人会问：乐观有什么不好？不是说乐观不好，而是说盲目的乐观并不好。乐观可以让人身心愉悦、积极向上，但是看不到自身的局限，也看不到自己与目标之间的差距。

纽约大学的一位心理学教授做过这样一个研究：凡事都往好处想，保持乐观的心态，真的会比较容易成功吗？对于这个问题的研究，这位心理学教授坚持了整整20年。结果发现：过分地乐观思考经常会妨碍我们，可能会麻痹我们的意志，让我们觉得达到目标是件顺理成章的事情。也就是说，越盲目乐观，目标就越难以实现。

心理学家做了很多实验，观察了不同年龄、不同国籍、不同目标的人，结果是一样的：这种乐观对于成功并无帮助，反而阻碍了目标的实现。因为它让人们丧失了追逐目标的行动力，认为结果是好的，只要付出一点努力就有收获，无法再想得长远，或者为了逃避过去的不好和未来的无知而努力地活在当下。

生活中有很多人总是说生活很美好，我能实现自己的梦想，也制订了很多计划，做了不少事。但是，事实却不如人意，计划没有办法执行，梦想的实现也遥遥无期。归根结底，就是这些人太乐观了，把现实“幻想”得太美好了——幻想着随处都有机遇，只要努力做事就能马上有收获。

积极的悲观主义者则不会盲目地乐观，他们能看到坏的事情，做最坏的打算，但是选择接受这个事实，然后积极地过好每一天，努力让坏的事情慢慢变好。恰如维克多·弗兰克在《活出人生的意义》中写道：“悲观主义者好比一个恐惧而悲伤地看着墙上的挂历每天都被撕掉一张，挂历越变越薄的人；而积极地应对生活的人好比一个每撕掉一张就把它整整齐齐地摞在一起，还要在背面记几行日记的人。”

从另一方面来说，积极的悲观主义其实内含“人有远虑，而无近忧”的思想。陶渊明是东晋末年的大诗人，也是一个有远虑的悲观者。生逢乱世，他看到了官场的黑暗，也看到了东晋的危机，想着施展抱负，上阵杀敌，改变现实。然而，朝政已经非常腐败，官场已经异常黑暗，仅凭力量渺小的他是无法改变的，所以他不愿同流合污，也不愿自甘堕落。

在这种情况下，陶渊明选择归隐，过着“躬耕自资”的生活。虽然生活十分贫困，家徒四壁，有时连饭都吃不上，但是他每天都辛勤劳作，日出而作，日落而息，耕地之后还会读书、写诗。因为陶渊明有远虑，能居安思危，所以才能避免深陷困顿，过着悠闲自在的生活。

“人无远虑，必有近忧。”这句话非常正确，总是把烦恼的事情抛之脑后，想着活在当下，不看未来，不考虑明天会怎样，肯定会有麻烦。我们需要有远虑，也需要适度的“悲观”，否则就是鼠目寸光，进而陷入失败、痛苦之中。

可以说，悲观源于潜意识的远见，保持着适度的悲观，看到未来的“坏”，也看到自己的渺小。同时，努力做积极的悲观主义者，不悲不喜，不逃避，不放弃，努力做着最好的准备、最大的努力，自然可以开启新的生活。不陷入盲目乐观的假象，不只看眼前，自然不会事与愿违。

理解自身阴暗，是对付身外阴暗的最好办法

不得不承认，这个世界有很多丑陋和黑暗的东西，也有很多心理阴暗的人。职场上，朋友圈中，生意场合……一些人有着不为人知的阴暗面，表面和善，内心却充斥着嫉妒、算计，甚至中伤。

就像在职场上，表面上相互团结、谦虚友爱，但是私下里各有各的心思，都在争取自己利益的最大化。团队共同负责一个项目，个别人做事不积极，争功劳第一名；出了问题，想办法把责任推得一干二净，甚至还给同事下绊子。

微和雪是大学闺蜜，两人进入一家公司。闺蜜变同事，交情更好起来，一起上下班，一起吃饭、逛街。有一段时间，公司拿下一个大业务，需要短时间内完成，于是公司上下熬夜加班成了常态。微和雪负责不同内容，但是关联性比较大，于是两人下班后也时常讨论、商议。微想出一个好创意，谈话时透露给雪，谁知第二天雪就提出新意见——采用了微的创意。

功劳成了雪的。而且，微还发现雪时常把自己的抱怨告知给领导，让领导对她有了不好印象。后来，微辞职了，与闺蜜的关系也淡了。她时常和人说：“如果你有闺蜜，千万不要和她进入一个公司。”

从雪身上，我们看到了一个人的阴暗面——因为自私，只顾自己利益，不惜牺牲友情。人之所以有阴暗面，是因为人性的弱点。因为蛋糕就这么大，想要得到更大的一份，势必要突出自己，争抢别人的那一份。职场是残酷的，想要升职加薪，势必比别人“多做一些”。因为利益，因为人性，你认为是最亲密的人，反而成为伤害你的人。

因此，不管在职场还是生活中，做事不是最辛苦的，游走在人与人之间，看透人性，对付他人的阴暗面，才是最累的，也是最难的。我们除了要好好努力，做好自己的事情，更要认识人性，了解人性中的阴暗面。

第一步，也是关键的一步，就是理解自身的阴暗面。老子说：认识自己，就是认识他人。卡尔·荣格也说：“理解自身的阴暗，是对付他人阴暗一面的最好方法。”这个世界没有完全相同的人，但是基本上所有的人有着人性共同的阴暗面。你我心中都有阴暗的一面，这就是人性的弱点。嫉妒、怀疑、伤害、不满足等是普遍存在的，而且无法克服。别人升职了、成功了，你不服气，这就是嫉妒；明明与他人关系不错，却为了利益、金钱而陷害、重伤他，这就是自私、利欲熏心；看到他人胆子小，就故意欺负、占便宜，这就是恶心；认为自己高人一等，就应该有高的收入，比别人出色，这就是傲慢……你内心中有的阴暗面，别人也有；你思考过的恶，别人也思考过。

只有了解自己的阴暗面，控制住自己，才能知晓他人的阴暗面，进而保护自己，不受欺负、欺骗、蒙蔽，在人际交往中游刃有余。因为敢于接受自己阴暗的一面，所以你更坦荡，不再被负面情绪伤害，反而慢慢地积蓄起正面的能量，让别人很难利用阴暗的一面对付自己。

因此，想要了解和对付别人的阴暗面，就必须先了解自己内心的阴暗面。如何做才能了解自己内心的阴暗面呢？

第一，注意自己的情绪反应。

人人都有阴暗面，但是它存在于我们的内心和潜意识中，我们的防御机制会把它深深地藏起来。这时候，我们需要关注自己的情绪，尤其是遇到难题、危险以及与人发生矛盾时，在行为中捕捉真实的情绪反应。

在利益面前，你表现出自私、欲望，对别人的成功有强烈的反应；在危急关头，你退缩逃避，急于把别人推入火坑换取自己的安全；被同事惹怒，你咄咄逼人，甚至怀恨在心……这些真实的情绪反应都映射出你内心的阴暗与邪恶，就是你内心深处最不愿承认的人性。

第二，与内心对话，积极反省自己。

每个人的内心都有恶，然而有些人作恶了，有些人却没有。原因很简单，后者有道德，讲原则，能够克制自己。也就是说，虽然他思考过恶，比如受到不公的时候报复他人，在面对利益的时候排挤、陷害他人，但他没有去做，而是努力做到自律、自制和自省。

与自己的内心对话，是反省自己、审视自己的活动，可以让我们注意到自己的情绪，更好地倾听内心的声音，认识真实的自己——包括好的一面，也包括坏的一面，这样才能在内心中树立正确的“三观”，明辨是非。

当然，这说起来很容易，做起来并不容易。认识真正的自我，意味着看到人性中恶、阴暗的一面，接受自己不愿意承认的部分。这会让人不舒服，所以我们才需要努力去做。只有直面和接受了它，你才具有挑战和改正的勇气，真正做到正面迎击他人行为和想法的阴暗。

第三，挑战好的一面。

想要认识和正视自己的阴暗面，我们需要认识和正视自己身上积极、善的一面，列出自己所有积极的、美好的品质，如善良、宽容、谦虚、友好等，然后再找出这些品质的对立面，对照看看自己是否压抑了恶的品质，让一些阴暗面躲藏在内心深处。

第四，正视自己的阴暗面，接受它，而不是逃避。

我们总是希望自己是完美的，最起码是好的、善的、积极的，身上没有恶、消极，没有阴暗的一面。但是嫉妒、恨、自私、利益心等人人都有，我们没有理由只接受好的一面，而不接受坏的一面。

逃避、不接受阴暗面，往往会受它所累，在内心脆弱或是身处困境时让它肆虐。相反，正视它、接受它，反而不受其控制。所以，我们需要找到它、接受它、挑战它，并且不断地完善自己，自然就可以改变它了。

别总想做“好人”，努力做完整的人

人有好与坏之分，这里的好包括行为好、习惯好、人格好，当然还有身上具备的“闪光点”。生活中，绝大部分人想做“好人”，也努力去除身上的不足、缺陷，以及阴暗的一面，甚至努力成为完美的人。

可是我们也知道，没有人只有“好”的一面，更没有人能做到完美。有好也有坏，有善的心也有恶的念，有闪光点也有不足之处，经历了喜事也遭受了苦难，这样人才是完整的。虽然他不完美，但是拥有完整的人格与人生。

简单来说，我们要接受自己的不完美，正视和接纳自己身上那些并不“好”的地方。总想着做“好”人，无法接受和否定身上的不足，很容易陷入自我厌弃的境地，长此以往，心理就会存在各种问题，使得人生越来越糟糕。

一个女孩身材肥胖，正是因为这样，她的内心非常自卑、敏感，害怕与别人交往。她想要变“好”，成为身材苗条、青春靓丽的女孩，希望能与朋友快乐地交往，可是努力了，依旧无法让自己瘦下来。

她陷入矛盾之中——一边想要变“好”，一边厌弃自己。再加上父母的不接纳，女孩的心理出现了问题。父母对女孩充满嫌弃，总是责骂和贬低她，说：“继续看着你，我会死掉！”“我不想看到你！”“我为什么生了你这样的孩子？别让我看到你那张脸！”

于是，女孩开始逃避现实，完全不能接纳真实、完整的自己。她找到了一个精神寄托——在网络上自拍，然后把自己PS成“漂亮、瘦瘦”的女孩。这让她得到了很多人的赞美，也让她完全迷失、失控，开始沉迷于虚幻的世界。

女孩拒绝与现实中的人交往，整天热衷于自拍，然后等待着网络上的夸奖与赞美。表面上看，她变“好”了，得到了精神的满足。实际上，这一切都是虚无的，不过是她的自我欺骗、自我陶醉罢了。只要她一天不接受完整的自己，不正视身上的不足，永远也无法获得真正的幸福与美好。

实际上，女孩长得并不丑，五官很好看，皮肤也很白皙，如果能正视和接受自己，努力减肥，必然能实现“梦想”——变成瘦瘦的大美女。

所以，不要总是强迫自己完美，也别总是强迫自己成为“好人”。每个人都是矛盾的统一体，有好的一面，也有坏的一面，有优势，也有不足。就像接受太阳的背后是阴影一样，我们需要接受自己身上不好、不足的地方，承认它是完整的我们身上的一部分。

一味地强求，只是把自己置于谎言和虚幻之中，让自己失去对自己的正确认识、接纳，失去对生命完整的感受与体验。换句话说，与其如此，不如尝试着接纳自己好的一面和不好的一面，努力做个不那么完美但完整的人。只有努力做个完整的人，接纳这个不完美但真实的自己，才能与自己和解，更好地改变自己，并且与他人、世界的关系也会变得更好。

来看这个故事：

一个人的命运很坎坷、悲惨，他为自己有这样的命运感到悲哀，于是祈求上帝帮助自己改变命运。上帝对他说：“如果你能在这个世界上找到一个对自己的命运完全满意的人，我就会改变你的命运。”

这个人觉得这并不难，自己很容易就可以找到这样的人，于是满心欢喜地出发了。他找到这个国家的国王，询问他是否对自己的命运完全满意。谁知国王竟然叹着气说：“虽然我贵为国君，有无上的权力和享受不尽的荣华，但是我却整天提心吊胆、寝食难安，担心国家能否长治久安，是否有人觊觎自己的王位。我对自己的命运并不满意，觉得还没有一个流浪汉过得快活自在。”

听了国王的话，这个人很是困惑，不得不离开皇宫。在路上，他遇到一个流浪汉，正晒着太阳，脸上落出满足与惬意的微笑。这个人认为国王说得没错，于是便询问流浪汉是否对命运非常满意。

谁知流浪汉大声喊了起来：“你是在开玩笑吗？我每天都过着食不果腹、衣不蔽体的生活，怎么可能对命运满意呢？”说着，他开始抱怨上帝的不公平，说有机会就要祈求上帝改变自己的命运。

看到这样的情形，这个人只能离开，继续寻找。之后，他走了很多地方，询问了很多人，可是每个人都说自己对命运不满意，抱怨生活的种种不如意。最终，这个人有所感悟，不再抱怨。

这时候，上帝出现在他的面前，问道："你是否还觉得自己的生活很悲惨呢？"

这个人笑着说："不，我终于明白了：每个人的命运都有不如意的地方，因为我抱怨和苛责，所以才会感觉生活悲惨。现在，我发现命运很眷顾我，给了我很多东西，我很满意现在的生活。"

上帝点点头，说："是的，你的命运也将发生改变。"

是的，不管是谁，每个人的命运都有精彩、美好的一部分，也有遗憾、不美好的一部分。我们只看到遗憾、不美好，抱怨命运不公，抱怨自己得到的少，然而纠结、追寻、挣扎，恐怕会失去更多。有美好和不美好，才是生活的常态；有幸福和痛苦、坎坷，才是完整的人生。

追求美好没有错，但是只看到自己的遗憾，放大生活中的不美好，很容易陷入"求而不得"的抱怨、挣扎，进而失去积极正向的心，以及努力、坚强和勇敢。再完美的人生也有缺陷和遗憾，同样的道理，再"好"的人也有不好、不美、不足的地方。因此，我们要学会接纳它，真实地面对这个不完美但却真实、完整的自己。

看看自己，好的一面和不好一面，你喜欢的那部分和不喜欢的那部分，你的闪光点和缺陷，都是属于你的，组成一个真实、完整的你。关注它们的存在，接纳它们的存在，别否认任何一个特质，距离成为最好的自己就不远了。

人要怎么活，才不辜负此生

很多时候，我们感叹别人的成功，心底充满羡慕和嫉妒，或许也曾暗暗发誓要努力拼搏，然而终归因为种种而半途而废，安于现状。看着被别人越甩越远，你开始是不甘、难过，慢慢地不再抱有希望，心中只留下一阵无力与悔恨，然后在浑浑噩噩中虚度了青春与年华。

这一生，我们赤裸裸地来了，不是我们的选择，我们也无从选择。我们唯一能做的，就是选择怎样活着。

怎样活着，才算不辜负此生？问一千个人，或许会得到一千个答案。其实何须如此烦琐，该来的终究要来，该去的始终无法挽留，如果能够珍惜活着的时间，用有限的生命创造无限的价值，对于我们的生命而言，就是一种极大的奖励，虽然这可能有些孤独。

在人类历史的星空中，有这样两颗星，他们孤独地燃烧着，熄灭了。直到很多年以后，他们的光才射入我们的眼睛……

尼采和梵·高就是这两颗星，一颗星照亮了人类思维的空间，一颗星将人类的艺术生活演绎得更加深邃。他们同样出生在偏僻的乡村，从小接受的都是仁爱思想，是同样的孤独。

1888年是尼采创作的高峰。这一年，他接连写了五本小册子:《偶像的黄昏》《瓦格纳事件》《尼采反对瓦格纳》《反嫉妒》《看，那个人！》，这时的他籍籍无名；1888年，梵·高也处于艺术巅峰时期，他经典传世的大多数画作产生于这一年:《向日葵》《开花的果园》《阿尔卑的吊桥》《收获景象》《自画像》等，而他同样名不见经传。

1888年，当尼采接近崩溃的时候，世界“发现”了他，第一次有人欣赏他的哲学；1889年，梵·高的生命之火即将熄灭，他的弟弟第一次卖掉他的画，于是，他也被世界“发现”了。

这两个人在生命的大部分时间里，同样地不为人知，认识他们的人都叫他们是“疯子”，他们被排斥在人群之外，是世纪末的孤独者，也是新世纪的早生儿！

百年之前，这两位孤独的大师走完他们短暂的人生，留下的却是灿烂与辉煌。尼采和梵·高的个性注定了他们的命运——为了艺术，为了揭示人生，孤独地追求自己的梦想。他们那不安分的灵魂一直在苦苦追寻着。他们没有品尝过爱情，没有完整的家庭，没有直接的收入，甚至连朋友都没有，他们的孤独常人难以领悟。而在这世纪末的孤独里，他们又为下个世纪甚至是后几个世纪的人们点燃了火炬。

或许在常人看来，这两个人的生命里除了艺术只有孤独，但其实还有爱与激情。真正的爱与激情是最孤独的。正是出于对生命的激情以及爱的理由，尼采在万丈红尘中艰难地跋涉着；也是因为同样的理由，梵·高在色彩斑斓的画作中，呼唤着自由与爱的到来。尼采说过：“怀着你的爱和你的创造到你的孤独里去，很久以后，正义才跛脚跟在你的后面。”

尼采和梵·高之所以如此孤独，是“因为他们感到有一条可怕的鸿沟，把他们同一切传统分离来置于恒久的光荣之中”。这是整个盲从的世界中一个真实的人的孤独，是一切向传统挑战的思想战士的孤独。他们怎能够忍受如此的孤独？一切源于他们想要超越自己的信念。尼采和梵·高犹如梦游者被唤醒，他们为自己缔造了一个全新的世界。

转眼间，一百多年过去了，百年前的孤独背影越走越远，但是他们的足迹却留在人们前进的道路上……

生命的意义是什么？不是金钱，不是情欲，不是一切身外之物，而是爱与激情。这是生命真正的幸福、快乐之源。虽然有些孤独，但它使我们在实现社会价值和个人价值的同时，超脱了私欲纠缠，进入高贵的状态。

孤独与空虚虽然看起来有几分相似，但它们之间并不能画等号。孤独的人，也许很难被人理解和接受，但这并不代表他的生活方式消极而落寞。孤独的人可以寻找到最初想要的本真。经历孤独，他们才可以感受到自己的坚强。

当我们学会感受人生的悲喜与无奈，也就更能明白如何改变生活的态度，让自己的心灵在孤独小舟之中小憩，就能享受孤独。如果能够很好地把握孤独，它不仅不会把一个人湮没，反而能够成为我们休息、调整的空间。在那里，我们可以找到不一样的感受，找到心灵的新起点，找回生命中最珍贵的东西。

我们要忍受平凡、忍受孤独，更需要在平凡中创造不凡，不断地磨炼和锤炼自己，加之努力与坚持，让所有的利好向自己聚集。在那之前，我们需要认识自己，使自己强大起来，而不是任由人性中的弱点侵扰、控制自己，这样才有能力抓住身边的一切，如爱情、成功、幸福，而不是被后悔与落寂包围，才不会一步错、步步错。

《围城》里面的方渐鸿，因为懦弱，失去了爱情与自信，毁掉了未来，最终人生只留下凄惨；《平凡世界》里的孙少安，有自己的理想，敢于冒险，从来不怯懦退缩，虽然经历了无数磨难，但是始终没有熄灭心中的梦想，最后迎来了成功。

恰如路遥在《平凡的世界》中说的："生活不能等别人来安排，要自己去争取和奋斗，而不论其结果是喜是悲，但可以慰藉的是，你总不枉在世界上活了一场，有了这样的认识，你就会珍重生活，而不会玩世不恭，同时，也给人自身注入一种强大的自身力量。"

每个人都有自己的活法，也有自己的选择，但是所有人都需要明白：人一生追求的并非安逸的生活，而是朝着一个梦想去努力。这才是一个人真正的价值，该有的活法。忍受平凡，忍受孤独，在这个过程中，从未找过不努力的借口，从未辜负生命的价值，如此才能活出自己想要的模样，不辜负自己和此生。

Part 2 <<<

一个最核心的秘密——谁在操控你的命运

谁在操控你的命运，环境、身份、性格、教育还是其他因素？人的命运受到很多因素的影响，然而，能操控它的最终是自我。从过去到未来，虽然我们被父母、环境、偶然事件影响，但是真正做自己，有自己的思想，时刻激励自己拼命努力，最后便可主宰自己的命运。

命运操控者一：环境

人是环境的产物。

不同的环境造就了不一样的人生。有的人不缺资源和机会，事业风生水起，生活一帆风顺；有的人目光所及之处，大概也就一亩三分地，工作坎坷，生活也是一地鸡毛。这样迥异的生活，都可以说是命运。

退一步说，就算后者有能力，有梦想，但是环境不同，认知不同，结果也有差异。现在谁不努力，那些风吹日晒搬砖、跑运输的人不努力吗？那些晚睡早起、挤公交、加班到深夜的打工人不努力吗？恰恰相反，他们可能比任何人都努力，但却难以有太大提升，也很难有翻天覆地的变化。

环境或者说平台、圈子，决定了人们成长的速度和突破的可能性。从资本上说，环境比较好、平台高的人所拥有的资本远远超过环境不好、平台低的人，在付出的努力相同的情况下，前者获得的机会比后者多，成功的概率自然也比后者多得多；从信息获取渠道方面来说，环境比较好、平台高的人的社会地位往往高于环境不好、平台低的人，前者所能获得的信息、机会自然比后者多，眼界也比后者高，自然能率先行动，更敢于行动；从信用价值上说，不管是人脉还是圈子，环境比较好、平台高的人都更占优势，能为他人提供更多的个人价值，自然能赢得更具有价值的人的帮助与支持。因此，无论是做生意还是干事业，在付出相同的情况下，环境越好，平台越高，圈子越大，就越容易达到目的。

社会就像一个金字塔，有的人站在顶端，有的人留在底端。环境决定了一个人的资本和视野，资本和视野也决定了人的思维与行为，最终决定其命运。越是处于优越环境之中的人，他站得越高，所能看到和控制的东西就越多，得到的也就越多。

孟母三迁的故事，“时势造英雄”的俗语，就是最好的证明。一个人所在的环境，很大程度上决定了他的命运。一棵白菜，经过盐水的浸泡、腌制，就成了酸菜，但是经过辣酱的浸泡、腌制，就成了辣白菜。同样，一个人生活在繁华的大都市，这里有包容、创新等精神品质，身边的人有想法、有梦想，对未来有好的规划……这个人定将有所作为。相反，一个人生活拥挤、破旧、保守的环境，身边的人总是有各种抱怨、认命，不肯走出安逸的小圈子……这个人未来恐怕也会与身边的人一起堕落。

举个例子：一个学生考入了一流大学，一个学生进入了普通大学，他们的人生境遇就会截然不同。先说师资，一流大学的师资也是一流的，教师不仅会教学，还会创造发明，不断实现学术上的突破。

斯坦福大学之所以名气大，就是师资一流、厉害的人多，诺贝尔奖获得者就有36名。清华大学也素有“大师之园”的美誉，现有中国科学院院士 54 名，中国工程院院士 36 名。

再说学习环境，一流大学的生源也是一流的，顶尖的人才汇聚于此，人人优秀，个个出类拔萃，且有梦想，能自制，有上进心。

最后说资源和机会，一流的大学总能为学生提供更多的机会。看看北京大学的通知栏，你会发现这里每天有多少讲座，能请到多少名人进行学术交流……

再看看普通大学。不可否认，这里也有很多优秀的教师，出色的、有能力的学生，学校也能提供不错的机会，但与各校的差距也是明显的。环境不同，个人的见识、竞争力、成就也有很大的差别，不可同日而语。那些有见识、有成就的人，不仅仅是因为付出了努力，很大程度上，是因为所处的平台、环境给予了他熏陶和成长的机会。

更因为如此，我们需要设法改变环境，迈进更高的平台、更大的圈子。人不能做井底之蛙，也不能拒绝向更好的环境、更高的平台迈进。待在原地，从未想过寻求更大的发展空间，从未走出如一口井大小的天地，结果只能是平庸、贫穷的命运。

中国有一句古话，叫作“宁做鸡头，不做凤尾”，大概意思是说，宁愿在小的地方当带头人，拥有自主权，也不愿意去大的地方做“尾巴”，受人支配。做“鸡头”的确不错，想怎么样就怎么样，很有成就感。但是，“鸡头”再怎么牛，始终还是“鸡头”，做“凤尾”就不同，虽然跟随着别人，有时还会被忽视，经历一些痛苦，但是跟着凤凰能看到不同的风景、接触不同的东西，还有翱翔九天的机会。这是“鸡头”再怎么努力也不可能做到的。

人性都是向往安乐的，谁不想一辈子无忧无虑？然而，推动人们改变命运的，往往就是对现实的不满、对未来的忧患。因为不满足，所以有更高的追求，才去改变，选择不一样的环境和平台，而不是待在原地不动。

其实，我们所在的世界只是一隅而已，从低的平台迈向高的平台，从封闭、狭小、保守的环境进入开放、多样、自由的环境，让更大的世界影响自己，让更多优秀、正能量的人影响自己，人生便会有更大的可能，命运也将发生巨大改变。

换句话说，环境决定命运。想要人生有不一样的际遇，我们必须想办法改变环境，进入更大的圈子、更大的世界。否则，不管你多么努力、多么优秀，也无法得到最高的回报率，甚至只能停留在孤芳自赏的阶段。

命运操控者二：身份

身份很重要吗？

从某种程度来说，似乎许多事情都和我们的身份有关。身份好的人相对眼界要宽，所受的教育要好，比一般人少走很多弯路，也能更快地成功。相反，身份弱的人，因为外在条件的限制，可能会遇到诸多困难和障碍。

梁文道说："我们的社会在某种程度上，仍然是一个身份社会。必须承认，在很长一段时间，在我们的社会之中，身份确实能够决定你的命运。"这句话有一定的道理。

美国智库皮尤中心做过一个社会流动性研究项目，发现过去40年内，真正实现收入增长和阶层跨越、跳出父母阶层的人只有不到三分之一。有16%的人，其收入和财富比父母还要少，不仅没有跳出父母的阶层，还掉入了下一个阶层。实现"逆袭"的人，也就是出身底层，然后通过努力拼搏实现财富自由的人，仅有4%。

在中国也有不少这样的调查。很多调查数据表明：身份越好的人，未来的发展越好。北京大学教育学院的一名教授统计了近30年间北京大学学生的家庭状况，发现2000年至今，考上北京大学的农村子弟只占10%左右。复旦大学招生办的一位教师也指出，被招进复旦大学的寒门子弟人数不断减少，大多数学生——不管是被招进来的，还是没有机会进入复旦大学的，他们都在复制父辈的模样。

就是说，身份在某种程度上说真的决定了一个人的命运。身份不同的人，除了家庭环境、资源上的差异，更多的是思维上的差异。思维决定认知，认知决定格局，而格局则决定了命运。身处偏远的农村，身边是辍学的同龄人，父母也这样教育着孩子："你不是学习的料，怎么学也没有用。""谁谁家的孩子外出打工了，赚钱给家里买了很多东西。""我们这辈子就这样了，还是安于现状吧！"你的思维受到禁锢，无法树立积极向上的理想，也没有跳出"圈子"的格局，你如何出头，又如何改变命运呢？

因此，与其说身份决定了命运，不如说是思维和认知决定了命运。因为思维受限，认知低下，一些人格局放不开，眼光看不远，所以命运怎样，就看"造化"了。

那是不是说这一切就无法改变了呢？寒门真的不可能出"贵子"，出身贫苦的人永远无法跳出阶层，实现人生的大逆袭吗？当然不是！身份可以决定命运，但是命运永远不会亏待奋力奔跑的人。转变自己的思维，提高自己的认知，自然就能打开格局，放远目光，进而改变命运。

在湖南浏阳有一个“博士村”，小小的村庄只有1288户人家，但是30年来出了21位博士、数百位硕士。在这里，人们的思维没有受到局限，家家户户都重视孩子的教育，“就算砸锅卖铁也要送孩子读书”；人们攀比的不是谁家富有，而是谁家孩子会读书，谁家的孩子有出息。思维变了，眼界就变了，很多人的命运也发生了巨大改变。

身份不可改变，但是不要把别人的成功归结于身份好，也不要把自己的不成功推到出身不好上。每个人思维、格局、胸怀、意志的不同，导致了行为、态度、反应的不同。正是这种不同，造就了一个人和另一个人、一些人和另一些人的不同命运。

也许你出身寒门，家庭条件不好，没有什么资源，但是努力去反抗它，命运早晚会有改变的可能。有个女孩出生在一个偏远的山区，父亲在外务工，母亲留在家中照顾一家老小。她是家中最大的，除了上学，每天还要帮助母亲做家务、干农活，照顾年龄小的弟弟。

但是，她时常对自己说：“我无法选择自己的出身，但可以创造自己的人生。”她比任何人都努力读书，积极丰富自己的知识，锻炼自己的发散思维，希望通过读书改变命运。后来，她考上了一所重点大学，并且拿到了助学奖金。

为了减轻家庭的经济压力，她一边学习，一边打零工，贴海报、发传单、做家教、跑销售等，什么活都干过。当然，她努力、自信、心态好，还参加各种学校活动提升自己。在辩论会上，她表现突出，被评为最佳辩手；在演讲比赛上，她发挥出色，获得了一等奖……

因为成绩优异，她得到了留校任教的机会，成为一名大学教师。她并没有停止努力，每天都忙个不停，认真备好每一堂课，还利用周末时间提升自己的专业能力。她全心全意为学生着想，四处联系优质的招聘企业，替学生寻找好的实习和就业机会。后来，她成为学校最优秀的教师，赢得众人的尊重和羡慕。

谈到自己的经历，她则说："人不能认命，越努力越幸运，只有努力才能改变，之后每迈出的一步都是对自己人生的突破。"

因此，这个世界是公平的，上帝可能给你一座高山，但高山过后，会送给你饱经风霜磨炼后的坚强意志；可能会给你一处暗礁，但暗礁之后，也会送给你一些美丽的浪花。我们无法选择自己的身份，但是可以选择所走的路。从现在开始觉醒，改变思维，拼命努力，你将来便会迎来"逆袭"的机会。

命运操控者三：性格

性格是一个人幼年时期就形成的。当婴儿透过感官感知这个世界的时候，他便开始构建自己的性格，之后是幼年时期，通过模仿大人的行为来构建性格。更重要的是，父母的教育对其性格的影响是非常大的。当孩子做一件事，父母给予他鼓励、支持、认可的时候，孩子就会越来越大胆、自信，久而久之形成外向、自信、勇敢的性格。相反，当遭到父母批评、责骂的时候，孩子就会越来越胆小、自卑，然后形成内向、胆怯、不自信等性格。

事实上，在成年之前，环境以及父母的教育对于人的性格还是有很大的影响的。一个内向、自卑的孩子，若是能得到鼓励、支持，生活在好的环境中，可以变得自信、大方起来。当他长大成人，心理成熟了，性格也就稳定了，其他因素的影响就会微乎其微。

从心理学上说，性格是一个人现实的稳定态度和习惯化了的行为方式中表现出来的人格特征，是一个人长期的稳定人格特征，是很难改变的。性格成熟之后，其对于命运的影响就更加显著。

性格决定你适合做什么，比如你内敛，做事谨慎小心，那么更适合做技术类、研究类工作，而不适合做销售类、谈判类工作；又如你开朗外向，喜欢交朋友，那么就比较适合公关类、销售类工作。性格决定你所做的选择，稳重的人会做出谨慎的选择，冲动的人会受到外界或自我情感的影响；尤其是遇到困难时，性格的决定性就更明显了，胆怯、懦弱的人往往选择逃避，自信、有魄力的人往往勇往直前。

简单来说，性格会影响人们的思想、做事的态度、行为，得到不同的结果，产生不同的人生际遇。这些际遇和结果又反过来影响和构建一个人的性格。所以，有人告诫我们："小心你的思想，它会变成你的语言；小心你的语言，它会变成你的行动；小心你的行动，它会变成你的习惯；小心你的习惯，它会变成你的性格；小心你的性格，它会变成你的命运。"

华盛顿大学曾经邀请巴菲特和比尔·盖茨为学生演讲，有学生提出疑问："你们为什么比上帝还富有？"面对这一问题，巴菲特说："这个问题非常简单，原因不在智商。为什么聪明人会做一些阻碍自己发挥全部工效的事情呢?原因在于习惯、性格和脾气。"比尔·盖茨对于这一说法完全赞同。

对于人来说，成也性格，败也性格。性格影响着人的思维、价值观、行为、习惯和情绪，也决定了一个人的人际关系、生活状态、行为习惯、关键时刻的选择以及职业、事业的成功与失败，进而决定着一个人的命运。

一个工程师，能力很强，做事很认真，但是很较真，骨子里有着固执和钻牛角尖。这本没有什么，然而若是遇到一些事就会凸显出来，还可能有比较大的麻烦。一天，工程师的女儿过生日，他特意早早下班，开车到蛋糕店给女儿买生日蛋糕。只是几分钟时间，他便发现自己的车被拖走了。

很显然，他把车停到了禁停的位置，但是这个位置并没有贴禁停标志，他认为这不是自己的错。

本来他可以先回家给女儿过生日，第二天再去把车要回来。然而，较真的他越想越气，越气越不甘心，便气冲冲地来到拖车公司，想要拿回自己的车。拖车公司的负责人说他可以把车开走，但是必须缴纳罚款。这下工程师更加恼火，和对方争执起来，说这并不是自己的错——那个位置没有贴禁停标志，自己完全可以停在那里，拖车公司没有权力让自己交罚款。争论了许久，他也没有要回自己的车，便气冲冲地回家了。

回到家后，女儿和妻子的情绪并不好，埋怨他回家太晚了。他的情绪更不好了，发起了脾气，结果搞砸了女儿的生日。第二天，他认为所有的问题都归结于拖车公司，于是跑到那里发泄，争吵一番之后，还砸了人家的东西。因为这件事，他进了警察局，还被公司开除了。

这个工程师因为一个小事搞砸了女儿生日，把自己送进了警察局，还丢掉了工作。到底是什么造成了这一切？其实就是他的性格。因为他性格执拗，不善变通，所以非要拿回自己的车，争个对与错，结果让事情越来越糟糕，也让自己的情绪越来越失控。如果他能变通一些，也就控制好了情绪，解决了麻烦，不至于落得这样的结果。

人们说："性格即命运。"我们的命运是好的还是坏的，生活是幸福的还是不幸的，都跟性格有关系。性格没有好坏之分，但却有着积极或消极的影响。大多时候，性格直接决定一个人能成为什么样的人，过上什么样的生活，直接影响一个人事业的成功与失败。在同一环境中，能力差不多的人，因为性格的不同往往造成不同的结果。比如刘邦与项羽，刘邦性格随和、大度，心胸宽广，能听进去别人的意见，接纳不同的人才，最后成为胜利者；而项羽，性格霸道，过于自信孤傲、目中无人，而且多疑，所以成为"楚霸王"，终究走向失败。

还有李广，之所以"难封"，也是受其性格的影响。李广，很有本事，能带兵打仗，且有亲和力，所以在军中非常有威望，把军队训练得非常勇猛，爆发出血性的战斗力。但是，也是因为他做事讲原则，骨子里有着一份骄傲，不屑于"诡计"，所以作战时喜欢硬碰硬，能杀敌，也导致自己损失惨重。

李广的骄傲也让他犯了错，毁掉了一生的"英明"。《史记》中记载着这样一个故事：一次，李广兵败之后被免去官职，一天因为心情郁闷，就和几个朋友外出喝酒。酒后，李广带着人往回赶，路过一个关卡，守关的人说此时已经宵禁，不允许任何人通过。

几个朋友恼了，说：“你睁大眼睛，看看这可是李将军，别有眼不识泰山，快开门！”谁知这个守门将并不看李广的情面，还有些傲慢地说：“别说现在的李将军，就是之前没被罢免的李将军，我也不能让他通过！”

一句话伤了李广的骄傲和自尊。等到他官复原职后，他找了个借口就把守门将领叫到营里杀掉了。一向平和的李广，为什么杀了这个守门将领？很简单，他是一个性格骄傲的人，最在意的就是自己的面子，被伤及最重要的东西，所以就冲动地杀了那个人。

也因为骄傲，李广最后迎来了让人唏嘘不已的结局。在最后一次出征时，他的队伍走错了路，导致大败而归。面对大获全胜的霍去病，面对上书的文官，他认为自己颜面全无、屈辱无比，于是选择自杀。

他的结局令人扼腕，但是他的命运也是由他的性格决定的：因为骄傲，所以自负；因为骄傲，所以冲动；也因为骄傲，他选择自杀，结束了自己的生命。

命运操控者四：能力

现在这个社会里，很多人迷信人际关系，把“少了人脉，你就寸步难行”“成就的大小，看你和谁站在一起”类似的话挂在嘴边。

没错，人际关系很重要，善于应酬，能够降低机会成本，接触更多优秀的人，受到激励变得更出色。这也是为什么我们认为环境与圈子很重要。但是，完全靠应酬、人脉，那是投机，或许侥幸让你成功了，恐怕也很难长久，甚至到最后依然是一无所获。

人际关系很重要，但真正决定你命运的是能力。能力决定了你的价值，而价值决定了你的位置和结局。

王阳是一个生意人，白手起家，因为抓住了一个好机遇，再加上他够努力，总算有了些成绩。但他并不满足，一心想把生意做大，成为顶尖的富人。而在打拼的过程中，他悟到了一个道理：没有人脉，真的太难获得成功了。于是，王阳开始积累人脉，到处参加聚会、酒会以及各种活动，还报了MBA课程。如果他的目的是提升自己的能力与见识，这很值得称赞，也会让结局朝着好的方向发展。可是，他只是为了接触更多的成功者，拉拢一些能帮助自己的人。他成为班级里最活跃的一个，四处拉关系、交朋友，活像一只忙碌的“花蝴蝶”。

结局如他所想的吗？由一件事情就可见一斑。王阳得知一个消息：某大企业正在招标一个大项目，如果拿到这个项目，公司将迈上一个大台阶。虽然知道竞争对手很多，王阳还是想办法与这家公司的项目负责人见了一面，之后才发现对方恰好是MBA班上的一位同学。王阳立即热情地叙旧，可是对方根本记不得他是谁。经过王阳的提醒与回忆，对方才“想起”他是谁，然而却“打起了官腔”，说项目招标是大事，不能看关系，要看竞标公司的实力；说只要你们公司实力强，一定会中标。显然，对方没有把他当回事，关系也没有起到任何作用。更何况王阳与对方也只是表面关系，是求来的关系，怎么会有效果呢？

可惜的是，王阳似乎没有意识到这一点，依旧忙于应酬，四处积累所谓的人脉，这样一来，他错失了不少好机会。同时，因为管理能力不足，用了不该用的人，放走了有才华的技术骨干，公司越来越混乱，危机重重。

王阳虽然付出了努力，最后不仅没有把生意做大，反而让情况越来越糟，面临失败的危机。为什么呢？原因很简单，他错误理解了成功的本质。

人在社会中，一切都靠能力说话。有能力，就有个人价值，有更好的发展，能改变自己的命运。没有能力，个人价值就会非常低，甚至为零。这时候，就算认识再多的人，恐怕也很难成功。

能力决定我们优秀的程度，也决定我们的价值和创造出的财富的价值。就像马云、俞敏洪、雷军、王健林等商业翘楚，他们能在各个领域成就卓然，是他们的专业和能力造就的。你想要改变命运，应该和这样的人在一起，但前提是你得有同样的能力和价值，否则就算与更多优秀的人在一起，也很难改变什么。

再回到王阳，他最应该做的不是忙于应酬，而是提升自己的能力——通过学习，提升经营能力和管理能力；通过与优秀的人接触，开阔自己的视野，改变自己的思维；通过引进人才，研发不可替代的产品，提升企业的竞争力。个人能力和企业实力都得到增强，不仅可以提升自己的人际关系数值，更可以利用机会实现腾飞。

可以说，能力大小永远决定你的成败。这里的能力包括很多类型，有思考能力、想象能力、创新能力、应变能力、经营管理能力、投资能力、反应能力、人际关系能力等。它们共同组成个人的综合能力，并在各种情境中表现出来。你的能力大，再加上资源、平台、身份、人脉等，价值就越大，即便暂时失意，也会吸引很多人，有逆转局面的那一天。

所谓的人际关系，是需求和被需求的关系，本质上是价值的交换。所谓关系，只是一个附加值。在你能力强、价值大的时候，关系才起到作用。不管什么时候，想要干成大事，改变命运，就必须培养各项能力，保持自身价值不断提升，甚至成为不可或缺的人。

卡文是一家保险公司的业务员，前段时间公司业务量持续下降，这意味着公司效益也在持续下降。此时，业务部主管因为某种原因辞职了，一下子公司人心惶惶，大部分业务员失去信心，工作不积极，缺乏热情，还讨论着公司是不是要倒闭了，想着找机会跳槽。

卡文觉得不能再这样下去了，于是主动与业务部的同事交流，激励他们振作精神，保持工作热情。他说："虽然公司现在出了一些状况，大家的工资受到了影响，但这只是暂时的，只要我们努力工作，提升业绩，就一定可以提升公司效益……因为主管是突然辞职，所以公司没能在短时间内找到合适的人选，相信新主管一定会尽快上任，到时候我们就有主心骨了。"

卡文还提议投票选出几个小组长，临时组建"领导班子"，协调和管理业务员的相关工作。果然，所有人的积极性都被调动起来，业务部的工作也变得井然有序起来，业绩有了明显提升。

很快，老板知道了这件事，对于卡文的领导力和应变力大为赞赏。事实上，卡文的业绩一向非常好，与同事的关系也非常融洽，所以，老板认为他是部门主管的最佳人选，立即提拔了他。之后，卡文的能力逐渐凸显出来，晋升步伐越来越快，事业做得风生水起。

在任何企业中，从普通职员升到管理层都并非易事，卡文之所以能做到，是因为他具备这样的能力。

所以说，你的成功与你的能力和价值是成正比的。如果没有成正比，那么可能有两种情况：一是你其实没有什么能力和价值；二是你正在积累，等到充分积累之后就会爆发。我希望你不是前者，而是后者，这样你才可以变得更优秀。有了机会，然后稳步前进，直至顶峰。

命运操控者五：BVR

不屈服于命运的人，哪怕最终失败了，徒留不甘心，至少没有遗憾。可悲的是，那些尚未努力就放弃的人，他们永远都不知道自己的命运是被谁操控了，更不知道在追逐的尽头等待他们的究竟是失败还是成功。

当然，操纵我们命运的因素有很多，诸如前面所讲的环境、身份、性格等。除此之外，还有BVR——“Believe、Value、Rule”，即信念、价值观、规则。

不同的信念，造就不同的生活。我们相信自己是个什么样的人，就会成为什么样的人；周围的人与我们怎么互动，都是由我们深信的状态决定的。尽管我们经历了病痛、失败，正承受着巨大的精神痛苦，但是这些并不致命，只要我们身上被注入一股强大的内在力量。

人有两副面孔，一副是幸福的面孔，一副是痛苦的面孔。你不是在幸福着就是痛苦着，或者在幸福和痛苦中麻木着。能让你发生改变的，就是你身上的这股力量。

法国小说《苦儿流浪记》讲述了这样一个故事：一个矿洞发生了大塌方，小米雷和几个矿工被困在一个非常狭小的空间里。情况非常糟糕，他们随时都面临着死亡的威胁——空间非常狭小，空气越来越稀薄，会让他们窒息而死；矿洞灌入大量的水，水位不断地上升，很快可能把他们淹死。就算没有这些危机，食物短缺也是一个大问题，如果长时间得不到救援，他们迟早会被活活饿死。所以，几个矿工很是沮丧，认为大家没有生还的可能了，抱着必死的心，因为他们看不到希望，失去了活下去的信念。

矿洞里只有几盏矿灯，还有一名矿工戴着手表。一个人提出建议："把灯熄灭吧！我们好好保存体力，或许能撑到救援队的到来。"同时，大家让这名戴表的矿工每隔一段时间就看一下表，然后给大家报时。

时间一分一秒地过去了，几个人备受煎熬地等待着。后来，他们获救了，然而那个报时的矿工却死掉了。人们感到震惊，不知道为什么会发生这样的事。经过研究，人们发现：那个矿工一开始都在准确报时，可是他发现这会降低同伴的信心，让大家陷入焦虑、恐惧。于是，他开始虚报时间，把30分钟说成15分钟，把1小时说成30分钟……

漆黑的环境中，大家对时间没有了概念，认为自己只是被困几小时而已，相信救援队很快就能找到自己。在这样的信念下，他们坚持了下来，而知道真相的那个矿工却失去了希望和信念，没能逃脱死亡。

心中有信念，遭遇险境时，人们活了下来；心中失去信念，导致了报时矿工的死亡。想想很多成功者的经历，他们获得成功的原因之一就在于拥有对梦想、事业目标的坚定信念，在别人迟疑、退却的时候迈出了坚定的步伐，突破了一个又一个瓶颈。

一切的行为，一切的思考，一切的决定，都会受到一种力量的控制，它就是信念。但是，信念并不是与生俱来的，它是软件，是后天获得的。因此，我们必须以积极的人生态度去努力，告诉自己坚持一个想法、希望、目标，然后忍受孤独、忍受失败、忍受屈辱。就算所有的青藤树都倒了，也要站着；就算全世界的人都沉睡了，也要醒着。

可以说，信念是撑起一个人在社会生存与发展的支点，更是决定其命运的源点。信念决定了价值观，价值观又决定了人的选择。一个人有什么样的信念，有什么样的价值观，就有什么样的选择。网络上有这样一件事：一架飞机上，有个乘客突发心脏病，原本飞往A城市的飞机只能迫降到B城市的机场。飞机上所有乘客的行程被打乱，一些人表示可以理解，因为生命大于一切，然而一些人却选择投诉，还在微博上抱怨为了一个人而耽误所有人，就是在浪费时间。

选择不同，是因为价值观不同。前者认为生命高于一切，救人最重要；而在后者的价值取向中，自己大于一切，金钱大于生命。当然，两者的命运必将有所不同。后者遭到大众的口诛笔伐，被骂得关掉了微博，生意也受到影响，约好的客户找借口推脱掉了……

说到这，想起一个笑话：

三个人被关进监狱，监狱长说可以答应他们一人一个要求。第一个人爱抽雪茄，向监狱长要了三箱雪茄；第二个人正在热恋，要求女朋友来陪伴自己；第三个人则要了一部与外界沟通的电话。

三年后，三个人都被释放出来。只见第一个人急匆匆地冲出来，大喊道："给我火，给我火!"原来他只要了雪茄，却忘了要火。第二个人牵着女友出来，手里还抱着一个孩子，满脸的幸福。第三个人则一边走路一边打电话，随后高兴地说："我的公司又拿下一个大单，为了表示感谢，我送你一辆汽车"。

三个人的价值观不同，选择也不同。第一个人的价值观中，享乐最重要，于是要了雪茄；第二个人的价值观中，爱情最重要，于是选择了女友；第三个人的价值观中，赚钱与事业最重要，于是选择与外界联系，继续做生意。选择不同，命运也截然不同。

价值观没有对错之分，但是有优劣之分。当出现A和B两个选择的时候，我们需要去衡量、思考和选择。人与人命运之所以不同，关键就在于面对不同问题的时候做的选择有所不同。

最后就是规则，即做人做事的原则。公司有公司的规章制度，个人也有个人的规则，这些规则就来自信念和价值观，同样决定了人的命运。有正确的原则，并且能坚持下去，不在乎他人的看法，最终也将向着自己预想的轨迹走去。相反，不能坚守原则，因为某种原因就打破原则，结局也很难朝着好的方向发展。

总而言之，一个人的信念、价值和规则支配着其思维、行为、情感，这些最终形成合力操纵他的命运。同时，信念、价值观、规则也单独发挥作用，成为影响个人命运的三大要素。

命运操控者六：随机事件

一个随机事件，就可能改变生命中很多事情的走向：

有些人偶然遇见了，犹豫着，不敢向前迈一步，之后就没有了机会；

有些事想去做，却害怕冒险，选择了观望，结果却被别人领先一步；

有些想法很不错，却选择了安逸，不求突破，于是想法就只是想法；

有些人有机会说，却因为种种而错过了，最后空留下遗憾……

生活每天都会给你改变命运的机会。但是，这个机会是随机的，突然来袭，稍纵即逝，抓住了可以改变命运，抓不住也可以改变命运。

一个小伙子爱上了一个美丽的女孩，她是合作单位的员工，因为工作的机会相识，接触得也比较多。之后，两人在工作接触中互有好感，但是都把这份好感埋在心里，不曾表露。那年元旦，女孩公司举办客户答谢会，小伙子也在被邀请的名单上。

小伙子非常高兴，想趁机向女孩表白。但事不凑巧，公司在外地的一个项目出了问题，领导派他前去与客户沟通协商。于是，小伙子没能参加答谢会，也没能向女孩表白。这一耽搁就是三个月。

其间，另一个年轻人被女孩的美丽和温柔打动，展开疯狂追求。当小伙子出差回来，知道有人在追求女孩，他便主动放弃了——他认为女孩对自己没有感觉，所以才接触其他人。而女孩以为小伙子只是和自己暧昧，暧昧之后便冷淡下来。女孩有些心灰意冷，接受了年轻人的追求，很快就结婚了。小伙子也很快恋爱、结婚了，妻子是一位贤惠又能持家的女人，生活也算很幸福。这一切似乎就这样过去了。

再后来，小伙子辗转从别人那里听说，女孩的老公追求许久才把她追到手，因为当年她喜欢一个人，后来看和那个人没有结果，再加上被老公的真诚和爱打动，这才走到了一起。听了这话，小伙子悔恨不已，心想如果当年自己能早些表白，或是不那么轻易放弃，结局就不会是今天这般。

如今，她的生活幸福，成为一名美丽出色的白领，丈夫经营着一家公司，家庭美满。他也是如此，生活和事业也算不错，但是生命中却多了一个遗憾。

人的命运不是神在指引，而是你的选择决定的。假如你每做一个选择都摇摆不定，未来后悔的概率将大大提升。假如你的想法总是消极的，让突如其来的事件——机会从身边溜走，你的命运将一直低迷。

据说不管是穷人还是富人，一生都有7次机会。两次机会之间往往相隔7年，第一次在25岁左右，正是选择第一份工作之时，不过这一次绝大部分人会因为太年轻而抓不住；第二次在32岁左右，把握住了，就确定了自己的事业；第三次在39岁左右，抓住了机会，可以取得大的突破，更上一层楼；第四次在46岁左右，这个机会可能是锦上添花，实现逆袭的可能性要小一些，但绝非完全不可能；第五次在53岁左右，需要做的就是维护好人际关系，稳固自己的事业；第六次是在60岁左右，所谓活到老学到老，抓住最后的机会充实自己，提升生命的质量；最后一次在67岁左右，要做的就是保证身体健康。

其实，除了因为太年轻抓不住第一次机会，人们在年老之后因为力不从心，也可能无法把握机会。也就是说，真正能改变一个人命运的只有5次机会。这些机会是随机出现的，但是抓住了任何一次，都可以改变自己的命运，关键在于我们是否有勇气、能决断。

对于那些没有勇气、不能决断的人来说，成功这回事和他挨不上边。遇到一个偶然的机会，想去做不敢，不去做又不甘，到头来只能在左摇右摆中白白浪费机会，然后哀叹“如果人生可以重来，我一定……”

很多年前的美国，一位老态龙钟的乡下医师驾车来到一个小镇，他想要和一位年轻的店员谈生意，把一个东西卖给他。很快，年轻店员下了决心，买下了这个东西——一只老式大壶、一把木质板子以及写着一个秘密公式和一些文字的小卷纸。他支付了整整500美元，这在当时可不是一笔小数目，也是年轻店员的全部积蓄。

将全部积蓄都花在这一小卷纸和一只旧壶上，显然他冒了很大的危险。但是，他没有迟疑和胆怯，抓住了自认为可以改变命运的机会。结果我们已经知晓，就是因为这笔交易，他缔造了一个财富神话，培养了一个庞大的商业帝国。这个帝国的所有人就是“可口可乐之父”阿萨·坎德勒。

机会是随机的，不是必然的，因为它发生的概率很小，有的人一生只能遇到一次，因此异常宝贵。机会也是稍纵即逝的，稍有迟疑和犹豫，便真的失去了。所以，我们如何选择，直接关系到人生的走向。

在短暂的人生中，失败算什么？既然我们不知道什么时候、以什么方式来迎接成功或失败，还有什么不敢去做的呢？机会来了，就抓住它，不浪费自己的时间和潜能，不辜负费心的筹划与等待，才能改变结局，迎来好的结果。否则，等待生命中的黄金时刻从我们身边过去了，只能看到流沙；等到成功和幸福走远了，才意识到为时已晚。

Part 3 <<<

你如何变得更强——那些关于竞争的秘密

竞争，谁也逃不掉。现实就是如此，不管你有多纠结、多恐惧，它总是要选拔出更优秀的人，然后依靠他们创造出更多的价值和更好的服务。不竞争，或是在竞争中落败，你就会被淘汰。

所以，想要变得更强，我们需要做好两件事：一是竞争；二是长本事。

竞争，你无法逃避的生存之旅

竞争是自然法则，任何人都无法逃避，都不可能脱离竞争而存在。一个人如果想要获得财富、声望、权力等，就必须付出足够的努力，并且参与到与他人的竞争中，而不是幻想着有一天竞争会消失，自己轻松工作、轻松赚钱。

那么，拿到了第一，做到了最优，是不是可以逃避竞争呢？事实上，并非如此。在经济学中有两种效应：一种是逃避竞争效应，即竞争越激烈，企业的利润越低，于是便希望通过创新来增强竞争力，进而逃离竞争；另一种是熊彼特效应，即竞争越激烈，企业的利润就越低，虽然竞争者变少了，但是企业创新也变得越来越艰难。

这两个效应是同时存在的，即竞争—创新—发展，企业发展到某个点，竞争压力变小，甚至无人能与之竞争，但是这不意味着竞争消失了。随着时代的发展、技术的更新，很多壁垒被打破，可能出现后来者居上的情况，也可能存在一个行业被其他行业冲击的情况。处于竞争之列的个人或企业时刻都在创新、发展、前进，所以任何一个行业的“霸主”都可能面临挑战，甚至被颠覆。

因此，竞争不会消失，逃避竞争也意味着被逃避。在竞争面前，任何人都需要保持良好的状态和心态，同时注重实力、思维、知识以及人格上的成长和突破。只有自己不断强大，适应竞争，才能立于不败之地。

不管是个人还是企业，都需要直面竞争，喜欢竞争，甚至热衷于竞争。要保持着高度的敏感，眼睛紧盯着竞争对手或是潜在的竞争对手，发现对方的优势就努力跟上，实现超越；发现对方的缺点就主动抓住机会，发起挑战，同时也警醒自己：我要避免出现这样的缺点。就算已经成为领先者，也需要经常抬头看一看，而不是沉浸在成功之中。

然而，因为一些原因，很多人恐惧竞争，也逃避竞争，美其名曰“不想被竞争对手干扰”，认为只要自己把实力充分发挥出来，就能拥有足够的竞争力，闯出一片天地。所以，竞争再激烈，这些人也无视，始终不看任何人，不理会任何对手的动向。结果呢？犹如闭门造车一般，只能面临被淘汰的结局。

与其说这些人不想被竞争者打扰，不如说他们恐惧失败，不敢面对失败。因为恐惧，所以面对挑战和压力的时候，总是找类似的借口，进行内心的自我安慰。因为存在这种的心理，他们习惯于退缩，习惯于不做选择，甚至不做任何结果不明的事情，似乎这样最安全。

但是这些人却忘记了，没有竞争就没有成长，竞争才是真正让一个人燃起斗志、迈向强大的真正力量。没有对手，一个人可能会变得优秀，但是却缺少了检讨自己、催促自己上进的力量。相反，从竞争中磨炼出来的人，才具有强大的抗压能力，能不断挑战自己。一个著名的公司高管曾经说："有很多人苟且偷生，毫无竞争之志，最后终于白头以终。对于这类人，我只感到悲哀。打从做生意以来，我一直很感激竞争对手。这些人有的比我强，有的比我差，但不论其行与不行，他们虽令我跑得更累，但也跑得更快。脚踏实地地竞争，最足以保障一个企业的生存。"

迈克尔·乔丹是篮球场上的传奇人物，也是具有创造力的人物。他创造了各种令人瞠目结舌的奇特投篮方式，但是这些"神技"并不是事先设计好的，而是"被防守者逼出来的"。因为每一个竞争者都非常强大，所以他需要不断提高球技；因为需要从出色的防守者中穿插过来，还要闪过篮下对手的"抢断""盖帽"，所以他必须在一瞬间更快地多一个旋转，在空中多悬浮一秒，并且从一个更奇特的角度出手。如果没有这么多防守者的阻拦，没有那么多竞争者的挑战，只是面对空荡荡无阻拦的篮筐，恐怕就是再有天赋的运动员也很难做到吧。

还有费德勒，他的最大竞争对手就是纳达尔。两人在赛场上对决了35次，各有胜负。曾经的费德勒是"王者"，但是他迎来了纳达尔的挑战，至此之后，两人的较量就开始了。因为有竞争，两人不断挑战自我，挑战极限。

费德勒和纳达尔多次表示对方是最佳对手，也是最好的朋友，从来不吝啬对彼此的欣赏。费德勒说："我的职业生涯中遇到过不少伟大的对手，但纳达尔的地位绝对非常特殊。我曾公开说过，他让我变得更好，他的球技水平非常高，而且一直还在努力提高中，这让我充满危机感，丝毫不敢放松，与他的对决是我所面临的终极挑战。”“永远不要低估一个伟大的冠军。你那令人难以置信的热情、献身精神和战斗品质，对我和周围无数人都是一种激励。”

没有竞争，这看似不错，压力小，又清闲，但是平静的表面之下，其实隐藏着巨大的危机。或许你开始很努力，但是每天面对着轻松、没有压力的生活，久而久之就会失去朝气和动力，变成平凡而庸碌的人。就算你真的努力，充分发挥自己的优势，但是别人因为竞争而更强大，一段时间后，你就会跟不上别人的节奏，进而被超越、抛弃。

换句话说，竞争并不可怕，可怕的是你逃避竞争，不敢直面竞争。既然竞争是无法逃避的，既然我们无法把自己关闭在竞争无处不在的环境之外，那么你就需要有危机感，敢于创新，敢于挑战，敢于主动拥抱和挑战所有的对手，如此才能真正有核心竞争力。

与其卷入竞争，不如拥抱竞争

物竞天择，适者生存。竞争，没有人可以逃避，也没有人不害怕。这是人趋利避害的本能反应。面对竞争，大多数人会本能地逃避，甚至会产生怨恨、仇视等心理。

这实在是一种愚昧，是一种“鸵鸟心态”。

遇到危险的时候，鸵鸟把头埋进沙坑里，以为遮住眼睛就相对安全了。事实上，生活中有很多人会有类似于鸵鸟的行为，逃避现实，不敢面对竞争和挑战。处在竞争的环境中，却觉得自身没有突出的能力，干不过别人，争不过别人，于是得过且过，以为不去理睬，似乎便可以过得舒服一些。面对竞争对手，保持着谦和的态度，不带有任何攻击性，觉得这样便能游刃有余。

这些人害怕竞争，恐惧竞争，就算被卷入竞争，也是被动应付，从不思考主动出击，更不着手提升自身能力。他们喜欢玩平和的游戏，不喜欢竞争，不善于竞争。尤其是一群人站在同一起跑线的时候，往往会本能地逃避，看到比自己强壮的、高大的人会更自卑，底气不足，处于被动位置时会感到紧张、焦虑、手足无措，进而产生抗拒甚至逃避的行为。他们往往会选择放弃，就算奔跑也不使出全力，会祈祷跑得顺利、安全到达终点就可以了。然而，被动只能“挨打”，带着鸵鸟心态面对竞争，倒不是一定会死，但肯定过得不舒服。

人的命运需要自己去创造。那些主动努力、创造机会的人，最终都征服了命运，得到了成功和幸福。那些被动的人，也失去了先机，失去了掌控自己命运的机会。

亚历山大所向披靡。那日，在攻陷敌人的一座城池后，有人问他：“如果再给您一次机会，您会不会选择再攻陷一座城池？”亚历山大勃然大怒：“你说什么？我需要别人给机会吗？我可以创造机会！”

积极者始终相信自己，相信只有推动自己才能推动世界，只要推动自己就能推动世界。所以，与其卷入竞争，让自己陷入被动局面，不如拥抱竞争，主动出击，与对手赛跑。

竞争的意义在于，我们处于一个快速发展、不断变化的时代，只有不断和别人赛跑，才能不停激发自身的热情和潜能，进而日益优秀、强大。善于竞争，并张开双臂拥抱竞争的人，最有希望与成功为伍。

李兴是一位能力强、有魄力的男性，也是一位身价过亿的成功者。他之所以能取得这样的成绩，与他善于竞争密不可分。他喜欢有竞争性和挑战性的工作，广告行业能人辈出，一个个都有才华和激情，李兴不断提升自己，把战胜竞争对手作为乐趣。很多人说他已经小有成绩，没有必要再争强好胜，求稳求全就好了。但是李兴却说：“这样的生活很有意义，每战胜一个对手自己就前进一步。让自己处于竞争的环境中，找到更强大的对标物，逼着自己去努力，不断地打破自我边界，是一种煎熬，也是一种享受。”

后来，李兴投身短视频行业，不只是把竞争对手定为那些中小企业，而是把目标再提高一些，向行业领先者提出挑战。李兴对员工们说：“向中小企业发出挑战，如果我们做到了，那只是刚刚及格了。想要把企业做大做强，就要敢于挑战，要比别人做得更多、更好才行。”

因为更有挑战性，他会比别的同事更努力，付出得更多。他不仅签约了一些新人直播，还向一些有名气、粉丝流量大的主播发出邀请，与头部主播达成合作关系。之后，公司快速发展，成为行业内的佼佼者。

面对竞争，最好的做法就是迎接挑战、积极备战。李兴是这样做的，同时主动拥抱竞争、创造竞争，正是凭借这种爱拼敢拼、积极主动的精神，他获得了成功。

竞争是一种正向行为，主动竞争，可以提高你的能力，也可以使你由消极变为积极，由被动变为主动，由懈怠变为勤勉。竞争肯定不会让人过得舒服，也不会让人有机会选择逃避。然而换种思路想一想，竞争对手的存在，就是给我们树立一个参照物，让我们不仅可以和自己进行纵向比较，观察自己是否比昨天变得更好了，同时还可以让我们与他人进行横向比较，观察自己是否有成功的更大可能性，突破认知的局限、格局的界限。

我们需要享受竞争，主动拥抱竞争，不为有些成绩就沾沾自喜，而是永远保持前进的动力以及挑战的激情。比如支付宝，是全球领先的第三方支付平台，在行业内属于领头者，没有对手。但是支付宝并没有停下来，而是为自己树立了更高的对标物，主动寻找更强大的竞争对手。它和银行竞争，和银联、VISA竞争，让自己在压力中成长，不断地扩大边界，这才有了后来的蚂蚁金服。

比亚迪是国内新能源汽车龙头企业。2017年，比亚迪正式将核心价值观中的“平等”改为“竞争”。在飞速发展的过程中，比亚迪不断打开国外市场，主动拥抱更远、更强的竞争。2022年，比亚迪销量超160万。2023年，比亚迪份额再次飙升，超过传统霸主大众、丰田等品牌，实现了“中国第一销量汽车制造商”的小目标。比亚迪能取得今天的行业地位，与其高瞻远瞩，站稳新能源领域的先机直接相关。在新能源市场爆发增长，竞争格局动荡时，迅速抓住机会，拥抱对手、拥抱市场，所以比亚迪的路才越走越宽。

需要注意的是，竞争可能让我们被淘汰、被吊打，然而也正是这样，我们才有危机感，才有竞争力。与其卷入竞争，被动应付，一味逃避，不如主动拥抱，创造能竞争的机会。在竞争中，我们会脱胎换骨，不至于被轻易击垮、淘汰和吞并。

越强越公平

很多人觉得这个世界充斥着不公平，别人拥有良好的资源，而自己却一无所有，需要付出很多；别人得到上司的青睐，有机会出国深造，而自己比他努力很多，什么好事都轮不到；别人拥有优先选择权，可以选择自己喜欢的，而自己却只能从剩下的里面挑选；别人被好言相劝，自己却被冷眼相待。

不公平吗？是的，不公平的事情充斥我们的生活，让我们感觉不舒服。然而，这怪不得别人，是因为你没有为自己赢得被公平对待的机会。在物品交易市场中，公平的原则是等价交换，拿出多少钱，得到多少价值的东西。生活中也是，你的价值大，足够优秀、强大，就可以获得更多的资源和机会，获得优先选择权和别人的热情相待，也就有了公平。相反，如果你没有价值，不优秀、弱小，自然无法得到好的资源和机会，争取不到优先选择权，甚至可能失去选择权。

简单一句话：这个世界上的天平往往倾向于有价值的人，你越强大，就越为自己赢得公平。就是说，如果你发现这个世界不公平，不要把自己伪装成委屈、无辜、不甘心的样子，而是应该努力去改变自己、磨炼自己，让自己变得强大起来。当你真正强大了，就为自己创造了公平。

李颖是个普通的女孩，虽然很努力，但“好事”总是轮不到她。同样是毕业于普通大学，进入公司的时间差不多，两个同事升职了，她依旧只是普通职员。同样是努力工作，加班加点，不偷懒，不旷工，到总部培训的机会却总轮不到她。李颖抱怨不公平，开始消极工作。

一次，公司给员工发福利，领导嘱咐大家分批次去挑选。一些同事拿到了优先选择权，李颖则是第三批次选择的那部分人。李颖向同事抱怨：“公司的制度真不公平，为什么发福利还分批次，那些人有优先选择权，而我们却没有？那些好的东西，都被别人挑走了，我们只能选择别人不喜欢的、剩下的，难道还有好东西吗？”

这个同事则不以为然地说：“其实这很公平。那些有优先选择权的人，业绩好，给公司带来的效益大，得到了老板的青睐，所以拥有更多的机会，拿到了高报酬。我们的业绩不算好，虽然花了时间、下了功夫，但是终归比他们表现差一些，获得的机会和报酬自然就少了。”

很多时候，职场是不公平的，没有学历、没有关系固然会遭受不公平的待遇。但在遭遇生活的不公平时，很多人无法适应，于是开始怨天尤人，不甘于接受其中的不公平。不过，他们没有意识到这个不公平往往是自己造成的，更没有意识到想要赢得公平的机会，就必须改变自己。

从另一个角度来说，职场也是公平的。只要你付出的多，能创造出更大的价值，就可以获得更多。只要你足够强大，在专业领域做出成绩，成为不可替代的人，或是带来更大的价值，就能够等价换来机会、收获和关注。如果说你没有什么成绩，却得到了很多，那么对于那些真正付出、努力且创造出很大价值的人，才是真的不公平。

就像古龙所说："每个人站着的地方，本来都是平等的，只看你肯不肯往上爬。你若站在那里乘风凉，看着别人爬得满头大汗。别人爬上去之后，再说这个世界不平等、不公平，那才是真的不公平。"

所以，当你不停地抱怨不公平的时候，不妨回头审视一下自己：我是否有资格获得公平？我是否有能力创造属于自己的公平？这是真正的不公平吗？问题出在这个世界，还是出在我自己身上？能正视这种所谓的不公平，心理就平衡很多，就会意识到：与其抱怨不公平，不如改变自己，努力让自己强大起来，然后赢得一定的资源、权力以及话语权。

有这样一部影片，名叫《隐藏人物》，主人公凯瑟琳是一位非裔女科学家，在美国航天局工作。作为一位科学家，她受到诸多的不公平待遇：一是因为肤色，她是一位黑人；二是因为性别，她是一位女性。在20世纪60年代，美国的种族歧视非常严重，因为她是黑人，所以被禁止使用办公区的卫生间，不得不跑到几千米外的"非白人"卫生间。这很浪费时间，而且非常麻烦，有时还让她当众出丑。她不能使用白人专用的咖啡壶，不能进入一些会议室，还被白人同事嫌弃、排斥……

但是凯瑟琳凭借出色的计算能力让自己脱颖而出，被上司看到和重视，她算出了别人算不出的难题，计算出火箭降落的位置，所以被破格允许参加核心工作，进入女性不能进入的会议室。因为出色、强大，她让白人同事刮目相看，赢得了所有人的认可和尊重；也让航天局给予她公平对待——取消白人专用卫生间，不再禁止黑人使用任何东西。

凯瑟琳遭受了歧视，遭遇了不公平对待，但是她却凭借自身的强大打破了这种偏见和不公平，为自己赢得了机会、尊重，也为所有遭受歧视的同事赢得了被平等对待的机会。如果她只是普通人，没有那么出色、强大，结果可能截然相反——无人在乎她的感受，更无人愿意为她改变，她也只能默默地承受这种不公平。

就是说，没有人会在乎一个弱者，也没有人注意为弱者提供机会。你不强大，永远得不到公平，也无法得到被重视的资格。你不努力让自己脱颖而出，就没有机会给予轻视自己、排挤自己的人以最有力的痛击，无法为自己赢得任何机会。

虽然我们无法左右生活中的不公平现象，但完全可以左右自己对不公平现象的反应。因此，永远不要寄希望于别人，只有让自己变强大，拥有足够的实力，才能拥有公平，拥有更多的机会、资源以及话语权。

一个残酷的事实——零和竞争才是常态

竞争不可避免，常态还是零和竞争。

什么是零和竞争？

简单来说就是，在竞争中有一个赢，有一个输，一方得到收益，另一方必定遭受损失，甚至双方都想尽一切办法实现自己的利益“我赢你输”。之所以称为“零和”，是因为胜负双方的得与失、收益和损失相加永远都是“零”。

零和竞争就是非合作博弈，双方没有合作的机会，一方的目的就是打败、吃掉对方，实现自己利益的最大化。可以说，这是一种利益对抗程度最高的博弈。然而可惜的是，在社会、生活、职场、商场的各个方面，都存在着零和竞争，从个人到企业，从内部到外部，到处都是“你死我活”的博弈甚至“拼杀”。

结果，在残酷的竞争下，双方被折腾得身心疲惫，落得个两败俱伤的下场。方便面行业的两大巨头康师傅与统一的竞争就是如此。

2007年，随着世界方便面市场逐渐趋于饱和，各品牌开始从早期的开疆拓土、跑马圈地转变为“零和竞争”。因为市场是无情的，任何一个品牌销量的快速增长，都必然引起其他品牌销量的急剧下降。

基于此，康师傅出手了，它不计成本地给各销售点发放补贴，目的就是把统一品牌的“明星产品”老坛酸菜面赶出市场。这一计划收效很大，导致统一在全国损失几百个销售点。比如2012年5月，在东北地区，尤其是沈阳，其大部分超市、卖场以及小型店铺基本上已经停止销售统一的方便面。

除此之外，双方还进行了一系列恶性竞争。统一推出老坛酸菜面且销售稳居第一后，康师傅也推出陈坛酸菜面。为此，统一专门在广告中加上这样一句广告语“有人模仿我的脸，还想模仿我的面”，暗示统一老坛酸菜方便面的正宗身份，也讽刺了康师傅的模仿。

在促销、推广方面，双方的竞争也很激烈。统一邀请了汪涵作为形象代言人，康师傅则邀请了姚晨作为形象代言人。统一采取集中陈列的方式，全部排面集中陈列“统一老坛酸菜面”，并且把产品集中陈列于黄金视角位置，在终端推广时采用地贴、墙贴、吊旗、品尝等手段集中推广明星产品。康师傅则采取组合陈列的方式，确保每个产品都有一定的陈列面积，都能吸引消费者的注意。

为了抢占市场，康师傅还打起了价格战，在袋装酸菜面领域采取低价策略，企图利用价格的落差吸引家庭消费群体，而在桶装酸菜面领域采取了平价策略，同时选择一些优质渠道买断经营，用来阻击竞争对手。

除了在方便面领域打得不可开交，它们在其他领域也一直在竞争，包括果汁、奶茶。两家企业的主打产品始终处于同质化竞争状态，一直争斗不休，保持着零和竞争的思维模式，非要论个你输我赢不可。可是我们知道，虽然商业活动中竞争是自然法则，但是在双方势均力敌的情况下，这样无休止地斗争下去，结果往往只有一个，那就是鱼死网破、两败俱伤。

事实证明：争斗不休，恶性竞争，终归于人于己都非常不利。康师傅和统一是如此，王老吉和加多宝、格力和美的也都是如此。零和竞争是一种常态，然而恶性竞争并不可取，也不意味着有竞争就不能有合作。

不管什么时候，我们都需要增强竞争意识，但也应该避免零和思维。转变思维，把零和竞争变为非零和竞争，寻求合作，以期做到你赢我也不输。事实上，很多智者是这样做的。

美国通用汽车公司是世界上最大的汽车公司之一，在它的发展历程中，经历过风风雨雨。20世纪80年代末，通用汽车开始走下坡路，推行所谓的“当代领袖计划”，但徒劳无益。1993年，在重重危机之中，55岁的杰克·史密斯被推上总裁宝座，他大胆变革，才使通用汽车再现辉煌。

日本丰田汽车公司成立于1938年，创办之初大量使用福特和雪佛兰车的部件，之后快速发展起来。1957年，“丰田”小轿车正式对美出口，但整个年度只卖掉288辆。接着，丰田又向美国推出了“皇冠”“光冠”品牌轿车，战绩依然不佳。

1966年，丰田推出“花冠”，再度进军美国市场。这一次，它很快攻下美国这个通向汽车世界市场的桥头堡。进入20世纪70年代，两次石油危机的爆发，改进后的“丰田”小型轿车，以节省能源等巨大优势，向美国发起全面的进攻，争夺汽车市场份额，并且大获全胜。这促使世界汽车行业重新排定名次：第一，通用汽车公司；第二，福特汽车公司；第三，丰田汽车公司；第四，日产汽车公司。

进入20世纪80年代初，美国汽车公司全面亏损，其中1980年克莱斯勒赤字达17亿美元，福特达15.4亿美元，通用公司亏损7亿多美元。此时，日本汽车还在源源不断地涌入美国。1981年，日本汽车在美国的销量超过美国汽车总销量的20%。对此，美国人不得不采取措施，限制日本汽车的进口量，并且在全球范围内进行反击。

通用和丰田两大汽车品牌的竞争非常激烈，犹如弥漫着硝烟的战场，销售此消彼长。但是它们都明白，零和竞争不是长久之计，于是它们纷纷转变策略——合作。没有了争斗与消耗，它们在世界汽车市场的竞争力大增，发展速度迅猛无比。特别是对于通用公司来说，工人失业等带来的危机得到缓解。

通用汽车与丰田汽车的合作，引起汽车公司其他竞争者的进一步联合。比如，福特公司与日本第三大汽车制造商东洋工业（松田）公司进行合作，克莱斯勒也与日本三菱汽车公司、德国的大众汽车公司建立起合作关系。

零和竞争是常态，但不是竞争的唯一途径。对于竞争双方来说，它只会让自己和竞争对手走向极端。博弈之后，本质上没有一个是赢家，赢的那一方，最终的收益也远远低于预期，输的一方可能损失惨重，甚至是一无所有。

因此，合作是最合算的选择。拒绝零和竞争，转变思维模式，才是人和企业变强的秘密。

竞争≠内卷

竞争是正向的，内卷则是负向的。

很多人认为内卷就是竞争，可以让人奋发图强、积极进取，不断强大。事实上，内卷的弊远远大于利，还可能导致恶性竞争，让个人的努力价值严重下降。简单来说，内卷本质上就是过度的、恶化的竞争。

下面来看一下竞争和内卷的区别吧

比如，你和同事每个月需要完成100万元的业绩，每天拜访10个客户，下午6点下班。你的同事为了好好表现多做了一些，每天拜访11个客户，下午6点半下班，业绩提升了5%。老板奖励了同事，并且在会议上表扬了他。

你也想好好表现，从第二个月开始每天多拜访1个客户，多花一小时整理客户资料，做好第二天的工作计划，也提升了业绩。这叫竞争。

接下来，你和同事都开始变得很努力，都想比对方多做一些，每天拜访的客户增加了，下班的时间越来越晚。你每天拜访12个客户，同事就拜访13个；你每天拜访14个客户，同事就拜访15个；你晚上7点下班，同事就晚上8点下班；你晚上9点下班，同事就晚上10点下班，有时牺牲周末休息时间。

但是注意一下：人的精力是有限的，长时间加班会让人消耗过多的精力，工作效率不见得提高，反而还会下降。更何况市场就那么大，潜在客户就那么多，不是说你多拜访客户就一定能提升业绩。

于是，你和同事的业绩提升到120万元之后，就很难再提高了。虽然你每天都工作十二三小时，你的同事也工作10小时以上，你们都付出了很多精力，但是个人价值却严重下降。

这就是内卷。其实，加班超过2小时，他们就已经开始内卷。明明业绩已经无法再提升，付出再多的时间和精力都会白费，但是他们仍在恶性竞争，继续无效内耗。

内卷是不理性的，大家都在做毫无意义、过度的比较，于是在付出更多的时间和精力之后却收效甚微，甚至没有得到一丁点儿的好处。事实上，很多人是被迫参与进来的，看到别人努力，不想继续“躺平”，于是就卷了起来。甚至有些人根本不知道自己在做什么，不知不觉中就被卷了进来。

有人这样描述内卷：看电影的时候，为了获得更好的视野，一个人站了起来。于是，被他挡住的人不得不站起来，接下来，一个人，两个人，十个人……放映厅里的所有人都站了起来，只有第一排的人坐着。

这看似没有问题，实际上问题很大。舒舒服服看电影不好吗？为什么非要站起来呢？一场电影少则一个半小时多则两个半小时，怎么会有人全程站着观看——费力，效果没有好到哪里去。如果一个人站起来时，第二个人为了自己的利益而提出抗议，那么问题就会迎刃而解，不会出现上面的情形。

这足可说明，内卷并不可怕，可怕的是人们往往自觉不自觉地陷入囚徒困境，忽视了恶性竞争的可怕之处。那么，我们如何才能拒绝内卷，让其回归理性、良性的竞争呢？

第一，明确自己的目标，找到适合自己的方向。

有明确的目标，人就不会盲目，知道该往哪个方向走，知道如何奔向正确的目标，而不是盲目地跟风、内卷。同时，对于目标思考得越多，人越善于计划，充分发挥自己的优势，然后付出“有效力”。所以，我们需要明确目标，且对目标有所思考，而不是无意识地行动。

第二，正视竞争，减少个人焦虑。

竞争带来压力，压力则可能带来焦虑。看着竞争对手很优秀，无时无刻不在进步，于是很多人感觉巨大的压力袭来，陷入焦虑，好像不努力、不拼命就永远无法翻身。结果，这些人行动起来，也把自己弄得疲惫不堪。

事实上，我们可以让自己不断提升，但更应该摆正心态，不让自己陷入焦虑，避免中了那些贩卖焦虑者的“圈套”。

第三，过好当下，规划好未来。

对于当下的困惑，对于未来的迷茫，很多人尤其是大学生陷入内卷之中。2019年，北京大学教育学院做过一项调查，显示：29.2%的被调查本科生没有明确的自我发展规划，缺乏自主性学习意识；32.8%的学生虽然有清晰的自我发展目标定位，但行动是滞后的；在本科院校中，近42%的大学生对于未来没有清晰规划。

因为迷茫和困惑，这些年轻人不知道如何努力，忙忙碌碌的，却没有大的突破，以至于被迫内卷。所以，想要拒绝内卷，就需要过好当下，同时做好未来规划。

第四，肯定他人的努力和成果。

看到他人有好的成绩，我们需要真诚地给予肯定、赞美，而不是嫉妒、眼红。只有学会肯定他人的努力和成果，发现身边人的优秀，慢慢地，心胸和格局就会打开，然后不断学习，迎接挑战。这也是良性竞争的前提。

最后，请记住一句话："我们不断向前迈进并不是为了与谁竞争，价值在于不断超越自我。"分得清竞争和内卷的界限，才能不断超越自己，力争上游，打开人生的新局面。

竞争者该有的四种心态

竞争具有目的性和排他性，它可以让人满怀希望，克服惰性，勇敢挑战，当然也容易形成一种不健康的心理，如好胜、嫉妒、恐惧、仇恨等。好胜心和嫉妒心，都容易造成不良竞争、恶性竞争。

然而，很多人是好胜的，为了赢，为了利益，往往容易陷入比拼之中，想办法让自己的利益最大化。当一时难分胜负的时候，嫉妒、贪婪就会让人不平衡，使人迷失，企图通过不正当手段干掉竞争者、报复竞争者，而恶性竞争，最后一定是双输的结局。

来看看这个故事：

渔民在抓螃蟹的时候，通常都会携带头小肚子大的竹篓，捉到第一只螃蟹之后，会把盖子盖严，防止螃蟹逃走。但是再捉到螃蟹，渔民就不会盖盖子了。

为什么呢？就算不盖盖子，螃蟹也逃不出竹篓。因为每只螃蟹都会拼命地往出口爬，但是竹篓口很窄，只能允许一只蟹通过。于是，一只螃蟹爬到竹篓口时，其他螃蟹就会用大钳子抓住它，把它拖下来。螃蟹们争先恐后地往上爬，又被其他想要往上爬的螃蟹拖下来……结果就是，竹篓口一直敞开着，但是没有一只螃蟹能逃得出去。

竹篓里的螃蟹就是竞争者，因为想要逃离，所以拼命地往上爬；因为只考虑自己，所以想着超过其他人，最后没有谁能成为胜者。这就是恶性竞争的危害，也是不健康竞争心理的危害。

有人说：恶性竞争是竞争的必然演化。这句话是错误的，竞争之所以演变为恶性竞争，是因为人们不懂得竞争的真正含义，未能保持正确的、良好的竞争心态。竞争是不断推动一个人成长、强大的关键，是人与人实力、资源、技术等的比拼，这个过程中也需要人们保持正确、良好的心态。

竞争者应该有以下四种心态。

第一，对于输和赢，保持平常心。

有竞争，不可避免会出现输和赢，这是正常现象。输了并不丢人，毕竟人外有人，天外有天，随着社交边界不断被打破，优秀者更是层出不穷。况且，输和赢、领先和落后不是一成不变的，这一次你落于下风，但是如果你不因输掉一次就泄气，而是保持平常心，冷静地思考自己输的原因，然后努力提升自己、强大自己，自然有超越的那一天。

当然，赢了也不能骄傲，要知道竞争无处不在，对手也是如此。因为赢，他开始沉浸在喜悦中，认为没有人能战胜自己，便会停滞不前，很快就会尝到输的苦果。

某位商人在机会面前很好地抓住了它，在百货零售领域发展顺利，很快成为行业内的佼佼者。在成绩、荣誉加身的情况下，商人开始膨胀，头脑发热地开始扩张，在全国各地建立连锁商场。这种疯狂的扩张速度，就连曾经的大型连锁零售商八佰伴也望尘莫及。短短4年时间，这位商人旗下的商场以全国乃至全世界同行都前所未有的速度发展，在他的思维里，自己的商场不但要占据全国，还要占据世界每一个国家。

贪欲、好胜心占据了他的心，再加上媒体的吹捧和炒作，商人彻底迷失了自我。盲目扩张势必带来资金和管理的问题，很快，商人就失败了，不仅梦想破灭，还欠下了巨额债务。

所以，处于竞争的环境中，我们需要保持平常心，无论输赢，不管弱小还是强大，都应该正确看待竞争，正确认识自己，输了不沉沦，赢了不迷失。

第二，葆有自信，敢于挑战。

我们说过，很多人恐惧竞争、逃避竞争，很大原因是自卑，不相信自己。因为不自信，所以怕输，不敢接受对手的挑战，更没有勇气主动与强大的对手竞争。

所以，想要端正对竞争的认知，就需要先建立自信，浑身散发出强烈的自信气息。在2022年的北京冬奥会上，谷爱凌成为耀眼的“明星”。她优秀、青春、乐观、自信，不怕失败，更有信心挑战自己，挑战强大的对手。在自由式滑雪女子大跳台的比赛中，谷爱凌完成前两跳之后成绩稳居第三名，但是她没有求稳，而是带着强大的自信挑战从未尝试过的高难度动作。就是因为这样，她获得了冠军，战胜了对手，也战胜了自己。

事后，她说：“我有一个精神，就是想当最好的，但不是把别人压下去，而是当我自己能当的最好的一个。”就是这样的心态，让她敢于挑战，成就最好的自己。

第三，尊重对手。

尊重对手，在竞争中非常重要。

竞争不是战场，不是非要你死我活。所以，我们要尊重竞争对手，友好对待他们，即便自己赢了，对方输了，也要给予对手尊重和鼓励，而不是贬低、轻视。若是把竞争对手当作敌人，怀着嫉妒、报复和仇恨的心态去竞争，虽赢得了比赛，但会输掉人心。而且，这种赢往往不会长久。

事实上，很多成功者能葆有尊重对手的心态。乔布斯去世时，其最大的竞争对手之一谷歌，在首页挂出“Steve Jobs，1955—2011”的链接，并且直接链接到苹果的官方网站，不仅表达了对乔布斯的纪念，也表达了对乔布斯的尊重。

当然，这不仅显示了乔布斯的伟大，更显示了谷歌的心胸。

第四，保持学习心态。

标杆原理告诉我们：对手就是最好的学习对象。不管个人还是企业，都应该在竞争中保持虚心学习的心态。把身边优秀的同事作为标杆，了解他们的优势，学习他们的做法，便可以提升自己，少走一些弯路；把行业中的“老大”作为标杆，力争在产品、服务、管理等方面向其看齐，从而提升自己的竞争力，自然可以不断超越他人。

简单来说，怀着学习的心、进取的心，不断把领先者或是超越自己的人当作标杆，加倍努力，克服不足，自然会让自己一步步地变得强大起来。

Part 4 <<<

“你们”如何变得更强——那些关于合作的秘密

有竞争，也有合作，个人和团队才有大未来。有竞争，没有合作，双方的竞争就会演变成一场零和游戏，此消彼长，你输我赢——这看似不错，但从长远来说并非如此。植入合作意识，思考如何实现双赢，才是长久之计。

合作的进化

人们习惯于零和博弈的思维，在这种情绪的主导下，竞争变得激烈，甚至变成对抗，结果是一个人赢，另一个人输。为了能赢，参与者都想方设法做得比对手更好，超越对手。然而，就像我们之前说的，生活中的大多数情况是非零和的，双方可以双赢，进行合作。

当然，合作不是自然产生的，要经历一个进化的过程才能达成。就是说，一开始人们处于竞争的位置，做着零和博弈，当发现拼个你死我活并不“划算”的时候，便开始思考如何进行正和博弈，以联盟、合作的方式，实现你赢我也不输甚至是双赢的局面。

囚徒困境就是正和博弈中最具代表性的例子，博弈的双方存在着双赢的可能性。有这样一则故事：两个共谋犯罪的嫌疑人被警察抓住，分别关在不同的屋子里接受审讯。警察知道两个人都犯法了，但是没有足够的证据，于是采用心理战术，告诉他们——如果两人都不坦白交代，每个人都要入狱一年；如果一个人坦白，揭发另一个人，那么坦白的人会因为立功而立即获释，保持沉默的人则因为拒不交代而入狱5年；如果两人都坦白交代，每人入狱2年。于是，两个人都面临两种选择：坦白揭发，或是保持沉默。

然而，不管怎样，两个人的最优选择都是坦白——如果自己坦白，同伙沉默，那么自己就可以立即获释；如果自己和同伙都坦白，则入狱2年，比保持沉默获罪轻很多。是的，如果两人都保持沉默，结果是最好的，只需入狱1年，甚至可能因为疑罪从无（按照今天的法律规定）被立即释放。然而问题是，两个人都无法信任对方，做出选择的时候往往倾向于让自己的利益最大化。因此，两个人都倾向于坦白，而不是保持沉默。

当然，如果重复做这样的实验，两个人的选择可能有所不同，结果也会不一样。因为嫉妒、不信任，任何人都可能选择不合作的行为。事实也证明，只有互相合作——都保持沉默，才会出现最好的结果。

从不信任到信任，从对抗到合作，是一个试错、探索和进化的过程。事实上，生活中的很多合作者经历了这样一个历程，苏宁和阿里巴巴的合作就是一个很好的例子。当电商发展势头迅猛、线下流量消失之后，苏宁提出了转型，学习互联网思维，加大对电子商务的投入，正式进军电商领域。

这时候，电商领域的竞争也异常激烈。一开始，天猫处于绝对优势，京东则奋起直追，不断抢占市场份额。苏宁加入之后，这场三角战打得不可开交，尤其到了“双十一”“6.18”“5.20”等时刻，更是硝烟弥漫。

虽然苏宁在线下零售方面占据优势，尤其在电器销售方面几乎无人能敌，然而在电商领域还是屈于天猫、京东之后。因为模式不同，在竞争的同时，苏宁开始与阿里巴巴寻求合作空间，力求实现双赢的局面。

2015年，苏宁与阿里巴巴达成战略合作，换股投资，阿里巴巴以283亿元投资苏宁，成为苏宁云商的第二大股东。苏宁也出资140亿元，认购阿里巴巴新发行的股份。2017年，零售业迎来新变化，新物种如同雨后春笋般迅速冒出头，零售巨头们纷纷布局抢夺线下市场。这时，苏宁和阿里巴巴又开始展开竞争，力图在新的市场迅速扩张。阿里巴巴推出了盒马鲜生，苏宁则推出了苏宁小店、苏鲜生等。除此之外，苏宁还发展出众多不同的线下业态，如苏宁广场、苏宁汽车超市、苏宁红孩子等，抢占了先机，获得了优势。

但是这种竞争并没有影响苏宁与阿里巴巴之间的合作，苏宁在零售业有资源，阿里巴巴在电商领域有流量，双方合作只有加强和进化的空间，没有减少和消失的可能。在供应链方面，苏宁给予阿里巴巴全力支持，而在流量上，阿里巴巴全力为苏宁提供帮助。

之后，5G时代来临，苏宁与天猫、联通等三大运营商以及各大手机品牌达成合作，打造了一个线上、线下的5G换新平台，进一步抢占5G时代的市场。再之后，苏宁与阿里巴巴达成进一步的深度合作，追加100亿元打造“双亿补贴”联盟……

可见，竞争和合作永远是这个社会的主题。不论是个人还是企业，都无法逃避竞争，也不能拒绝合作。从某种意义来说，竞争与合作并不是敌对关系，我们既需要有竞争意识，也要有合作意识，在竞争中合作，在合作中竞争，脱离零和博弈，进而实现双赢和多赢。

当然，合作需要进化，要从对抗到合作，从单赢到双赢。想要实现这个进化，我们需要做到以下几点：

第一，不嫉妒，不仇恨；

第二，保持友好，不排斥合作；

第三，积极参与各种合作，突破对立思维。

有制衡，才有合作

古代帝王善用制衡之术，提拔一个重要官员，然后迅速给他制造一个对手，让他们相互监督、相互制衡，目的就是防止一方独大，出现功高盖主的局面。职场上的老板也常用这一招，他们会任用能力相当的两个下属，给他们同样的机会与权力，甚至会一边分化他们一边当和事佬，既保证两人不联合、搞小团体，又能促进团队合作，不至于彻底分崩离析。

这里的制衡是一种领导术，也是一种博弈术。不过，我们今天从另一角度来谈，先看一则故事：

某项比赛中，经过几轮激烈的竞争，剩下三个人进入决赛，争夺最后的冠军。此时，甲的能力值为40，乙的能力值为35，丙的能力值为25。规则是这样的：甲、乙、丙三人同时拥有抢答题权，谁答对了就获得一个优先提问权，可以向任何对手提出一个更难的问题。如果对方回答不上来，或是答错了，则被淘汰，反之自己淘汰。

三个人中，谁的淘汰概率最大，谁的淘汰概率最小呢？肯定很多人认为是丙的淘汰概率最大，甲的淘汰概率最小，因为丙的能力最弱，甲的能力最强。然而事实上，结果并非如此，这其中牵扯到博弈中的制衡问题。

三人博弈中，如果甲拿到优先权，他肯定想先淘汰实力稍弱一些的乙，排除最大的对手和威胁。接下来，在最后的关头，自己的胜算会高出很多。同样的道理，乙也会做出类似的选择，淘汰实力最强的甲，增加自己的胜算。就是说，不管是甲还是乙，都不会先淘汰实力最弱的丙，而是会想办法对付实力相当的对方。于是，丙变成最安全的那个。

当然，如果是丙拿到优先权，他也会选择向甲提问，想办法难住他。这样一来，和乙进行决赛的时候，自己的胜算就会增加。因此，甲的被淘汰率是最高的。

生活中，这样的事例有很多。为了让自己更安全，人们通常会权衡利弊，先应对对自己最大威胁的那个。但是，这不是说实力最弱的就是最安全的，实力最强的就是最危险的。很多时候，人们会运用各种方式寻求胜利，一旦陷入僵局或是自己处于不利局面，便会寻求同盟，保持相互牵制的局面，保证自己的安全。

三国时期的魏、蜀、吴，宋朝时期的宋、辽、金或是宋、夏、辽，都存在三方制衡的博弈。赤壁之战前夕，曹操称霸北方，意图进攻吴地，吞并吴、蜀。这时候，曹操实力最强，孙权次之，刘备最弱。为了个人安全，孙、刘达成联盟，共同抵御曹操。然而，这种同盟也是暂时的，因为谁都有野心，都不想成为被吞并的那个。所以，刘备夺取荆州，三国各自牵制，形成鼎足之势。

那是不是说孙、刘两家的联合是必然的，三国鼎立的局面也是必然的？当然不是。虽然刘备实力弱，但不是谁说灭就能灭掉的，孙权和曹操也不能。因为有实力，孙权才考虑与其联合，在竞争的同时开展合作。假设刘备没有实力，兵力不足，也没有地盘，孙权很可能选择吞并他，然后再凭借一己之力与曹操争夺天下。

因此，个人和企业只有面对自己利益受损的时候，才会寻求他人或企业谋取制衡的利益关系，形成合作。也就是说，实力相当的个人和企业之间产生制衡，势均力敌，合作才会发生。一旦一方力量减弱，对于强大的一方来说，称不上对手，或是不能带来好处，后者就会迅速打破这种制衡，冲击甚至是吞并前者。

因此，想要合作，我们就需要强大自己，想办法提升实力，以强者的姿态来竞争。在竞争中，要与他人建立相对平等的关系，实现彼此的牵制与制衡。有了这个制衡的基础，自然可以发展成为良好的合作伙伴，实现利益与发展的双赢。

除此之外，在团队中，制衡也是合作的基础。比如，合伙创业过程中，合伙人团队就需要制衡，需要选出最高管理者，同时给予其他合伙人相应的权利，避免一方独大、搞“一言堂”。

马化腾在创业之初，拉早年的同学或同事来合伙，因为彼此都知根知底，所以根据各自的专长、优势来确定出资和所占股份。虽然马化腾一股独大，但并不是绝对控股，这也促使创业团队内部有制衡，也有合作。

5名创始合伙人组成决策小组，除了马化腾外，其他4人分别负责一个板块，张志东负责研发，曾李青负责市场开发和运营，陈一丹负责行政管理、招揽人才以及内部审计，许晨晔负责管理一些对外的职能部门，包括信息部、对外公关部以及最开始的网站部。因为优势互补，也因为没有“一言堂”，整个团队达成良好的合作。后来，腾讯公司发展到数千人的规模，这种制衡和合作的模式仍保留了下来。所以，他们虽然有冲突和分歧，但是每次面临重大决策，都能形成少数服从多数的局面，让企业得到很好发展。

需要注意的是，合伙人之间有制衡，并不意味着团队中没有“老大”，股权和权力比较平均。这种情况下，谁都想说了算，都想坚持自己的主张，往往可能导致决议和协调配合非常低效，甚至促使企业走向分崩离析。

可以说，有制衡，才有合作。不管是个人还是企业，都需要强大自己，增强个人的竞争力和吸引力，即以强者的姿态进入竞争，建立平等、和谐的关系，为合作提供良好的基础。同时，在团队中，如果双方或是多方能实现彼此制衡，那么合作才会长远，就算有冲突和矛盾，往往也会通过和谐的方式解决，达成统一。

原谅，合作的美德

只要有人，就免不了有竞争、纷争。于是，为了让自己得到更多或是获得胜利，往往有人把对手甚至身边人看成仇敌，什么阴谋、“阳谋”都使得出来。在利益至上、成王败寇观念的指导下，似乎只有“对抗”才是正确的，任何行为都可以被原谅。

然而，这种做法十分不明智，从来没有哪个人能靠着这样的行为成为最后的胜利者。退一万步说，即便不用什么阴谋、“阳谋”，仅仅是与身边的人对立，没有合作思维，恐怕也可能让你满盘皆输。

因此，从竞争到合作，从单打独斗到合作，才是明智的选择。而从竞争到合作，或者说从对立到合作，需要做出哪些努力呢?

制衡、信任、平等、原谅……是的，这些都需要。而且，原谅是第一步，也是关键一步。

原谅，虽然不难做，但是要做好它就不简单了。它需要一个人能化解与对方的分歧以及造成的不愉快，对那些让自己失败、难堪的人表示接受与友好，甚至宽容对方的攻击、陷害。它需要一个人扫除自私、嫉妒和报复之心，放宽心胸，不感情用事，更不封闭自己。

原谅，是一种美德，更能有效地减少合作中的阻力。

有个故事颇值得玩味。刘邦称帝之后，一天正在洛阳南宫边散心，看到一群武将在宫内不远的水池边聚集，有的坐着，有的站着，互相交头接耳，好像讨论着什么。刘邦找来张良问道：“他们在干什么？”

张良回答：“他们这是要聚众谋反！”

刘邦大吃一惊，问道：“谋反？为什么？”

张良回答：“现在天下已经太平，陛下封赏的都是以前的老朋友和自家的亲族，诛杀的都是与自己有仇的人。这些将领没有得到封赏，担心您找他们的过失，生怕以后也被诛杀，所以头脑一发热就想聚众谋反。”

刘邦皱着眉头，急忙问：“那应该怎么办呢？”

张良思考了半晌，问道：“陛下平时最恨的人是谁？”

“雍齿。我最恨的人就是雍齿。”刘邦愤恨地回答。

这个雍齿是什么人呢？他也是沛县人，与刘邦同乡，是最早跟随刘邦起义的一员。他是世族出身，往上追溯几代，家族也非常显赫，所以很瞧不起出身平民百姓之家、偏偏又好吃懒做、混迹市井的刘邦。在雍齿看来，不论从出身、人脉还是能力来说，自己都比刘邦强，但是沛县起义之后，当上沛公的却是刘邦。这让雍齿很不服气，但碍于情势，不得不“屈尊”。

占领沛县后，刘邦外出打仗，让雍齿驻守丰邑。很快，魏国人来攻打，没想到雍齿轻易就献出城池，投降了魏国。刘邦得知消息后大怒，不顾寡不敌众，带兵强攻两次都失败了。之后，刘邦不得以归降项梁，借兵之后才夺回了丰邑。

这是雍齿第一次背叛刘邦。但是由于雍齿也归降了项梁，两人化干戈为玉帛，雍齿再次回到刘邦身边。在楚汉争霸时期，雍齿再次反叛，归降项羽。等到刘邦占据优势，雍齿才厚脸皮地又回到刘邦阵营，还摆出一副高傲的模样，多次数落、侮辱刘邦，让刘邦下不来台。

对于这样的雍齿，刘邦恨得牙痒痒，早就想除之而后快。但是因为刚刚成就大业，不能无缘无故杀掉将领，于是就忍了下来。

张良听了这些话，立即说："那请陛下立即封雍齿为侯，这样其他人便可以安心了。"

刘邦非常信任张良，便采取了这个建议，封雍齿为什邡侯。那些未被封赏的将领见此，一个个都放下心来，说："就连雍齿都能封侯，我们还有什么可顾虑的呢？"就这样，将领们没了顾忌，刘邦的天下也稳定下来。

刘邦的原谅，起到意想不到的作用。天下初定，面对刘邦信任、喜欢、亲近的人都获得了封赏，有过失、得罪过、与其有矛盾的人自然惴惴不安，担心会被算旧账。这时候，刘邦表现出宽容，原谅自己最痛恨的人，不仅化解了与雍齿的矛盾，更赢得了其他人的信任与尊重。之后，"队伍"稳定了，君臣合作就更和谐了。

人与人之间有时可能因为某些利益而发生矛盾，可能因为立场问题而对立。然而，这个世界无时无刻不再变化，人的关系也随时会发生改变，这一刻的竞争对手在下一刻就变成合作伙伴，这一刻的敌人在下一刻就变成朋友。因此，想要合作得好，就需要有较大的气量，以宽容之心对待对方。关系和谐之后，获利的将是双方，而不是只有自己。

在这方面，林肯表现得非常好：林肯在担任美国总统的时候，曾经有人批评他采取的温婉态度：“你为什么要试图把那些对手、敌人变成朋友呢？你应该加大力度打击他们！”林肯却说：“当我把他们变成朋友，敌人不就被消灭了吗？”

没错，林肯“消灭”了很多敌人，并且把他们变成了很好的合作伙伴，其中就包括蔡思，他是个银行家，野心勃勃，一心想要当总统。他自大、傲慢，嫉妒心强，时常攻击林肯，但是林肯却任命他为财政部长，尽量与他减少摩擦，并且希望蔡思能成为自己的“马蝇”，逼迫自己更加努力拼搏。最后，虽然林肯没有把蔡思变成朋友，却把他变成最好的合作伙伴，两人合作做出了非常不错的成绩。

简言之，不管在什么场合，如职场、商场、日常生活中，人与人之间的关系不只是敌对、竞争、相互角力，合作已经成为这个世界的主题，成为所有人都避不开的一件事。但是做这件事之前，我们必须学会原谅，减少过程中的阻力，如此合作才能顺利实现。

无处不在的“竞合”——以婚姻关系为例

婚姻是家庭的纽带，每个人都渴望有一个美满的婚姻，组建一个和谐幸福的家庭。然而，很多家庭不和谐，充斥着争吵、冷战、争斗，甚至是彼此伤害。于是，在糟糕的婚姻中，爱情失去了原本的光芒，相爱的情侣成为对手、敌人，家庭也变成了战场。

归根结底，这些危机其实有一个共同的根源，那就是夫妻二人都把生活变成了“斗争”，忽视了在一起生活的目的是——“竞合”。

有学者提出：婚姻关系中存在着权力的争夺，即用权力归属来让自己更有力量，进而突出自己的重要性。通俗来说，就是这个家里谁说了算。有些男士有大男子主义，希望妻子能听自己的，以自己为中心，这本身就是一种权力欲的表现；还有些男士或女士有控制欲，试图控制和支配对方，打着“我爱你”的借口想办法改变对方，这也是权力欲的表现。

然而，这样的思维和行为都是错误的，因为婚姻中的两个人是独立的、平等的，一方需要付出关爱和支持，需要与另一半进行有效沟通，这样才能让彼此的关系更和谐，否则婚姻关系迟早会失衡，进而引发婚姻危机。

李娇是一位舞蹈演员，丈夫是一位企业家，两人相知相恋，成为人人羡慕的伴侣。经过热恋之后，他们步入婚姻的殿堂。婚后，丈夫建议李娇放弃演出，专心在家相夫教子。一开始，李娇并不同意，因为她也有自己的追求，且在业界做出了一些成绩。但是没过一年，李娇就怀孕了，为此她选择了妥协，专心在家生孩子、养孩子、打理家庭。

孩子上了幼儿园后，李娇想要复出，继续追求自己的梦想，但是被丈夫拒绝了。丈夫认为女人就应该以家庭为重，再说有自己的照顾，李娇和孩子的生活滋润，享受着别人羡慕的无忧生活，这有什么不好呢！

这让李娇无法忍受。她知道自己在家中失去了话语权和决定权，什么都得听丈夫安排，甚至失去了独立和自由。丈夫不仅是在照顾她，还在控制她。她想要与丈夫沟通，但是没有任何效果。于是，她开始斗争，不再一味迁就，不再什么都听丈夫安排。这自然引起丈夫的不满。于是，争吵越来越多，家里充斥着火药味。

李娇向闺蜜倾诉，闺蜜却说：“你是身在福中不知福，丈夫事业有成，对你非常好，你安心做富太太不好吗？职场人有什么好，辛苦、受委屈，有时还身不由己。”对于此，李娇只能无奈地保持沉默。之后，李娇和丈夫陷入了“权力斗争”，因为彼此都不妥协，又缺乏耐心有效的沟通，最后导致婚姻破裂。

这一切最重要的根源在于李娇丈夫内心深处的大男子主义。他想要控制婚姻，控制自己伴侣的生活，让整个家庭以自己为中心。结婚之后，他就表现得很强势，后来还单方面地切断了两人沟通的桥梁。而李娇，由之前的“斗争”到后来的妥协，再到一味迁就，越来越处于劣势，差一点儿就迷失了自己。好在她警醒了，做回了自己，这也导致夫妻间的“斗争”越发激烈，最后走上无法挽回的道路。

其实，夫妻之间不应该存在“权力斗争”，也不应该存在谁的地位高谁的地位低、谁控制谁、谁必须听谁的话。两人是亲密爱人，应该是相互倾听的朋友，是兴趣相投的玩伴，更是关系平等的合作伙伴。虽然生活中有摩擦，有意见不合，还有误会、犯错，但都需要克服以自我为中心的思想，通过良好的沟通解决问题，实现彼此的契合。

同时，不管是男士还是女士，都不应该把职场中的竞争意识带入婚姻，甚至因为某个问题而针锋相对。可惜的是，很多人不明白这个道理。他们有类似的想法：这一次我妥协了，落了下风。不行！我一定要找机会赢回来，让他向我妥协；这一次我吵输了，不行！下一次一定抓住她的痛脚，让她输得一败涂地；你没有做家务，不行！我也不做家务，看谁能坚持下去！这样的竞争意识，必定带来争吵，最终上升到争执，给婚姻带来伤害。

君君和丈夫结婚不久，感情着实不错，但是丈夫好像把竞争意识带入了婚姻生活中。两人平时会因为意见不合而吵闹，君君不理他，他也会不理君君，就算君君身体不舒服，如果两人还没有“和好”，他都会视而不见。在一次争吵中，君君气急了，随手把桌子上的杯子摔得稀巴烂，丈夫也是第一时间反击，随手摔了自己的手机。于是，“竞赛”开始了，两人不顾一切地摔东西，家里一片狼藉。

两人平时聊天时会对一些新闻事件发表自己的想法和看法，但是每个人的立场不同，见解也不同，于是闲聊变成辩论，辩论变成争论。作为理工男，丈夫的逻辑非常严密，会一一指出君君的错误。但是君君却认为丈夫看似公正，但是内心已经预设了立场，且有些爱讲大道理，于是无论丈夫说什么，她都会发表不同的意见。结果是，不管谁胜利了，两人都免不了争吵，然后是连续几天的冷战，伤害感情，也伤害身体。

更可怕的是，在这种莫名的好胜心驱使下，谁都可能因为一时冲动地说出一些过分的话，这样一来很可能摧毁这段感情。

所以，不要把“权力斗争”思维和竞争意识带入婚姻，才是婚姻关系稳定、和谐的前提。我们一定要明白：夫妻之间应该是亲密关系，彼此包容，相互理解，相互尊重，建立良好的连接和沟通，才能呵护好爱情，进而让关系更和谐、甜蜜。

合作的基础——先谈利益，后谈感情

人们选择合作的原因有多种，有因为共同利益走到一起的，有因为志同道合而合作的，也有因为感情好而合作的。简单来说，合作的基础有两个——利益和感情。以此为前提的合作没有好坏、对错之分，只要能相互信任，共同朝着一个目标而努力，便不会有什么问题。

然而，现实生活中，不管一开始因为什么走到了一起，之后都会涉及利益问题——个人之间合伙创业，涉及利益分配、股权比例、权力分配等；企业之间合作，涉及利益分配、主导或服从、资源共享还是独占等；团队合作则涉及付出与得到是否匹配，谁的功劳多，谁的功劳少，等等。想要保持良好和长久的合作关系，就必须确保彼此的核心利益不被侵犯。

换句话说，就算合作的基础是感情，也需要先谈利益，绝不能只谈感情不讲利益。很多人与朋友、亲人合作或合伙时，通常会刻意回避利益这件事，殊不知只讲感情不谈利益的关系通常很难长久；合作或合伙前，没有明确利益分配、权力归属等问题，时间长了就会出现矛盾，甚至闹崩。

从另一方面来说，在市场经济环境中，找合作对象和合伙人不可只信任感情，认为有感情就能合作共享。不幸的是，很多人在挑选合作伙伴时，往往会从身边的人开始考虑，如亲戚、朋友等。他们潜意识里把感情放在最重要的位置，而忽略了真正重要的因素：利益。

陈杰是个有能力、有抱负的小伙子，或许知道自己没有天赋，因而他比别人更努力工作，业绩非常好。同事都很佩服他，老板也很喜欢他，给予他升职的机会。几年时间，陈杰就成为公司里最年轻的业务经理，在行业内小有名气，积累了不少人脉。

后来，陈杰决定创业，干一番事业。创业并不容易，但是他克服了所有困难，一个人跑业务，一个人打理公司。好在原公司老板给予了他很多帮助，一些客户对他信任有加，才让他的公司慢慢发展起来。

随着生意的扩大，陈杰打算找一个合伙人，负责管理公司的日常工作。他首先考虑的就是自己的大学同学刘锋，他能力不错，和自己关系也很好。于是，陈杰盛情邀请刘锋，并承诺给予他20%的公司股份，刘锋也痛快地答应了。一开始，两人的合作非常好，通力协作，优势互补，让公司迈上一个新台阶。

后来，陈杰开始寻求投资人，刘锋则介绍了一家实力不错的投资公司。于是，陈杰卖掉35%的公司股份，获得1000万元融资。然而，没过多长时间，刘锋便与投资人联合，把陈杰赶出公司。虽然陈杰是大股东，拥有公司45%的股份，但是公司章程中并没有规定创始人具有表决权，对于公司的一些重要事项，必须按照持股比例实施投票决定，所以他也因表决权比例较低而出局。陈杰根本没有想到自己曾经最信任的朋友背叛了自己，但此时已经后悔莫及。

所以，生意是生意，朋友是朋友，若是把两者混淆，容易引发矛盾，导致严重问题。选择合作伙伴，应该避免把感情放在首位。换句话说，感情的深浅，与合作的成功率是不成正比的，否则那些经营家族企业，或者亲戚朋友合伙创业最后导致关系破裂、反目成仇的事例也不会那么多。

事实上，早在10年前，哈佛大学的研究人员就得出了这样的结论：人更愿意和熟悉的人合作，然而合作伙伴的能力总和与合作者的亲密程度是成反比的。当时，哈佛大学商学院的研究人员发表了一篇名为《友谊的代价》的论文。该文章以3510名进行风险投资的商人为蓝本，通过分析他们在1975—2003年间参与过的11895个风投项目得出一系列的数据。

第一组数据表明，当两个人均毕业于名校时，他们发生合作的概率比普通人高8.5%；当两个人来自同一大学时，他们发生合作的可能性会增加20.5%；如果两个人是同一种族，他们合作的可能性则增加22.8%。这说明更加熟悉或亲密的关系对于人们来说存在吸引力，比起陌生人或完全没有共同点的人，人们更愿意和自己相熟或有着相似点的人合作。

第二组数据表明，在两个风险投资合作者中，如果有一个毕业于名校，那么投资成功的可能性会增加9%；如果两个合作者都毕业于名校，那么成功率能提高11%；如果两个搭档是旧同事，那么投资成功的可能性反而下降18%；如果是校友则下降22%；如果是"族人"，则下降25%。

这说明两个合作伙伴具有的能力总和与两个合作者的个人能力成正比，但与合作者之间的亲密程度成反比。就是说，完美的合作伙伴不是熟人、朋友、亲戚，而应该是陌生的高学历者；先谈感情后谈合作，或是只谈感情不谈利益，这样的逻辑是错误的，往往会造成合作关系的破裂，或是让自己陷入困境。

因此，在生意场或是职场上，我们必须明白，合作的基础是先谈利益后谈感情，合作伙伴之间必须分清责任、权利、感情和利益。合作或合伙创业是一项理性互动，如果非要把感情牵扯进来，就会让人失去理智，难免产生分歧和矛盾。相反，合作或合伙前要能做到"先小人后君子"，提前签订合作协议，规定彼此的权利与义务、利益分配等问题，并在合伙初期明确公司章程，约定股权分配、合伙人机制退出、分红原则等。

感情本身就是变化无常的，依靠感情来维持合作关系，真的很难长久。所以，想要实现财富梦想，建立良好的合作关系或合伙关系，任何时候都要严格遵循这一原则：先谈利益，再谈感情。

哪些人不需要合作

生意场上，善于合作的人，总能比别人先打开难以打开的局面。合作的力量绝不是一加一等于二的效果，而是一加一远远大于二。因为合作不是简单的交换、联合，而是实现了资源共享、优势互补。

简单交换，就像你有一个苹果，我有一个香蕉，交换后物品的数量是不变的，联合的情况也是如此。资源共享就不一样了，就像你有资源，我有渠道，合作之后，两个人共同拥有资源和渠道，优势互补就是如此。你的优势是资源，我的优势是渠道，强强联合，彼此都能发挥最大潜力，实力不只增强1倍，可能是2倍、3倍。

在合作共赢的时代，一个人拥有的或许不够多，或是有一些短板，但是如果能寻找合适的合作伙伴，便可以真正强大起来。有这样一个故事：

一个人家中不慎起火，当这个人跑出门外时，他发现有一团黑球从大火中滚了出来。仔细一看，才发现是由无数蚂蚁组成的“圆球”。为什么蚂蚁会以这种方式逃生呢？这个人很困惑，于是调查了蚂蚁的习性。原来，蚂蚁在遭遇火灾或水灾时，会自觉聚成一个圆球，合作逃生。年老的蚂蚁在最外层，工蚁在第二层，然后是蚁后和幼蚁。它们奋力地往外逃，因为万众一心，精诚合作，所以能爆发出非比寻常的力量，以最快的速度滚到最安全的地方。

所以，合作是必然的。因为合作，弱小的力量变得格外强大，困难也不那么难以战胜。然而，善于合作的人毕竟是少数，一些人总是习惯于单枪匹马，甚至因为个人利益排斥合作。

一家大公司招聘管理人员，应聘者众多，最终9名优秀者脱颖而出，进入最后一关。人力总监看过几个人的简历和表现之后，感觉非常满意，拿不定主意选择谁、淘汰谁，于是向老板请示。老板给几个人出了最后一道题，让他们调查该公司某款新产品的市场销售情况，三天内完成一份产品市场调研报告。

老板将他们分成三组，并且说："作为企业管理者，你们必须对市场有敏锐的观察力，并且针对特定消费者做观察与分析，充分了解消费者的心理、购买行为，这样一来才能做好推广和营销。现在，我把你们分成三组，希望你们互相合作，优势互补，出色地完成任务。"听到这些话，每个应聘者都摩拳擦掌，信心满满。老板离开时又补充道："为了避免大家盲目展开调查，我已经叫秘书准备好一份相关行业的资料，大家可以自行到秘书那里领取，希望这能帮助你们，也希望你们有一个好的表现。"

三天时间很快过去了，几个人的市场分析报告也递交到老板那里。详细看完之后，老板微笑着说："我已经做好了决定。"说完，他站起身来，走向第三组的三个人，说："恭喜三位，你们被录取了!"然后，与他们一一握手。

其他人很疑惑，也很不服气。老板看出他们的情绪，说："我提醒你们需要互相合作，但是通过市场调查报告，我发现只有第三组的三人真正做到了合作。在调查之前，他们共享了资料，并且在之后的活动中相互协作、相互帮助，所以报告水平非常高，各有千秋。"

"其他人没有合作意识，只是自己做自己的，不仅没有共享资料，反而在行动中相互戒备、相互排挤，所以市场分析报告不全面，也不尽如人意。其实，各位的能力和水平不相上下，我这次出这样的题目，主要目的是考察大家是否善于在工作中相互合作。一个人如果没有合作意识，不善于合作，尽管能力强，有才华，也不是企业所需要的。"

原来，应聘者得到的资料都是不一样的，信息不全面，各有侧重，各有缺失，只有团队中三个人相互合作，共享资料，才能更好地完成报告。其他几人抛开队友，分开行事，自然不知道其中的奥秘，这也导致了他们的出局。

所以，合作的力量是强大的，不合作的害处也是巨大的。生活中，不合作的人有很多，但总结出来无非有以下几种。

第一，自私的利己主义者。每个人都有利己思想，个性中都有自私的成分，这是人性的特点。利己主义者凡事都想着自己，只看重自己的利益，于是更善于竞争，习惯玩零和游戏。当然，这样的人也没有人愿意与其合作，遇到难题时也无人帮助，除非能力非凡，否则很难有好的发展和前途。

第二，个人英雄主义者。个人英雄主义是团队合作的一大敌人。拥有这样思想的人或许很优秀，但是缺乏团队精神，只相信自己甚至只想表现自己，在团队中只会起到负面作用。

第三，喜欢独处、孤僻的人。这样的人认为社交、合作是无效的、复杂的，甚至恐惧社交，难以融入集体。他们喜欢独来独往，不会主动与别人结交，甚至只有在独处时才能获得安全感与自由感。

第四，内向的人。与上面的那些人相比，这些人不是主动地选择不合作，而是因为害羞而逃避合作。他们内心渴望合群，渴望成为团队中的一员，但是却因不善表达、过于羞涩以及不够自信而无法与人合作。事实上，只要得到肯定和鼓励，这些人就会走出不合作的误区，适当地学会合作。

第五，自卑者。自卑是人的天性，它有积极作用，也有消极作用。一个人无法处理好自卑，就会失去行动的欲望和勇气，甚至失去生命活力。当人们无法忍受自卑情绪的压力时，就会用不正当的方式追求虚假的优越感，除了逃避竞争外，还会逃避合作。

Part 5 <<<

财富秘密——从头开始，认识财富

人人都渴望拥有财富，然而能获得财富的人凤毛麟角。许多人苦苦追寻，甚至不惜付出宝贵的东西，如健康、生活、家庭等，仍无法触摸到它。为什么呢？原因很简单，这些人根本没有认识到财富的本质，更缺少正确的思维、心态与行为。

财富的本质

财富的本质是什么呢？

长期以来，大部分人把金钱当作财富，把金银珠宝、车子、房子以及各种物质上的东西当作财富，认为金钱和物质越丰富，财富就越多，人生就越安全与幸福，于是不断地追逐财富。然而，这混淆了金钱、物质与财富的含义。从经济学来说，财富是金钱，是物质，也是技术、知识、人力资本等；从社会学来说，财富是我们需要的东西，金钱只是我们用来表达和交换财富的外在表现形式；从个人来说，认知、思维、眼界、品性等精神和内心方面的东西也是财富，而且是宝贵的财富。

关于财富，我们的理解有很多，但是不管怎样，都不应该从狭义的角度去理解，不应该认为只有金钱和物质算得上财富。想象一下，你被困在荒芜的沙漠中，这时候手里有价值1亿元的支票、水和食物，哪一个算是真正的财富呢？此时，你最需要的是水和食物，缺少了它，你就会渴死、饿死。那么，金钱便不再是财富，而是一张废纸，毫无价值。

从某种程度上说，财富就是你的“刚需”，就是价值。你拥有好的物质条件，有幸福的家庭，但是身体健康欠缺，那么，健康就是你最宝贵的财富；你性格内向，渴望与人交朋友，渴望与朋友分享喜怒哀乐，那么，朋友和友情就是最宝贵的财富；你在职场打拼十几年，业务能力强，人脉广泛，对于初出茅庐的年轻人，对于需要你的老板来说，能力与人脉就是你的财富……

当大家一起步入社会，别人都在学习新知识，掌握新技术，慢慢成为某个领域的“大拿”，而你只是做着普通的工作，赚着“满意”的薪水，不学习，不提升，几年后，你依旧停留在原地，害怕被时代抛弃、赚不到钱、保不住工作，越来越焦虑与无奈，别人却凭借专业知识看清行业趋势，发现潜在的机遇，比其他人早一步地观察财富的形态和动态，实现了发财致富。这时候，知识和技术就是最大的财富。

我们学习不只是为了获得财富（金钱），知识就是我们人生中最重要和宝贵的财富，而且是谁也夺不走的。虽然现在人们可以通过金钱间接获取知识，但是它并不能根治你的“贫穷”，尤其是认知、思维和心灵上的“贫穷”。所以，我们不仅要把知识当作获取财富（金钱）的手段，更需要将其视为真正的财富，保持对知识的无限渴望。

我们需要对生活中的很多财富有更深刻的理解和认识，之后便能培养更宽阔的财富观，而不限于“金钱=财富”这样的认知和价值观。事实上，很多人拥有宽阔的财富观，并非只看重金钱，并且在用自己的独特方式创造和使用着自己的财富。技术是财富，无数技术“大拿”炙手可热；人脉是财富，无数人经营着人脉，所以中介成为一种职业；名声也是财富，公众人物一方面曝光自己，一方面“隐蔽”自己，倍加爱惜自己的羽毛……

当然，如我们前面所说，财富可以是物质方面的，也可以是精神方面的。只有物质上的富有，没有精神上的富足，如遇到挫折时没有信心、缺乏乐观，面对他人时不友好，看不到和感觉不到这个世界的美好，甚至是信仰上的缺失，那么很难获得幸福的生活。同样，只有精神上的富足，物质上却很贫乏，肉体上遭受折磨，也很容易让精神变得贫穷。当你因家庭条件而被他人排挤嘲笑，为房租、孩子教育而发愁，在父母重病时因医药费而发愁，好不容易遇到一个好机遇却因资金问题而无法抓住它……真的很难快乐和愉悦，不是吗？

一个人精神上的愉悦，来自强大的物质支持，只有少数安贫乐道的人——虽然生活贫困，依旧积极向上、快乐开心。

所以说，真正的财富必然是物质丰富和精神满足。我们要积极努力获取财富、创造财富，实现物质上的富足。有了物质的支撑，我们要接受更好的教育，提升个人的知识和能力，改变思维和思想，同时保持积极的精神状态，追求内心的舒适，实现精神上的富足和自由。

对于财富的定义，不同的人有不同的答案，但它不是一个绝对的标准。我们可以有自己的理解，但是绝不能把金钱作为唯一的答案，否则就会迷失自我。重新认识财富，拓宽自己的财富观，这样一来，才可以获取和把握真正的财富。

财富的流向

社会财富流向谁？二八定律告诉我们：80%的钱会流入20%的人的口袋里，即财富从多数人流向少数人，从贫穷流向富有，从农村流向城市，从无权流向有权。所以，贫富差距越来越大，富人越来越富有，穷人越来越贫穷。

这还是在规则绝对公平时发生的事情。更何况这个世界并不存在绝对的规则公平，财富流动并不随机。也就是说，这个世界上的真实财富流向了更少数的富人——1%的富人掌握了一半的财富。

不可否认，生活中也有穷人突然发达的例子，白手起家，快速赚取大量财富。不过，这只有极少的一部分人能做到，不是因为他的运气好，而是因为拥有“富人思维”。还有一种情况，就是买彩票中奖，也可以让人快速致富。然而，这是更少的人才能有的好运气，如果这个人没有财富思维，不懂得投资，这笔钱将会快速流走，让他再次成为穷人。

就是说，之所以产生这样的结果，是因为富人和穷人的差别不仅在于钱财的多少，而且在思维、心态和行为上也有区别。有这样一则故事：

范蠡功成身退后，来到陶地，做起了生意，自称陶朱公。凭借敏锐的眼光和大格局，他很快就积累了丰厚的财富，富甲一方。陶朱公有三个儿子，后来二儿子因为杀人被楚国拘捕了。为了救儿子，他让小儿子带着一千镒黄金前去探望，希望能疏通关系，把儿子救回来。

但是大儿子却极力争取，说自己是长子，应该派自己前去，如果父亲不答应，他就自杀。不得已，陶朱公只好派大儿子去，并写了一封信带给旧日的好友庄生，同时交代儿子一切听庄生吩咐，千万不要与他发生争执。

大儿子到了楚国，依照父亲的嘱咐如数向庄生进献了黄金。庄生随即让他立即离开，不要待在那里。大儿子只是表面答应，却偷偷留在楚国，还用自己私带的黄金贿赂楚国的达官贵人。

庄生因为廉洁正直而闻名于楚国，虽然收了陶朱公的钱，但并没有打算留下，而是吩咐妻子保管好，以便之后全部归还。随后，他找机会见了楚王，说服楚王实行德政，大赦天下。得知这个消息，大儿子心想：既然实行大赦，弟弟自然可以被释放，这一千镒黄金不就白花了嘛！想到此，他竟然返回见庄生，表明自己想拿回黄金的意图。

庄生痛快地还回黄金，但是却因为受到他的愚弄而愤愤不平。随即，他告发了陶朱公的大儿子，说他用金钱贿赂达官贵人。楚王听罢大怒，下令先杀掉陶朱公的二儿子，才下达大赦的诏令。最后，大儿子带着弟弟的尸体回了家。

谁知道陶朱公早就料到是这样的结局，他对家人说：“我知道老大救不了老二，不是他不爱弟弟，而是把钱财看得太重了。我之所以想派老三去，是因为他不知道钱财来得不易，弃之也毫不吝惜，自然可以用黄金救下哥哥。”

故事中，大儿子没有富人思维，他把金钱看得太重，却忽视了其价值——认为把黄金交给不起眼的庄生，是非常“不值”的，却忘记其价值就是拯救弟弟的性命。所以，他无法成为富人，财富也不会流向他。

那么，小儿子有富人思维吗？显然也没有，他顶多算是富二代，只有富二代的思维，舍得花钱，敢于一掷千金。然而，因为他只知道花钱，不懂得赚钱，也不知道金钱的价值究竟是如何产生的，所以无法创造财富，还可能让财富流失。

所以，财富流向谁，不是看谁拥有它，而是看谁能看清它的价值，不过于崇拜，也不过于轻视。当然，光有这样的思维还远远不够。我们一直强调，想要成为富人还需要有与众不同的思维、态度和行为。具体来说，应该做到哪些呢？

第一，有雄心，有渴望获得财富的欲望。

有雄心、积极渴望财富的人，每天都在思考如何抓住获取财富的机会，然后不断挑战自己，达到“最好”。消极、恐惧贫穷的人，却只想着过得好一些，靠着节省实现自己的“小富”目标。与后者相比，前者更容易获取财富，也更容易改变人生。

所以，就算你的处境不好，还没有找到致富机会，也应该有富人一样的雄心。只有有了雄心，才能想尽办法付出一切得到你想要的。

第二，让钱生钱，让拥有的资本创造更多的价值。

存钱和投资，缺一不可。只有两者有效结合，才能让财富流进来。说到底，富人思维就是大比例地存钱+长期稳定地投资。所以，我们要管理好自己的财富，不跟着欲望走，不只看重消费和享受，同时也要敢于投资，让财富创造出更多的财富。

第三，提升学习思维，增加自己的财富资本。

没有学习力，就没有竞争力。只有不断提升学习力，我们才能不断认识自己、提升自己、超越自己，让自己变得越来越强大，适应这个世界的万千变化，实现增加财富资本的目的。

第四，提高执行力，抓住每一个机会。

第五，追求创新，不跟随他人。

第六，居安思危，不让自己进入舒适区。

第七，尽量减少敌人，追求共赢。

财富总是会流向富人，流向强者，这就是财富定律。当然，财富的流向不是富人控制的，而是由其思维、态度和行为决定的。所以，想要获取财富，我们需要向富人学习，学习其独特的思维、态度以及行为方式。

财富与自由

你或许已经取得了一定的成绩，拥有了一定的财富，可是依旧很辛苦地忙碌着，绞尽脑汁，甚至牺牲了健康，也牺牲了和家人在一起的时光。如果真的是这样，那么你拥有的不是真正的财富，而是金钱，并且在追逐金钱的过程中，把自己的目标只是定位为追逐财富、聚敛财富。你没有成为财富的主人，而是成为它的奴仆，且在这段关系中，你被耗尽了精力，根本感受不到轻松，更失去了自由。

有人说:“幸福取决于财富，快乐取决于金钱。像富人装满口袋，才能让自己充实起来，不是吗？”从某种程度来说，幸福确实由财富影响，装满口袋也可以让人充实。然而，更多时候，我们的幸福、快乐不完全由财富和金钱决定，一味追逐财富，活着只是为了赚钱、赚更多的钱，内心永远无法获得满足。

我们需要获得财富，赢得好的生活、高的地位，满足自己的成就感，同时还需要享受生活，被生活滋养，获得自由的生命状态。否则，这一切都没有什么意义——因为此刻，我们只是口袋满满，但是内心空空。

巴尔扎克笔下的葛朗台拥有一大笔财富，但是他无法成为财富的主人，也无法真正享受生活，得到内心的自由和满足。终其一生，他不过是一个死死抱着金钱、视金钱为命的守财奴。在他的眼里，妻子、女儿还不如一枚小小的金币，健康、人格、幸福和生活都不如口袋里的金币。直到生命的最后一刻，他依旧为了多留的那根灯芯不肯闭眼……

他是富有的吗？不，他是贫穷的，从精神到人格再到内心，可以说是一无所有。他成了金钱的奴仆，彻底被禁锢在“牢笼”中。

正如古人所说的：“良田万顷，日食一升。大厦千间，夜眠七尺。”人们应该正确认识财富，不因追求金钱而放弃世间的其他东西；要有一颗富足的心，不被金钱耗尽自己，而是要被金钱滋养，让自己变得更自由和快乐。

来看这个故事，相信你一定能得到启发：一个法国商人跟着旅行团来到一个叫作亚米亚尼的原始部落，想要放松下心情，回归质朴和简单。他看到一个穿着白袍的小伙子正盘着腿坐在一棵菩提树下，安静而认真地做着草编。这个草编非常精致，让商人瞬间就喜欢上了它。

一开始，商人只是想自己购买，后来认为这是个非常不错的商品，如果把它们卖到法国，说不定可以掀起一股时尚风潮。想到这里，商人来到小伙子身边，问道：“这些草编多少钱？”

小伙子回答：“10比索。”

天啊！这太便宜了！如果卖到法国，我一定会发大财！于是，他激动地问：“如果我购买10万顶草帽和10万个草篮，你打算要多少钱？”

小伙子想了想，说：“那得要20比索。”

商人震惊了，大声喊道：“为什么？我买这么多，难道不应该优惠些吗？”

小伙子回答说：“如果一下子做10万件一模一样的草帽和草篮，会让我失去快乐和自由。”

小伙子虽然贫穷，但是他明白：一味地追求金钱，只会成为它的奴仆，不可能给自己带来快乐和自由，甚至会让自己失去更多。

人们常说，赚钱是为了享受生活，获得财富是为了拥有自由。这句话有一定的道理，但是需要注意：赚钱和获取财富的过程就是一种生活状态，如果在这个过程中你只感到了苦闷和无聊，享受不到快乐，更没有被生活滋养，那么它是没有意义的。相反，如果你有一个清晰的财富目标，并且为了这个目标而努力拼搏，实现财富自由，不被金钱羁绊，不为追求财富而让其吞噬自己的平常心，这才是真正的富有。

李叔同，生于富贵之家，是一位才华横溢的艺术家，也是名扬四海的风流才子。但是正当盛名如日中天之时，他却抛弃财富与盛名，到虎跑寺削发为僧，自取法号弘一，过起了清贫的生活。24年时间，他的被子、衣物等都是之前置办的，补了又补，修了又修，所居寮房，除了一桌、一橱、一床，别无他物。他以律严身，内外清净，写出《四分律戒相表记》《南山律在家备览略篇》等重要著作，成为誉满天下的大师。

或许现在很多年轻人无法理解弘一法师的选择，既然累积了名望和财富，为什么不去享受而是选择剃度出家呢？其实，他虽然拥有财富和名望，但是从来没有让它占据自己的心，更不受它的纠缠和消耗。他追求的是精神上的自由和心灵上的富足，所有才会坦然放弃财富。

当然，财富与自由并不矛盾，不是取一必须舍一。追求财富，努力获得财富，是我们要做的；同时，不因追求财富而忽视其他东西，更不阻止自己获得快乐和自由，也是我们要做的。换句话说，就是在追逐财富的过程中不迷失自己，做到物质和精神上的富足，才是财富与自由的真正意义。

财富与思维

有的人很努力，也有渴望实现的目标，可是奋斗一生，他都没有大的收获。其实，这是因为他没有富人的大脑，没有排除穷人的想法。财富是思维能力的产物。创造财富最主要的不是靠努力，而是靠我们的大脑。建立正确的理念，学习富人的财富思维，我们的行为才会改变，获得预期的财富。

财富不只是存在于梦境中的幻想，想要获得财富，需要我们清除所有让我们变得贫穷的想法，学会运用富人思维思考问题。如果留意观察身边善于赚取财富的人，我们就会发现他们具有一些惊人的相似点。一开始，他们或许与其他人没有差别，每天忙碌着，但是很快差别就产生了。普通人依旧忙忙碌碌过日子，而那些人却实现了财富自由。

这一切都源于思维的不同。在这些人看来，财富的标准不在于钱，而在于钱后面更大的收益。他们一生所关注的不是如何挣钱、存钱，而是如何让钱产生更多的钱，财富也会在他们的妥善经营下日渐丰厚。换句话说：不是财富积累到一定程度，过上奢华的生活才叫富人，那些拥有顶级财富思维的人才能被叫作富人。

耶稣曾经传授给三个人赚钱的方法：他给第一个人五袋金子，给第二个人两袋金子，给第三个人一袋金子，然后对他们设定了偿还期限，看他们如何利用这些金子赚取财富。

第一个人利用五袋金子做了投资，很快又净赚了五袋金子；第二个人利用金子做生意，也净赚两袋金子；第三个人没有进行投资，也没有做生意，而是为了安全把金子埋在地下。到了期限，耶稣问第三个人："你为什么没有收获呢？"

这人回答说："我知道你到期后肯定要收回金子，还要收我的利息。你是不劳而获，为什么我要白白为你效力呢？"耶稣无奈地摇摇头。

结果是，第一个人和第二个人成为富人，创造了属于自己的财富，而第三个人永远是穷困落魄的。

有钱的人变得更富有，没钱的人变得更贫穷，这似乎不公平，但是耶稣给每个人的机会都是平等的，每人都有改变自己命运的机会。因为思维的不同，所以结果也不同。就算耶稣给第三个人五袋金子甚至更多，若是他不改变思维，终究是一无所有。

对于不成功的人来说，最可怕也是"不思维"，就是我们常说的习惯于使用惯性思维。这些人走不出自己画的圈，有了思维定式，于是在失败或成功的经验中走不出来，一次又一次地与财富擦肩而过。同时，这些人擅长直觉思考，所有的思考都是基于大脑的

“默认设置”，迷信因果、逻辑、秩序。

相反，成功之人、能创造财富之人恰恰更擅长反直觉思考，在做决定和选择的时候不再依赖直觉，而是让自己冷静下来，然后辨别潜意识中的认知陷阱，不断地提问题、解决问题。就是这个小小的差距，带来了截然不同的结果，在普通人和成功者之间形成超级鸿沟。

那么，反直觉思考究竟是什么样的呢？我们来看看杨利伟的故事。2003年，杨利伟乘坐神舟五号进入太空，返回地球的时候，他发现右边的舷窗出现裂纹，而且越来越多。这让杨利伟惊出一身冷汗，因为当年美国的“哥伦比亚号”也是因为出现一个裂缝而解体了，7名宇航员全部遇难。

紧接着，他又看向左边的舷窗，发现那里也出现了裂纹。他感到恐惧，直觉告诉他可能也会像那7名宇航员一样遭遇不幸。但是，他很快就冷静下来，开始调整自己的心态并快速思考，很快得出一个推论：这种故障重复出现的概率很小，所以现在应该不会出现解体的情况。明确了这一点，他保持冷静，继续进行常规操作，最后安全着陆。

为什么飞船会出现裂缝？很简单，是因为舷窗外涂了一层防烧涂层，飞船返回地球的时候，表面温度已经很高，导致防烧涂层被烧裂了。就是说，裂纹是出现在涂层上的，并不是玻璃本身。

如果杨利伟依赖直觉思考，看到裂纹就认定飞船会解体，认定自己无法安全返回地球，进而不再操作，后果不堪设想。正是因为他保持了冷静和理性，进行反直觉思考，最终获得成功。

直觉思考，其实是人的本能反应，但这也很容易让人落入思维陷阱。比如，很多人直觉认为最危险的地方就是最安全的地方，于是为了获得更大的利益去冒险。事实上，人人都有“最危险的地方就是最安全的地方”这样的直觉，和你做了同样的选择。这样一来，所谓“安全”的地方就不安全了，能创造财富的地方就失去了原本的价值。这时候，我们就应该反直觉思考，冷静分析，提出问题，然后再做出决定。

所以，财富是一个人思考能力水平的体现。真正的财富不是从忙碌中创造出来的，但凡有所成就的富人，从他们一开始奋斗的时候就不断地投资自己的大脑，树立正确的理念，培养自己的财富思维。

他们有投资思维，不会把钱抓住自己手里，而是想办法去创造财富；

他们有逆向思维，当所有人都朝着一个方向奔跑的时候，他们敢于奔向另一个方向，做别人不敢做、没做过的事情；

他们的字典里没有“不可能”，只要看到机会，就敢于尝试和冒险；

他们有古特雷思维，认为每一处出口都是另一处的入口，于是往往在实现了自己期望的目标后，立即向着更大的目标前进，并且保持热情和冲动；

……

总之，思维才是我们未来的财富。

财富与心态

没有人注定是穷人，在市场经济的时代，谁都有可能成为财富的赢家。然而一种人却是例外，他们时常发出这样的声音："我的家庭条件不好，没有太多资金去创业。要是有资金，我一定能赚大钱。""我赚不到多少钱，应该省着点花。""我现在过得很好，为什么要去冒险"……

简单来说，就是这些人把自己摆在穷人的位置上，抱着"财富与我无关"的心态在生活。当然，他们之所以有这样的心态，与他们所处的环境、所受的教育有很大的关系，想要改掉它，并非容易的事情。然而，不改掉这样的心态，他们注定与财富无缘。

财富是流动的，是被人创造出来的。没有人注定是一生贫困，也没有人注定就能获取财富。所以，我们需要抛弃"财富与我无缘"的心态，积极向上，产生获取财富的强烈欲望。只有拥有了这份强烈的欲望，才能有成就伟大事业的野心，摆脱贫困。

罗杰出生于美国纽约的一个贫民窟，那里肮脏、贫穷，充满暴力。在那里出生的孩子，从小就忍受着贫穷，很少能出人头地，甚至还会染上逃学、打架斗殴、偷窃、吸毒等恶习，更别说获取财富了。

一开始，罗杰受到很多坏孩子的影响，心态消极。他不好好上课，三天两头就旷课、打架斗殴，甚至还会砸黑板、辱骂教师、破坏公物。幸运的是，他遇到了一个值得人尊敬的教师皮尔·保罗，他想了很多办法来引导这些孩子，并且给予他们鼓励和赞美。

一天，皮尔正在上课，罗杰一个跟头就从窗外窜进来，伸着手指向皮尔，想要把他轰下讲台。皮尔没有生气，而是笑着说："看看你的手指，真长啊，我想将来纽约州的州长非你莫属！"罗杰大吃一惊，从小到大都没有听过这样的话，于是他记下这句话，开始改变自己。

罗杰不再甘于接受自己只能成为穷人，而是抱着一颗渴望获得财富的心，认定只要肯努力、敢拼搏就可以改变命运。他变得努力起来，认真学习，丰富自己的知识，同时不再说脏话、逃学、打架，几乎没有一天不按照州长的身份来要求自己。终于，罗杰成功了，他成了纽约州的州长。在就职会上，记者询问他成功的原因，他没有谈自己如何努力、如何克服这样那样的困难，而是讲了自己年幼时的这则故事。

可见，一切成功和财富都始于积极的心态。就算你这辈子不可能成为马云、比尔·盖茨这样的超级富翁，但是必须要有和他们一样的野心和梦想，必须抱着“我可以成为富人”“我有能力获取财富”的想法。在思想和心态上，你已经接受自己就是一个富人了，并且能够站在富人的角度看待问题，这样就能改变现状，获得很多的财富。

斯通是美国联合保险公司的董事长，是全美商业界享有盛名的企业家，但他之前只是一个有100美元的年轻人，没有背景，也没有资源。他是靠什么获得成功的呢？是想要成功和获取财富的心态。他曾经说：“你随身带着一个看不见的法宝，这个法宝的一边装饰着四个字：‘积极心态’，另一边也装饰着四个字：‘消极心态’。第一种力量可以让你攀登到顶峰，并且逗留在那里，而第二种力量则让你始终都处于底层，就算已经达到了顶峰，也会被拖下来。”

可以说，良好的心态就像海洋上的灯塔，让我们不至于迷失方向，消极的心态恰好相反，会让我们甘心贫穷，甚至为自己的贫穷找借口。这些借口就成为他们不努力的台阶，让人顺着台阶步入贫穷的深渊。

哈佛大学跟踪调查过几千名创业者，时间长达几十年，结果发现那些没有实现财富梦想的人，往往都握着自我保护的“盾牌”：

“我没有资本！”——这是很多失败者会用的借口。因为没有钱，所以他放弃了努力，也放弃了自己的财富梦。然而，在调查对象中，80%的成功者一开始也没有任何资本，但是他们有热情、梦想和良好的心态，所以更愿意去拼搏。

“我的能力不够！”——这也是一些人的盾牌。研究发现，一个人的财富雪球滚得越大，他就越能正确地评估自己的能力，而不能获取财富的人总是怀疑自己，无法点燃身体里的潜能。消极的心态不可避免地带来低沉的动力，从而导致做事消极；做事消极，心态就会受到影响，更加低沉。这是一个恶性循环，也让那些人与财富失之交臂。

“我太老了！”——这样的人或许之前有梦想、有激情，但是经历失败之后，他就开始迟疑、退缩了，为了自己的不努力而找借口。或者这些人有了一些小成绩，便不再有更大的目标，除了贪图安逸，别无他想。于是，越是重复这样的话，他就越会失去信心和力量，选择中途停止，然后再没有重新出发的动力。

穷人和富人之间，相差不仅仅是钱财的多少、地位的悬殊，而是心态的好坏。他们认为自己与财富无缘，没有资本就无法成功，也认为自己没有能力，或是太老了，这都让他们与财富无缘。相反，拥有良好、健康的财富心态，对财富有着强烈的渴望，自信，敢冒险，不抱怨，不找借口，自然可以创造不同寻常的财富。

归根结底，财富这个东西特别挑人，想要获取财富必须摆正心态。

财富复制公式

财富是个稀罕物，能够创造并拥有它的人凤毛麟角。如之前所说，我们需要树立正确的财富观，真正地认识财富，把握它的流向，练就不一样的思维与心态。

其实，想要获得财富并不难，我们不必拼命，用时间和健康换取财富，否则可能到老了才发现，这离真正的财富自由相差很远；我们也不必太过渴望成功，如果渴望过了头，反而无法让自己安静下来，受到各种因素的不良影响。我们需要的是学习富人的思维，找到与富人的差距，打造属于自己的财富复制公式。

最简单的财富复制公式，便是趋势+大量+倍增。

不管任何时候，掌握趋势的人才能看到财富并拥有财富。就好像放牧的人，如果看到草枯了，水没了，仍然不愿意迁徙，那么注定贫穷一辈子。如果在发现草原上的草少了，水源快枯竭了，他事先迁徙到水草肥美的草原，往往会富甲一方。

现实生活中，很多人只看眼前，不看长远，所以不懂趋势，更看不到趋势。一些人却不同，总是能往远了看，根据这个世界的变化来看财富的趋势，所以会比别人更快获取财富。两者的差距真的可谓一目了然。

托马斯·沃森是IBM的缔造者，他的儿子小沃森则是一位杰出的继承者。二战后，小沃森成为执行副总裁助理，当时正是“打孔卡计数器”和“电子计算机”新旧更替的时代。他敏锐地看到一个新趋势：电脑终将向小型、运算更加精确且价格更大众化的方向发展，目前这种粗大笨重、运算不精确且价格昂贵的电子产品终究会被淘汰。

于是，他立即向老沃森提议：迅速投入大量人力、物力研发小型且运算精准的电脑，把生产和销售电脑作为企业未来的发展方向。但是老沃森没有接受小沃森的建议，因为他看到的是当前的市场，认为打孔卡计数器及打字机、制表机等主导产品不会被淘汰。

直到市场发生变化，老沃森才逐渐接受了小沃森的建议。但是这个时候已经晚了，其他公司在电脑领域已经有了很大突破。但IBM投入资金不多，且行动比较缓慢，此时已经有些落后了。

后来，老沃森面临一个巨大的打击——打孔卡计数器及打字机、制表机等主导产品面临全面滞销的危机，如果不改变，IBM将被彻底淘汰。

这下老沃森才真正认识到自己的失误，他立即让小沃森出任执行副总裁，落实他的战略规划。好在小沃森有卓越的管理能力，在电脑领域取得重大突破与显著成绩。不过，改变这一切，小沃森整整用了9年时间。试想若老沃森很早就接受小沃森的建议，结局会如何呢？相信IBM在电脑领域的霸主地位将会更早实现，成绩也会更加斐然吧。

可以说，有先见认识，能看到趋势，并把握趋势，这是发现财富与创造财富的关键。你已经知道哪里有鱼群，接下来只要及时挥动鱼竿、抛出钓线，就能成功钓到鱼了。不是吗？

那么，抛出鱼竿后，是钓大鱼还是钓小鱼，这也是一个问题。很多人的第一反应是钓大鱼。是的，钓大鱼才有大收获。但是如果一心想要钓大鱼，或是想一下就能钓到大鱼，往往会一无所获。

看看我们身边的人，为什么富人只是少数？究其原因就是，很多人太过急功近利，总想着一夜暴富。这样的人也可能达到获取财富的目的，但因为他们是用穷人的思维来管理财富、使用财富，不仅无法让钱发挥出最大效益，反而会不断扩大“财务黑洞”，最后被打回到原点。

事实上，那些超级富人从来没有做过一夜暴富这种美梦，因为他们明白：量大是致富的关键；只有持续地获取财富，财富才会越来越多。他们并不忽视小钱，从一笔笔小财富开始积累，慢慢地财富就会自己进来，甚至实现无数倍的复制增值。

当然，想要让财富实现复制增值，采取一般的手段是很难见效的，我们必须找到适合自己的复利手段。复利手段选择得好，财富就会不断复制，不断地向我们涌入。1895年，诺贝尔留下约920万美元的遗产，成立了诺贝尔基金会。本来这笔基金是放在银行里的，但是50多年之后，它就减少了65%，只剩下330万美元。如果持续这样，基金会就会面临发不出奖金的窘境。

怎么办呢？基金会开始认真研究如何进行合理的投资，实现基金的增长。最后，他们决定采用长期投资的方式——以复利滚存的方式延续基金会的生命。最后，基金规模达到数百倍的增长，每年颁发给诺贝尔奖得主的奖金也增加了数十倍。

这就是复利的表现。

总而言之，财富复制有着它独特的公式，只有找到财富坐标，你才能建立自己的持续收入系统，让其健康运转。同时，利用好复利，财富才能源源不断地涌向你。然而，需要注意的是，任何财富公式都不是万能的。所以，我们可以借鉴它，但是不能迷信它，否则它就失效了。

Part 6 <<<

职场秘密——这里是谁的主场

职场是一个小型社会，有竞争，有合作，有社交，也有风潮暗涌。不管你是初入职场的新手，还是历练了许久的职场达人，都需要明白：想要赢得主场，自己必须具备五个“力”——职场力、情商力、领导力、思维力以及努力。

职场力 = 专业力 + 策划力 + 表达力 + 总结力

很多年轻人在工作时很努力，也会积极关注自己的未来发展，希望能在职场上有所提升，事业有成。然而，更多时候，这只能是一种愿望。很多人打拼了数年甚至十几年，依旧没有什么大的发展，最多成为小部门的主管，之后很难有更大的提升空间。

于是，很多人抱怨："为什么我这么努力，做好本职工作，时常加班到很晚，却得不到提升？""薪水这么低，压力这么大，我真的很想辞职。可是辞职了，我还能找到更好的工作吗？"

或许他们不明白，这一切都是个人职场力不强造成的。职场力不强，个人的核心竞争力自然就不强，导致职场价值缺乏，升职加薪就成为奢望。那么，职场力究竟是什么？有人说是工作能力，有人说是沟通能力，还有人说是学习能力，是的，这些都包括其中。不过，它最核心的内容是以下四个：专业力、策划力、表达力和总结力。

第一，专业力。

谈这个问题之前，我们先看两个故事：

一个年轻人很想干出一番事业，于是到大城市闯荡。他先是学习开车，学好技术后，成功应聘到一家运输公司，但是没干多长时间便离开了。原因是工作时间长，工资低，抢饭碗的人太多，竞争太过激烈。

很快，年轻人又学习开挖掘机，因为这个行业很吃香，每个建筑工地都需要开挖掘机的好手。可是这个活并没有想象中的那么好干。他跑了好几个工地，都没有找到合适的工作。无奈之下，年轻人又抛弃了挖掘机，转而学习塔吊。

谁知道不久之后，他又放弃了，开始寻找其他能赚钱、有前途的活儿……

最后，这个年轻人什么也没有干成，虽然他在不停地学习，也付出不少努力和时间。

再看另一个年轻人，她是一个普通的女孩，在一家食品公司工作，每天的工作就是剥虾、吃虾，鉴定小龙虾的品质，工作非常轻松，但是年薪竟有30万元。

很多人既羡慕又惊讶，因为这个工作很简单——不就是吃东西吗？其实并非如此，这需要足够专业，除了了解产品的生产流程，还需要对烹饪、品控、供应链等各个环节了如指掌。更重要的是，要具备敏锐的味觉，能在试吃时品尝出产品的味道、口感好不好；要对气味敏感，辨别出产品的气味是否好，还要量化这些感觉，制定出评判标准。

表面上看，她是在吃东西，但实际上要培养出味觉和嗅觉的敏感性，还需要掌握足够多的专业知识，避免抽烟喝酒，不吃辛辣刺激性的食品。

两个年轻人，都很努力，也对未来有好的期许，结果却截然不同，为什么呢？因为第一个年轻人忽视了提升自己的专业力，虽然学习了很多东西，但是都没有坚持，且专长不明显，更谈不上成为技术精英。他学习的东西，其他人也可以学，他掌握技术的程度，其他人也能达到，这就使其失去了竞争力。

而那位女孩就不一样了，或许味觉和嗅觉是天生的，但是她充分地利用了这一点，再加上后期努力掌握专业知识，提升个人实力，让自己在这个事情上做到极致，成为不可代替的专家，“轻松”赚到高额年薪。

因此，想要在职场上有好的发展，我们必须提升个人的专业力，成为技术上的“大牛”，或是领域里的专家。即便在很小的领域中做到专业，优势突出，也可以在职场上有大的突破。

第二，策划力。

策划力，就是运用创意思维解决某一难题的能力，它考验的是一个人的思维力和创造力。

一辆急救车在狭窄的山路上飞驰，不巧被一群羊挡住了去路。急救车如果硬闯，不但困难重重，还可能撞伤羊。这时候，司机让放羊人把羊群掉头，让它们穿过车子，问题自然得到快速解决。这就是策划力。

山村的橘子出现滞销，有人经过研究和摸索，发现可以用橘子酿造酒，不仅解决了橘子滞销的问题，还填补了市场空白。这也是策划力。

策划力很重要，没有它，职场人便会思维僵化，干工作、想事情不自觉地遵循固有的套路。这些人或许不会出错，但绝不会有太大突破，更创造不了什么奇迹。

第三，表达力。

很多人比较含蓄，固执地认为："是金子早晚会发光""只要埋头苦干，就有出头之日"。然而，想法很美好，现实很骨感。职场人最应该提升的就是表达力，不敢表达，不善表达，就算你很有才能，也可能被埋没在尘埃里，默默无闻；表达不正确，缺乏表达的技巧和情商，好机会也不会落在你的头上。

我们要注重表达，适当显示自己的能力，不该谦虚的时候别谦虚，否则机遇就会花落别家。有位职场人的工作表现很出色，受到领导关注，于是找他谈话，让他做项目负责人。开始时，这个人很谦虚，说自己还没有达到那个水平，还有许多不足。谦虚了两次，结果成全了另一个工作水平远不如自己的人。

我们也要能正确表达，提升表达能力，而不是不恰当地表现自己。我们也常看到有些职场人也很有能力，但是表达方式有很大的问题——不谦虚，把别人的指导当作"挑错""找事"；爱凸显自己，不管什么场合都会卖弄；不尊重领导，时常在公开场合顶撞领导。结果，所有的表现都适得其反。

简单来说，表达力是职场人最重要的竞争力。我们需要增强自己的表达力，做到敢表达、能表达、善表达，并使之成为自己的核心竞争力，这样好事业和好前途才能随之而来。

第四，总结力。

它考验一个人的逻辑思维，也考验一个人的大局观。如果我们具有对问题的分析、归纳、总结能力，能找出事物的规律，并且驾驭它，就能够事半功倍。反之，可能很难解决有难度的问题，很难提升工作水平和做事效率，无法实现创新和进步。

那么，如何提升总结力呢？

首先，我们需要提升逻辑思维，进行多角度思考；其次，扩展知识面，掌握更多、更全面的专业知识；再次，提升分析问题的能力，做到观点正确、思维清楚；最后，提高复盘能力，学会复盘技巧，同时进行反思。

总而言之，职场力等于专业力+策划力+表达力+总结力。混迹职场，只要我们能不断提升自己的职场能力，而不是只完成本职工作，甚至假装努力，便可达成职业发展的愿望。

你和老板如何相处

如何和老板相处，是职场人最重要的一课。

其实，老板与员工的关系非常微妙，并不是你有本事就可以得到赏识，也不是你善于“拍马屁”就可以讨老板的欢心。不管是工作中还是私下里，学会正确和老板相处，对于个人成长、发展是至关重要的，也可以让自己的职业道路走得更顺畅。

很多员工尤其是新员工，害怕见老板，遇到老板就躲着走。会议上，不积极发言，能不主动汇报工作就不主动汇报，就算被迫去见老板也因紧张而表现得不尽如人意。这样的员工，怎能很好地与老板相处，得到重视和信任呢?

你是躲着老板走，还是主动汇报、主动表现，决定了你的职场发展空间。当然，主动与老板相处并不简单，若是处理不好，或是不能正确看待这个问题，反而适得其反。

董丽是个职场新人，能力也强，性格外向，喜欢与人交往，坚信只要敢表现便会有升职加薪的机会，就可以在职场上如鱼得水。于是，在其他新人都保持低调、不敢发言的时候，她积极发言，阐述自己的主张，提出自己的意见。若是有什么事情，她会积极向老板汇报，还向主管争取汇报的机会。

可是，董丽并没有如愿。原因很简单，她与老板相处时犯了三个错误：一是喜欢夸夸其谈，彰显自己的优越感；二是把问题留给老板，总是提出几个问题，然后让老板做出选择，而不是给出有效建议；三是汇报工作时没有重点，只是泛泛而谈。

你看，主动与老板相处的做法是正确的，但是表达不当，往往会让老板失望，给自己减分。这属于处理事务的行为偏差。同样的道理，私下里若是掌握不好尺度，也可能给自己挖坑。

我们知道，现在很多老板提倡人性化管理，重视与员工之间的关系，并且走“亲民”路线，没事喜欢和员工聊聊天、谈谈心，还以朋友关系相处。这是老板的心胸大度，也是管理艺术。但是我们需要明白，身处职场，最重要的就是一定要懂得摆正自己的位置，明确自己的身份。我们可以亲近老板，与老板交好，但是千万要记住老板的身份，也不能忘记自己的身份，懂得老板是要尊重的，作为员工的我们千万不可忽视边界和尺度。

李琦是个热情的小伙，性格比较活泼，和任何人都能处好关系。大学一毕业，李琦就进入了一家销售公司，干得也非常起劲、愉快，除了对工作本身有兴趣外，也与喜欢公司的氛围有关。

李琦的老板刚刚35岁，为人风趣幽默，把员工当作朋友和兄弟，从来不在大家面前摆架子，平日里都让大家叫他“老大”，还常常和大家一起玩游戏、吃饭、聊天、开玩笑。自然而然，李琦也把老板当作朋友和老大哥，相处中多了几分随意。虽然一些同事暗示和提醒过他，但是他始终都没有领会。

一天，大家加完班后，老板提议玩一局游戏，结果因为老板操作失误，游戏输掉了。李琦半开玩笑半生气地说道：“老大，你太菜了！要是你再这样，可不要再找我们组局了，我们可丢不起这个人！”当时老板的脸色十分难看，其他同事也尴尬得不敢出声。但是李琦并没有放在心上，转头就忘记了。

还有一次，李琦犯了个小错，给客户发错了产品，幸好客户比较好说话，才没有造成大的损失。老板知晓这件事后，把李琦叫到办公室批评了一顿。谁知李琦翻了个白眼，小声嘀咕：“这又不是什么大错，至于吗？再说，问题不是已经解决了吗？”

老板听了这话更加生气，直接表示要扣除李琦当月奖金，谁知李琦竟然和老板争吵起来……

结果，李琦离开了公司。事后，他抱怨说：“平时和我们称兄道弟，涉及利益就翻脸。这样的老板，谁愿意跟他干下去了？”

问题出在老板身上吗？当然不是！老板就是老板，他可以不在员工面前摆架子，和员工称兄道弟，但是员工不能不尊重老板，做出超出边界的事情。李琦因为老板亲和，就把老板当朋友，说话、做事都很随意，口无遮拦，在其他人面前数落老板，让其丢了面子；还不分公私，做错事不知认错、不服批评，甚至与老板发生冲突……从头到尾，他没有一件事是做对了的，没有一件事不触碰职场上的忌讳。可想而知，就算他不辞职，恐怕也没有哪个老板会重视他、欣赏他吧。若是遇到心胸狭小的老板，他恐怕也免不了被针对、被辞退。

所以，在职场上，想要和老板更好地相处，就需要公私分明，不可忽视了边界和分寸。不管你的老板是什么样的人，不管在什么情况下，我们都要学会约束自己的言行，尊重老板，且不可过分亲密。不管你们之间的关系看上去多么亲密，你都要记住一点：老板与员工或是上下级之间有一条永远无法抹去的鸿沟，这无关尊严或平等之类的问题，而是正常的身份归属。

除此之外，我们还需要谨记以下原则。

第一，了解老板。

职场上，做到了解老板、洞察老板的喜好和心理，说对话、做对事，会少走许多弯路。

第二，适时表现自己的忠诚。

老板最喜欢两类员工：一类是有能力的，另一类则是忠诚的、值得信任的。这个社会上，有能力的人很多，只要能识人用人，就可以找到能力强、专业好的员工。但是忠诚的人难找，对于企业管理者来说，能找到一个值得信任的人并不容易。所以，如果我们能适时表现自己的忠诚，便可以获得更多的机会，走向更大的舞台。

第三，不逞能，不功高盖主。

即便你很有能力，在某个领域胜过老板，也不要逞能、显摆，而是要学会低调和收敛。学会低调地展示实力，不让老板不舒服，不让老板感觉你居功自傲、功高盖主，才能赢得信赖，然后赢得机会。

第四，高情商地指出老板的错误或是提出反对意见。

老板难免决策失误，或是发出错误的指令，这时候，作为员工的你必须站出来，指出老板的错误。当然，这需要成熟理智，需要讲究说话的情商和技巧，而不是直接反驳、据理力争，更不能阳奉阴违，当面一套背面一套。

第五，不卑躬屈膝、过于讨好。

没有人喜欢过于讨好的人。老板说什么，你都说“对对对”“是是是”，不能提出建设性的意见，也拿不出什么主意，那么你的职业发展也一样平淡。

职场中的“人性”与“兽性”

刘慈欣的《三体》中有这样一句话：“失去人性、失去很多，失去兽性、失去一切。”意思是人性让人很伟大，但是兽性却让人得以生存。

职场中，人性与兽性是并存的。人性是人之所以被称为人的那一部分属性，是人身上善的、好的那部分属性。兽性就是人身上具有的一些动物本能，这里不仅指恶的、坏的那部分属性，也包括野性、释放、争抢、冲动等。

因为职场也是社交场，人们需要释放友善、热情、正直、宽容，这样更利于融入团队，促进合作与共赢；因为职场存在竞争，人们需要有兽性，敢争第一，敢于竞争。职场中的人性，让人们伟大，得到尊重，但是兽性却能让人生存下来，获得更大的成就。

职场人都渴望成功，触摸头顶上成功的光环，但是这里不仅有争夺与竞争，还有能懂爱的人、能治愈的人、能体谅和宽容的人。虽然人们会聪明地与同事保持距离，不建立亲密的关系，但是绝大多数情况下，大家是为了工作而和谐相处的同伴，对方有了困难能伸出援手，对方犯了错或是不小心发生冲突能宽容待之。这就是职场上的人性，也是让人际关系更轻松、不影响工作进度以及大量消耗情绪的关键。

王锋是某科技公司的技术主管，工作能力强，情商也较高，深得老板的信任和重视。一次，王锋接到一个大项目，是海外总部发过来的——是总部年度重点发展项目之一。老板很重视，吩咐全公司所有部门都要配合王锋，为他开绿灯。

然而，技术部的一名老员工却工作消极，总是拖延时间，不能按时完成任务。这个员工不是没有能力，只是因为和王锋有矛盾——两人一起竞聘技术主管，王锋胜出了，他败下阵来。王锋没有把事情闹大，而是找他好好地谈了话，说了这个项目的重要性，说了老板的重视程度，也挑明如果他一直是这个工作态度，恐怕会惹来大麻烦。这时，这个员工才明白过来：之前的行为不是给王锋找麻烦，而是搭上自己的职业生涯。他立即改变态度，全身心地投入项目之中。

后来，项目顺利完成，后期运作也超出预期。老板非常满意，专门召开了庆功会，并且对王锋大肆赞扬。这时候，王锋没有独揽功劳，而是站起来真诚地对所有同事说：“这几个月辛苦各位同事了，要不是公司上下各部门同事的积极帮助，这个项目不可能进行得这么顺利。这个功劳是我们所有人的，每个团队都是这个项目的大功臣！”

接下来，王锋感谢了行政部、运营部以及项目部的所有同事，还特意指出那名老员工的突出贡献。结果，公司所有人都拿到了奖金，项目部的员工拿到了双倍奖金，那个员工也得到了提升。

不得不说，王锋是一个成熟、聪明的职场人。在时间紧、任务重的情况下，老员工消极怠工，给自己“使绊子”，他不仅没有针锋相对，向老板告状，反而给予宽容、耐心的劝解。作为最大的功臣，他没有独享功劳，而是强调每个人的贡献，把功劳分享给所有人。所以，他赢得了好人缘，职场之路也走得更远、更顺畅。

如果他不这样做，结果会怎样呢？指责老员工公报私仇、使绊子，把事情闹大，只会耽误项目进程。这时候，就算老板明知是老员工的错，也不能忍受王锋把项目搞砸；独领功劳，或许能赢得一时的风光，但是后果更严重——引起同事不满，被嫉妒、被孤立，在职场上寸步难行。

所以，也许你会说职场竞争激烈，社会人心叵测，但你也要保持善和友好，让职场中出现一丝光亮。因为你与同事是敌是友，完全取决于双方的态度；你的职场是冷酷无情还是和谐友好，也决定于你的态度。

当然，职场需要人性，但是不需要佛性，特别是年轻人不能摆出一副与世无争的姿态，对什么都无所谓，只是想混日子。职场人应该在竞争中露出“野兽的獠牙”，大胆地去争，勇敢地挑战。

就是说，职场竞争异常激烈，遵循着优胜劣汰、弱肉强食的法则。所以，要想成功，身上多少要带点儿兽性，培养性格中的野性，不被淘汰。在生活中，很多商业牛人的成功并非偶然，他们身上有着天赋、努力，有着不同的思维和心态。同时，他们身上还有一个共同之处，那就是性格中带有兽性，有野心、敢冒险。

班·费德雯是保险业的一位杰出人物，1942年加入纽约人寿保险公司，在约50年内，平均每年的销售额达到将近300万美元。除此之外，他的单件保单销售曾做到2500万美元，甚至一个年度就有超过1亿美元的业绩。曾经有统计，在他的一生中，共销售出去数十亿美元的保单，比全美国80%保险公司的销售总额还高。

可以说，在销售保险的历史上，没有哪个业务员能够超越他。谈到成功，他不无感慨地说："我之所以能够获得成功，是因为我有一颗强烈的进取心。"因为有野性，不断挑战自己，所以他获得了无人能及的成绩。

在职场上，升职加薪属于稀缺资源，谁都想要，而业绩和竞争力大小是决定一个人能否升职加薪的筹码。但是职位就那么多，业绩也就那么多，职场人必须有野性、进取心，善竞争、敢竞争，对自己要狠，把野心放在更高的目标上，才能为了在竞争中脱颖而出而不断提升自己。

同时，员工有野性，对团队的发展壮大、企业竞争力的提升非常有帮助。正因这样，很多企业，如华为、今日头条、阿里、小米等提倡“狼性文化”，激励员工有野心、敢拼搏，不断提升和投入竞争，创造最大的价值；没有玻璃心，能扛得住一切打击；眼睛永远只盯着猎物，抓住机会，绝不放手。

职场中的人性与兽性是共存的：保持兽性是为了适应竞争，刺激自己永不满足，保持积极向上的姿态；保持人性，是让自己葆有善与美好，更好地建立人际关系，同时不管有多大野心，如何竞争，永远都用善良来约束自己，不失去底线。如此一来，才能在职场上“无敌”。

领导力——三分能力，七分情商

有人的地方就存在纷争，职场上更是如此，因为利益，因为隔阂，因为沟通不畅。所以，团队领导者必须有足够的能力和情商解决团队与团队、员工与员工、团队与员工之间的争端、摩擦或是误会。当然，领导不是法官，不可能也没有精力管一些鸡毛蒜皮的小事，但如果纠纷已经影响到员工的本职工作，甚至是团队协作，那么领导就不得不出面处理了。

如何处理呢？

把员工一顿呵斥，各打五十大板，把矛盾压下来？这种做法显然无助于解决问题，还会让情况暗流涌动。或许员工会因为慑于领导的权威而暂时退却，但是这种争斗很可能转为“地下”——私下争斗，互相使绊子，比明面上的矛盾更具危险性。同时，在双方都有怨气的情况下，战火会被再次挑起，比之前更为严重。

郝飞是一家科技公司的研发经理，带领着一个研发团队做项目，成绩比较突出，多次获得总经理的表彰。一天，他正在办公室里处理文件，听到外面传来一阵激烈的争吵，有愈演愈烈之势。虽然有其他员工劝解，但是争吵声并没有停止，还时不时夹杂着一两句难听的辱骂。

为了避免出现大问题，郝飞立即快速站起身走出办公室，询问发生了什么事。这时，争吵的一方小胡说："我实在是忍受不了了！他又给出错误的数据，这已经不是第一次了，严重影响了我的工作进度。他这个人太不靠谱！"

另一当事人小李也不甘示弱，大声辩驳："那是我的问题吗？是系统出现了bug，凭什么怪在我头上？而且，你工作进度慢，关我什么事？是你能力低！"

见两人又要开吵，郝飞立即打断："好了，我知道是什么事情了。这件事到此为止，谁都不许再提。"郝飞把这件事压了下来，严厉地批评了小胡和小李一顿，要求他们必须好好合作，否则别想要这次的项目奖金。结果是两人表面上"和好"了，但心里都对对方极为不满，关系变得剑拔弩张，你提的问题我就反对，你要求配合的事情我偏往后拖，私下里更是恶语相向。这严重拖累了团队的工作进度，还让工作气氛压抑不已，影响了其他成员的心情。最后，项目完成得不尽如人意，郝飞也受到了总经理的批评。

可见，郝飞是一个有专业能力的领导，但不具备高情商，更不知道如何管理团队。他以为把事情压下去就万事大吉了，殊不知这根本无法解决两人的矛盾，没有让两人消除芥蒂、相互谅解，只能适得其反。所以，面对一些矛盾和纷争，领导应高情商地处理：一要做到公平，不偏袒任何一方；二要灵活多变，更好地协调双方关系，让其明确自身的错处，理解对方的难处，强调团队协作、友爱的重要性；三要好好与双方谈心，做到宽严相济。如此一来，效果能不好吗？

领导，就是做好领头人，这不仅要求他在能力上出类拔萃，有眼光，有决策力，有专业力，更重要的是能管理好员工，让团队更和谐，员工更“听话”。就是说，过硬的能力可以让你成为一名合格的领导，但是想要提高领导力就必须有气场、有影响力。其中的关键因素就是情商。

无数事实证明，在市场竞争异常激烈的今天，企业成功与否，不仅取决于管理者是否有企图心、专业技能和卓越的管理才华，重点在于他是否具备高情商。

与此同时，领导还要懂得批评和赞美的艺术。高情商地批评，就是不一味地强调员工的错误，不让员工感到难堪和反感；高情商的赞美，就是让员工感到自己的某个优点是被领导真心喜欢的，自己是被重视和欣赏的。学会了这两点，领导自然能让员工更愿意听话，且心悦诚服，进而促进团队乃至整个公司都有凝聚力和进取心。

松下幸之助是一位出色的管理者，更是一位卓越的领导者。一次，一名下属犯了错，松下幸之助没有简单粗暴进行批评和指责，而是把他叫到身边，诚恳地说：“关于你这一次的事情，我打算提出书面批评。当然，如果你本人对此毫不在乎，那么我们随时可以到此为止。如果说你对我的批评感到不满，认为我这样做不公道，那么我同样可以收回我的决定。但如果你认为我说的有道理，并且愿意诚恳地接受我的批评，那么，尽管这一次你要为你的错误付出一些代价，但我认为这是完全值得的。你将会在这一次的错误中汲取经验和教训，这有助于你成长为一名更加优秀的员工。所以，现在请思考一下，然后告诉我你的决定。”

听了这样真诚的话，下属内心认识到了自己的错误，并且表示接受批评之后积极改正，绝不犯类似的错误。

松下幸之助也非常高兴，微笑着说：“你十分幸运。如果有人能在我的职业生涯中这样开诚布公地对我提出批评，我会非常感谢他。不过遗憾的是，即便我真的做错了事情，你们也不会当面对我提出批评，而是选择在私底下议论。这样的结果会导致我不停地在同样的错误中纠缠。一个人职位越高，地位越高，他接受批评的机会就会越少。而你，因为有我和其他管理者的监督和批评，可见你是多么幸运啊。这种机会对于我来说则是求之而不得的。”

老板批评犯错的员工，本是再正常不过的事情，而且松下幸之助完全可以自行做出决定，给予其惩罚。但是，他没有这样做，而是把选择权交给员工，开诚布公地把自己的想法告诉他，让他选择是否接受书面批评。这样的做法让下属感觉自己受到了极大的尊重和信任，自然真心地反省错误、接受批评，然后绝不再犯。

同时，松下幸之助也很关心和重视员工，了解他们的期望，并且将关心、夸赞当成一种习惯。他不吝啬给员工奖赏，总是能让员工知晓他们对于企业的重要性，但是也不会随便夸赞和奖赏，会让员工知晓这与其自身的价值和贡献是一致的。

除了这些，高情商的领导者还懂得靠自己的能力和公正来震慑下属，而不是高高在上，喜欢颐指气使，发出那些命令式的语言；关注团队的情绪，善于稳定所有人的情绪，尤其是员工的抱怨；善于管理“刺儿头”、骄傲的员工、自卑的员工等。

可以说，领导与管理不同，管理是一种能力，而领导是一门艺术，一门需要高情商的艺术。想要提高领导力，我们需要提高情商，管好人，也带好心。

职场成功最重要的秘密就是保守秘密

秘密不可出口，出口了就不能称为秘密了。

生活中，我们需要保守秘密，包括自己的，也包括别人的，这样才能保护自己，赢得他人的信任和尊重。职场上更是这样，我们必须遵守的一个原则就是：善于沉默，保守秘密。这是事业成功最重要的因素，也是职场人的基本素养。

保守秘密，尤其是在利益诱惑的情况下保守公司的商业机密，是一个高尚的行为，也是值得信任的行为，可以让职场人获得更多的机会。

比利孚电子公司是美国实力非常强的公司，占有很大的市场份额，也给其他公司带来了巨大压力。斯特是另一家电子公司的工程师，专业技术非常强，开发出几款出色的产品，但是这家公司规模不大，在激烈的市场竞争下处境非常艰难。

一天，比利孚电子公司技术部经理邀请斯特共进晚餐，说：“只要你加入我们公司，并且把公司里最新产品的数据资料透露给我，我一定给你很好的职位，还会额外给你很高的报酬。”

斯特断然拒绝了，愤怒地说：“不要再说了！虽然我的公司处境艰难，但是我绝不会出卖自己的良心和职业道德。我不会答应你的任何要求。”谁知这位技术经理不但不生气，反而不再提这件事。

一段时间后，斯特所在的公司破产了，他失业了，只能到处找工作。没过多久，他便接到比利孚电子公司的电话，说想和他好好谈谈。斯特百思不得其解，但还是如约前来。让他意想不到的是，比利孚公司的总裁亲自接待了他，并且聘请他做技术部经理。

斯特吃惊地问为什么是自己，总裁笑着说：“原来的部门经理退休了，他向我推荐了你，并且说了你断然拒绝出卖公司机密的事情。小伙子，你的专业水准非常高，但是你的正直和忠诚更让我敬佩！我相信你同样会对我们公司忠诚，成为公司最有价值的人！”

就这样，斯特进入比利孚公司，之后凭借出色的专业技术和良好的职业道德，成为职业发展成功的人。

现在市场竞争异常激烈，不少人总是想办法打败竞争对手，更不惜使用不正当的手段——用利益诱之，收买对方公司的人，获取商业机密。在利益的引诱下，一些人迷失了，或是获得了金钱，或是获得了较高的职位。但这都是短暂的，且不说已经涉嫌违法，就只说职场发展，这样的人也难有好的前途。谁会相信出卖原公司机密的人，谁又会给予这样的人机会？只有保守秘密的人，才能赢得他人的信任，然后得到机会。

当然，除了保守公司的商业机密，职场上，我们还需要保守老板、同事的秘密，不可大嘴巴，更不能散布谣言。

得知老板或同事的秘密，无非两个渠道：一是不小心看到；二是对方分享。不管是哪一种，你都需要掌握分寸感，该说的就说，不该说的坚决不说。比如，老板出于对你的信任，让你办一些不方便被人知晓的私事，或是你不小心看到老板的一些隐私、不好的事情，这种情况下，你一定要守口如瓶，把这个秘密藏在心里，否则会给自己招来麻烦。同时，作为员工，千万不要传播老板或领导的工作失误。虽然任何人都会犯错，老板和领导也在所难免，但是这注定会让其丢了面子、失了威严。你想老板或领导会轻易原谅你吗？

再如，同事把你当作倾诉的对象，和你分享自己的或是别人的秘密，这时候代表他对你非常信任，你们之间的友情已经超越其他人。所以，你一定要保守秘密，不可随意说出口，更不能把它当作闲谈的话题。一旦你不能保守秘密，不仅会破坏你与同事的关系，还可能失去所有人的信任，处于被孤立的处境。这种情况下，你将无法与人合作，更难有好的发展。

此外，我们还需要保守自己的秘密，因为职场竞争是常态，随便地暴露自己的秘密，就相当于把自己的弱点公之于众，你的优势也就消失了。聪明的职场人从不自爆秘密，包括个人隐私、个人过失、辞职打算以及未来规划。

暴露自己的隐私或过失，就算只说给一个人听，也有被公之于众的危险。因为自私和嫉妒是人的天性，它们一直存在于我们的人际关系中。或许你此时和这个同事交好，但是下一刻便会因为利益而起冲突。他很可能为了自己的利益，借着你的秘密来算计你，让你处于劣势。

暴露自己的辞职打算，也是很危险的。在你还没有找到合适的下家，就提前把辞职的想法告诉他人，若是被有心机的人知晓，很可能会转告老板或领导，这时候你再想待下去就很难了。即便老板和领导不给你穿小鞋，也不会再重用你，到时候你就只能被迫离职了。

在计划还没有实现之前就四处宣扬，也很容易给自己带来麻烦。计划赶不上变化，如果计划失败了，空给人留下笑谈；如果碰到心术不正的人，还会给你使绊子，让你的计划半途夭折。

……

总之，保密是职场人最重要的能力，它可以提升你的吸引力，让你成为值得信任、有发展前途的人。所以，职场人要善于保持沉默，知晓有些话不能说，做到闭口不谈。

思维+选择+原则，让职场人远离低效勤奋

职场上，时间对每个人都是公平的，一天只有24小时，谁也不会多，谁也不会少。不同的是，人们利用时间的方式不同，勤奋的效率不同。不能正确地利用时间，没有高效工作的能力，这些行为都会造成低效勤奋，进而将成功从自己身边推走。

我们身边有很多这样的人，每天都很忙碌，加班到很晚，也付出了很多精力，可是成效却不太好。他们不是偷懒，也没有犯过大错，但一直做得不好。为什么会有这样的结果？

很简单，他们看起来很忙碌，把自己的时间安排得满满当当，但只是在毫无意义地消耗，做事效率低，完成度不高，成长也非常慢。看看他们是如何工作的：确实是在用心工作，态度比较好，也很努力，但因为他们没有计划，不会管理时间，不懂得做事的轻重缓急。结果就是：因为没有条理，没有重点，加班加点才能完成；因为做事

不经大脑，时常犯错，错了改，改了又错，重复返工，效率低下。

A和B同时进入一家公司，一段时间后，A升职加薪，成为项目主管，而B却没有。B很是不平，说自己工作努力，积极做项目，休息时间还在与客户沟通，为什么却得不到升职？于是，他找到上司理论。

上司听了B的抱怨，问道："你是怎么做项目的？又是如何与客户沟通的？"

B回忆说：上司交代一个项目，B很快就行动起来，收集资料，做市场调查，完成方案，然后向上司汇报。上司发现方案有些问题，需要进一步完善，并且列举了一两个问题。B拿回方案，很快又前来汇报，但只是修改了上司指出的那一两个问题。上司再次指出问题，B又拿回方案，只是照搬了上司的思路……几次三番，工作效率低，方案也不尽如人意。

与客户沟通时也是这样，想到一个问题就解决一个问题，只是按照客户的吩咐去做，没有深入调查、分析客户，无法精准掌握其需求和心理，导致工作进展缓慢。

听完了B的诉说，上司对B 说："A拿到项目后，不急于完成方案，而是与客户进行详细沟通，了解其需求和要求，然后对同类项目进行考察和分析。我提出一些问题，他能进行深入思考，考量其正确性，而不是简单地修改。同时，他还会全面分析方案，发现其他潜在的问题，征求同事的意见，集思广益，进一步完善方案。与客户沟通也是这样……”

最后，上司对B说：“这就是A能升职加薪的原因，你明白了吧！”

其实，A和B 的区别就是高效勤奋者和低效勤奋者的区别。从执行力来看，A执行力高，有责任心，而B执行力低，责任心不够；从思维方式来说，A善于思考，能深入思考、多方面思考，而B不善于思考，采取了低维思考的方式，甚至被推动一下才会行动。

换句话说，低效勤奋和高效勤奋的区别就在于思考。前者不思考，或是采取低维思考的方式，所以虽然很努力，却一直事倍功半，最后只是感动了自己；后者善于思考，能进行深入思考，懂得如何高效利用时间、逆向思维，找到解决问题的新途径，所以做事效率高，成效大，成长也非常快。

伯特兰·罗素说：“许多人宁愿死，也不愿思考，事实上他们也确实至死都没有思考。”不思考，或者只是采取低维思考的方式，不能扩散思维，不能逆向思考，就会陷入低效的旋涡，虽然勤奋，但是效果甚微。当然，想要摆脱低效勤奋，除了要积极思考、深入思考，还需要审视自己的思维方式，不陷入错误的思维之中。首先，人们不能欺骗自己，把假装努力当作真努力。其次，不要把他人的需求当作自己的需求，把他人的目标当作自己的目标，努力做到不焦虑，不把太多时间浪费在毫无意义的事情上。《人生效率手册：如何卓有成效地过好每一天》中有一句话非常有意义：“人生就是一块儿不能再次续电的电池，浪费了就没有了。与其每天在焦虑中度过，不如静下心来好好给自己做个梳理，去追寻内心深处的自己；与其每到年末看着没有完成的计划表不如仔细去分析计划是否合理、易操作。”

错误的思维，往往会导致人们选择的错误，而选择的错误，是一些人陷入低效勤奋的一大诱因。

现在，人们每天都被各种信息包围，一睁眼就无时无刻不在接受信息，有些信息是有用的，有些信息则是无用的。大量的无用信息，分散了我们的注意力，也让我们无法高效地利用时间。这时候，如果你能选择屏蔽这些信息，不偷懒，不被干扰，做最重要的事情，那么就可以高效地完成工作，有很大的进步。

可是，如果你选择偷懒，或是假装努力，那么就会浪费大把时间，看起来忙碌，实际上处于一种低效、消耗时间的状态。职场上有很多这样的年轻人，坐在办公桌前，可心思并不在工作上：手机响了，他选择看手机，然后被各种信息吸引，一看就是半小时甚至更长时间；工作前先拿出手机刷一刷，朋友圈、购物网站、视频网站……很多时间用在了毫无价值的事情上。还有很多职场人习惯于拖延，总是把不紧要的事情往后拖，直到拖成紧要的事情才行动。这样的做法也让工作效率和个人价值大大降低。

事实上，很多高效勤奋者做了这样的选择：屏蔽无用的信息，不被任何无价值的信息干扰；选择马上行动、不拖延；选择重要且紧急的事情先做；不被事情追着走。当然，这也是很多职场人遵循的原则。很多时候，他们会坚持自己的原则，不触碰自己的底线。因为坚持原则，这些高效勤奋者的工作更科学合理，提升了在职场的价值，自然发展得更加长远。

简言之，想要升职加薪，职场人就应该学做高效勤奋者，拒绝低效、懒惰、低价值，不做思维的懒惰者，不做没有价值的选择，同时坚持自己的原则，这样才能实现收益的最大化。

Part 7 <<<

家的秘密——谨防“人生加油站”后院起火

家是让人感到温暖的地方，是让人觉得安心的所在，是不论我们经历多大风雨和挫折，只要想起就能让内心踏实的地方，是我们贫穷也好，富有也罢，永远接纳我们的地方。所以，我们需要好好地经营家庭，就算有矛盾，也多一些包容和理解，就算有伤疤，也努力去化解，为自己赢得一个港湾，也为子女打造一个良好的“原生家庭”。

为孩子创造“完美家庭”

人人都希望有一个完美家庭，但我们知道，这个世界没有任何东西是绝对完美的，人是这样，家庭也是这样。不过，我们可以努力营造一个趋于完美的家庭，因为好的家庭对于孩子的成长是正向的、积极的，可以让孩子收获良好的思想、行为、习惯以及人生。

人的成长和教育大多来自家庭。在家庭中，孩子学习如何与人相处，如何感受爱和表达爱，学习什么是自我和自我感受，什么是亲密关系以及如何维护亲密关系；在家庭中，孩子能学到尊重、包容、勇敢、坚强、是非黑白，学会如何才能在交友方面取得成功，等等。

换句话说，家庭是孩子生活的第一环境，父母是孩子真正的启蒙老师。在孩子接触这个世界和认识这个世界的时候，他们最先接触的是父母。父母的言行、家庭关系以及家庭教育观念都对孩子有非常大的影响，甚至直接影响他今后的人生走向。

女孩苗苗的家境非常好，父亲是一家公司老板，母亲是一位舞蹈教师，父母相亲相爱，家庭关系和谐。父母给了苗苗很好的物质生活，也给了她很好的教育。在这样的环境中成长，苗苗从小就多才多艺，学习小提琴和钢琴，参加过市里的很多比赛，表现很好，也很自信。她见识非常广，读了很多书，去过很多国家和地区，成绩自然非常优秀。虽然是这样，但是她不骄傲张扬，反而性情柔和，对谁都很友好，让人不自觉地被她的温和感染、吸引。她对小动物也有爱心，懂得珍惜一切美好的东西，保留着心灵的美好和纯真。

苗苗也有独立的个性，有自己的追求。对于自己想要的东西，她总是很坚定，就算遇到困难也不轻易放弃。她的梦想是考入伯克利音乐学院。父母告诉她：“既然你想要实现这个梦想，就需要付出努力，就应该带着激情去追寻它。”于是，从初中时期开始，苗苗就苦练小提琴，放弃了休息和娱乐的时间，还让父母为自己聘请名师，接受老师的严苛培训。

虽然苗苗的家庭条件很好，但是她不追求奢侈品，不铺张浪费。因为父亲是白手起家，告诉她之前的苦日子是怎么过的，告诉她经营公司有多么不易，所以苗苗是个“公主”，却没有“公主病”。

后来，苗苗实现了自己的梦想，成为一名音乐人，也赢得了属于自己的幸福和美好人生。我们在苗苗身上也看到了一个“完美家庭”对于孩子的良好影响，以及一个富家女孩呈现出来的状态。

可以说，好的家庭从来不只是生活富足，而是营造一个和谐、美好的环境；不只是给予孩子最好的物质生活，而是让孩子在这个环境中得到正确的教育和引导，感受认可、赞美还有成就感，建立正确的价值观、人生观和世界观。

相反，糟糕的家庭也不只是贫穷，而是无法建立和谐、美好的环境，让孩子生活在争吵、冷战中，遭受忽视或虐待，甚至无法满足对家庭关系的需求。我们知道，孩子需要在父母的爱、重视和关怀中获得安全感和归属感。如果父母时常争吵，让孩子在争吵中成长，甚至父母任何一方可能因为一时冲动对孩子施加暴力，那么孩子就会失去安全感和归属感，对家庭感到恐惧。因为对家庭关系的需求没有得到满足，长大后他们会变得孤僻，或是爱冲动，容易暴怒，无法与人建立亲密关系。

如果家庭气氛是严肃阴沉的，父母始终板着脸，要求孩子必须唯父母是从，不准质疑和提问，那么孩子的内心就会非常压抑，结果只能走向两个极端：一是过度自卑，缺乏独立和个性，唯唯诺诺；二是麻木不仁，对父母充满仇恨，长大后异常叛逆。

李琦的父母非常死板，认为“棍棒之下出孝子”“严格管教，才能让孩子有出息”。所以，从李琦小时候开始，父亲就没有对他露出过笑脸，凡事都只是命令，还不允许提出疑问，更别提反驳了。如果李琦犯了错，或是达不到要求，轻则痛斥，重则打骂，他对父亲的打骂麻木了。

李琦就这样忍受着，一直到他18岁有力量和父母对抗了，于是开始故意和父母作对。一切之前不被允许的事情，现在他都通通做了一遍；逃学、打架，更是家常便饭。他对这个家充满仇恨，选择了离家出走，之后因为打架、盗窃而毁掉了人生。

家庭环境、父母的教育对于孩子来说实在太重要了。一个充满爱、温暖、正确价值观以及良好亲密关系的家庭，可以让孩子更快乐，有好的未来和人生。而一个充满暴力、攻击、错误教育方式以及恶劣亲密关系的家庭，则让孩子感到无比痛苦、无奈和绝望，也将毁掉他的未来和人生。

因此，我们需要建立一个“完美家庭”，为孩子营造好的生长环境。只要孩子想到这个家，就充满力量和斗志，知道自己的人生方向通往哪里。当然，这需要遵循以下几个标准。

第一，给孩子充满爱的陪伴。

第二，父母相爱，组建一个充满爱的家庭。

第三，满足孩子自我价值和被认可的需求。

第四，积极沟通和表达，对于伴侣，也对于孩子。

第五，把身教放在第一位，为孩子树立正面的榜样，而不是采取粗暴的管教方式。

第六，表达自己的感受，倾听家人和孩子的感受。

家庭幸福的关键——关系第一

在家庭中，每个成员都有自己的角色，演好自己的角色，各居其位，家庭就是和谐与完美的。如果某个成员越位，就会对别的角色的成长造成影响，导致关系不和谐；如果某个成员缺位，就会给别的角色带来负担和不满足，导致关系破裂；如果关系错位，这个家庭就会陷入混乱，剩下的只有拉扯、纠缠和痛苦。

可以说，家庭幸福的第一要素，就是关系。

目前，很多家庭是“4+2+1”的模式，即父母、夫妻和孩子组成一个大家庭。如果年轻人不脱离父母，远离原生家庭，不能把重心放在伴侣、孩子身上，就会导致婆媳矛盾、孩子教育上的纷争。婆媳会争夺对同一男人的控制权，男人会成为“妈宝”，妻子会反抗、会歇斯底里。老人干涉年轻人对孩子的教育，会溺爱、私下纵容，还会公开指责，导致孩子成为“熊孩子”，家庭矛盾不断。这就是家庭成员越位造成的。

所以，在“4+2+1”的家庭模式中，长辈不越位，年轻人脱离原生家庭，这样才可以让关系更和谐，营造出一个趋于完美的、健康的家庭。

这还需要解决成员缺位的问题，尤其是父亲的缺位。事实上，由于男性的社会角色、工作性质以及个性、习惯的问题，很多父亲往往忽视了孩子的成长，平时很少陪伴孩子，也很少与孩子沟通。这样一来，抚养和教育孩子的重任就压在母亲身上，导致母亲疲惫不堪，甚至不得不放弃工作和事业。更重要的是，这使得孩子缺少了父爱，个性和心灵上都有或多或少的缺失。换句话说，“丧偶育儿”式家庭，让母亲很失衡，也让孩子失控，为家庭的不幸福埋下伏笔。

大强是个听话的孩子，学习成绩很好，不会与母亲顶嘴，也对母亲百依百顺。父亲则因工作常年都在外地，一年见不到孩子几次，也很少与孩子沟通。与妻子的关系因缺乏日常交流而冷淡下来。因为从小缺少父亲，大强有些恋母情结，也有些“妈宝”特质，性格软弱，没有自信。大学毕业后，他留在自己生活的城市，可能是因为个性，他很难找到合适的工作。于是，他也懒得找了，整天待在家里玩游戏，依赖着母亲，让母亲负责自己的衣食住行。

再后来，大强好不容易找到工作，也开始结婚、生子。可是结婚后，他一有空就往母亲家跑，好像那才是自己的家；在小家中，他没有担当，没有解决问题的能力。另外，母亲因为担心大强，时常到小家“视察”，对着儿媳指指点点，对大强多加袒护。等大强夫妻生了孩子之后，她更是搬过来一起居住，虽然在生活上给予年轻人很多照顾，但是也越位了——管着儿子，还管着孙子，忽视儿媳，甚至抢走儿媳女主人的位置。这一切让儿媳忍受不了，最后导致大强婚姻的破裂。

关系的越位、缺位在大强的家庭出现了恶性循环——大强父亲的缺位，导致父母关系冷淡，大强个性出现问题，产生了恋母情结。大强母亲频频越位，干涉小家庭，与儿媳抢夺大强的控制权、孙子的教育权，迫使儿媳这个母亲在孩子成长中总是“缺位”，进而导致家庭关系失衡，造成令人遗憾的后果。

与此同时，这还容易引发一个问题，即夫妻关系的破裂。在大强的家庭中，母子关系、祖孙关系是第一位的，夫妻关系处于次要地位，所以大强父母和大强夫妻的关系都出现了问题。

要知道，真正健康、完美的家庭，应该是夫妻关系第一，夫妻两人相爱，相互尊重。日常生活中，夫妻的需求、交流应被放在第一位，而不是为了孩子牺牲夫妻关系，为了原生家庭忽视夫妻关系。这样的家庭环境中，夫妻关系和睦，孩子也能感受到爱，树立正确的亲子观、家庭观和价值观，自然可以更健康快乐地成长。

杨绛和钱钟书一生恩爱，也给了女儿足够的爱，影响了女儿的家庭观，让她不知不觉中学会了怎样爱一个人、爱一个家庭。同时，父母相爱，也让这个家庭美好幸福，稳如磐石。

一次，杨绛和钱钟书带着年幼的女儿到饭店吃饭，女儿看到邻桌一对父母在吵架而孩子无助地坐在旁边，不无感慨地说：“我一直觉得父母恩爱的小孩很幸运，因为我见过好的感情是什么样的，从而拥有了对健康的爱的敏锐嗅觉，然后就知道怎么往正确的方向。所以我特别感激爸爸妈妈，因为你们相亲相爱、琴瑟和鸣，我觉得自己是个幸运的孩子。”

再看看我们身边，把夫妻关系放在第一位、彼此相爱的家庭，必然是幸福的。网络上时常有人“吐槽”父母的日常相处方式——妈妈向爸爸撒娇，求抱抱，求安慰，爸爸会笑着给妈妈大大的拥抱。可是当孩子求抱抱时，爸爸却给了他一个“白眼”；爸爸妈妈在前面拉着手走，孩子在后面跟着，还拿着水果和蔬菜……孩子会吐槽“父母是真爱，孩子是意外”，但心里又满是安全感和幸福感，提到爸妈和这个家时忍不住地嘴角上扬。

更重要的是，在这样家庭中长大的孩子，身上散发着独特的光芒，会爱自己、爱别人，之后也能建立良好的亲密关系。

心理学家诺费奥做过一个调查，结果发现：弱夫妻关系、强亲子关系的家庭，其子女的婚姻失败率是强夫妻关系、弱亲子关系家庭的3倍；其子女出现心理问题的概率是强夫妻关系、弱亲子关系家庭的5倍。就是说，把夫妻关系放在第一位，不仅是家庭幸福的秘诀，也是孩子建立亲密关系的关键。

所以，一个幸福的家庭，其家庭成员之间的关系必然是正确的，每个人扮演好自己的角色，不越位，不缺位，不错位。有了“完美”的家庭，家庭成员才会有幸福感，实现“完美”的人生。

不可不知的“家庭经济学”

当下人们的工作和生活压力越来越大，生活节奏越来越快，人际关系也越来越复杂。除此之外，还有各种各样的诱惑以及让很多人为之发愁的子女教育问题、父母赡养问题、住房问题、物价问题等。我们面对这些问题时，还能只想着找到一个安稳的工作，给自己一个基本的生活保障就行了吗？

如果是这样，你过得绝不轻松、不快乐，更谈不上家庭幸福。

创造和保留财富，是每个家庭都必须规划好的。虽然说金钱不是家庭幸福稳定的关键，但是没有钱和物质的支撑万万不能。要不然人们总是说“贫贱夫妻百事哀”“有爱情没有面包，幸福也是虚幻的”呢？

虽然我们不能把财富和幸福直接画上等号，可是谁也不能否认，掌握了“家庭经济学”，善于投资，懂得理财，摆脱了沉重的经济负担，家庭生活也会越加轻松、愉快、幸福。尤其是可以给子女提供优厚的生活环境、教育资源，改变他们的思维、眼界、素养以及人生态度，进而让他们在未来更“富有”。

其实，很早之前，美国著名的金融分析机构标准普尔公司就调研过全球十万个资产稳健增长的家庭。这些家庭在过去30年内家庭资产一直在稳步上升，并且分析总结了他们的家庭财富管理方式，最后给出一张宝贵的地图——标准普尔家庭资产象限图。

他们把一个家庭的钱分为要花的钱、保命的钱、生钱的钱和保本升值的钱。要花的钱，占家庭资产的10%，用于短期的日常生活消费；保命的钱，占家庭资产的20%，专款专用，用来解决家庭突发的意外、疾病等重大开支；生钱的钱，也就是投资占30%，用来购买股票、基金、房产，当然也可以用来做生意；保本升值的钱占40%，用于养老金、子女教育金，也可以用来购买债券、信托、分红保险等本金安全和收益稳定的理财产品。

可以看出，这四部分钱的作用是不同的，分配比例也不同，但是实现了家庭资产配置的科学与平衡。可能每个家庭的实际情况不同，分配比例也有所变化，但是只有拥有这四个账户，并且按照合理的比例分配管理，才能保证财富持续、长期、稳健地提升。否则，经济上会捉襟见肘，生活也非常狼狈。

赵刚在一家私企工作，经过几年打拼，他当上了项目经理，每月工资奖金加起来能达到12000元，妻子在一家幼儿园做老师，工资不算高，只有5000元。按理说，小家庭每年收入20万元有余，不算高也不算低，生活理应比较轻松惬意才对。可是结果正好相反，虽然两人已经32岁了，但还是不敢生孩子。

因为他们虽然能创造财富，但是不懂得管理财富。赵刚总觉得钱是赚出来的而不是理出来的，只要自己努力干活，生活就差不了。和许多年轻人一样，他更看重享受和消费，平时喜欢买名牌衣服，给自己买，也给妻子买；他喜欢玩游戏，而且是个“人民币玩家”，每月都会往账户充不少钱；喜欢吃美食、旅游，早早就买上了车，每年都来两次自驾游。

妻子虽有理财的意识，但是处于弱势地位，做不了主，说不动赵刚。为了生孩子，她每月都会储蓄，但也就一两千元。所以，很多同龄人买了房、生了孩子，他们却什么都没有。

赵刚夫妻的问题出在哪里呢？很简单，不理财，不投资，只顾个人消费，根本没有合理地分配家庭资产。可惜的是，很多家庭存在这样的问题，所以家庭经济一塌糊涂。那么，应该如何去做呢？

第一，培养投资理财意识。

很多年轻人组建家庭前没有理财意识，赚多少花多少，还会超前消费、过度消费，更别说规划手中的钱的花费方向了。所以，结婚后，他们也不会管理家庭财富，不懂得如何投资和理财，如赵刚夫妻一样，收入不低，却没有多少资产。所以，不管收入多少，我们都需要培养投资理财意识。

投资理财并不是仅仅需要有一定的技巧，它还需要转变思维。对于每个人来说，我们都需要有这样一种态度和理念，善于管理和使用手里的资金，建立健康合理的理财观，进而把家庭中的钱用得更加游刃有余，既拥有财富又让财富有所增长。

第二，精明消费，不超前和过度消费。

消费是生活中必需的，但是随着人们对于生活品质的要求越来越高，电子支付、移动支付手段以及各种信用卡、花呗借呗的兴起，人们的消费习惯发生非常大的改变。一些人还因此陷入花钱无节制、超前消费的泥潭，不知不觉就成为名副其实的“负翁”。

所以，我们需要调整自己的消费习惯，做好消费规划，甚至停掉信用卡，恢复使用现金消费，也可以强制储蓄，尝试着消费记账。这样一来，你就可以对自己的消费有清晰的认知，同时便于反省，找出哪些是必要消费，哪些是冲动性的非必要消费，然后制订出合理的消费计划。

第三，善于投资，让钱生出更多的钱。

家庭财富的积累要靠创造，除了薪水之外，我们需要进行有效的投资，让自己的钱流动起来。如果是工薪家庭，可以按照标准普尔家庭资产象限图来合理安排，比如购买一些股权、基金、房产等理财产品，也可以做些小生意，把有限的资金利用起来，获得更大的收益。

当然，投资需要谨慎，也需要技巧。这需要在投资时不盲目、不逞强，不管做任何投资，都必须将风险控制在自己可承受的范围，不要为了投资而影响到正常的工作与生活。同时，还需要掌握足够多的专业知识，成为家庭的“投资专家”。

第四，做好保险计划。

保险是必不可少的，它是一个家庭能幸福、稳定的关键。我们需要根据实际情况，如成员构成、收入情况、健康状况等设计家庭保险计划，提升家庭抵御风险的能力。

可以说，一个家庭到底能积累多少财富，并不完全取决于能赚多少钱，而是看是不是懂得家庭经济学，看家庭成员如何管理财富。学会了创造和管理财富，才能为将来打下坚实的基础，家庭生活才会轻松和幸福。

重新认识你的“原生家庭”

原生家庭，是我们出生成长的地方。我们从原生家庭而来，之后走出去，建立新的家庭，不过一生中都带着原生家庭的印记。有些人认识到了自己的原生家庭，接纳了自己，也活出了自己的价值，过上了想要的人生。可是很多人却无法真正认识自己的原生家庭，更摆脱不了其负面影响，甚至把它带入新的家庭，然后让伴侣、子女深受影响。

对于原生家庭来说，我们可以改变一些事情，却很难改变这些事情对我们的影响。因为它塑造了我们的个性，影响了我们的人格成长、心灵状态以及亲密关系，同时这种影响是长期的、深远的。

有位女孩的原生家庭很糟糕，父亲常年酗酒，脾气暴躁，动不动就拿着母亲和她出气。母亲很温柔，说话声音不高，对女孩非常好，但是当父亲打女孩的时候，她不敢护着，总是默默流泪。而且，母亲对父亲言听计从，不敢说一句反驳的话，就算面对父亲的拳脚相加，也是忍耐、承受。

女孩从小最大的愿望就是脱离这个家。于是，她努力学习，让自己变得优秀、强大，考入名牌大学，在其他城市工作、成家。她找到了一个不错的丈夫，年轻有为，一开始两人的生活很幸福，可是外面的诱惑太多了，丈夫有了外遇，喜欢上了同公司的女孩，甚至为了她时常不回家。

所有人都以为女孩会选择离婚，但是恰好相反，她原谅了丈夫，并且容忍他们两人继续来往。为了让丈夫回家，她想了很多办法，打扮自己，搬出年幼的孩子……

原因很简单：在原生家庭中，她极度缺乏爱，所以得到丈夫的爱后，如同抓到救命稻草不愿放手。另外，母亲的容忍、软弱以重复的模式代际传递给了女孩，也就是说她“继承”了母亲的容忍、软弱，在平时的学习、工作中隐藏了，然后在家庭关系中以她不能控制的方式出现，并且始终支配着她的思想和行为。

人们很多行为和心理上的问题源于原生家庭，而原生家庭带来的伤害可能会让人产生两种极端的倾向：一是重复模式，即像这位女孩一样继承父母的个性；二是“缺什么补什么”，用另一种方式弥补心灵的空虚。比如，小时候曾经被父亲虐待，遭受家庭暴力，这样的人可能走向两个极端：或是成为像父亲那样的人，不自觉地打孩子；或是把自己没有享受到的父爱完全补给孩子，会过度溺爱孩子。

另一位男孩的父亲早逝，母亲身体不好，时常进出医院，就算在家也经常卧床不起。当时男孩只有12岁，却承担起照顾母亲的重任，周到、细致，比女孩还要体贴。等他长大后，他也谈过几次恋爱，但是每个女孩好像都有些问题：初恋比较瘦弱，有轻微的心脏病；第二个女友有些胖，时常遭到人们的嫌弃；第三个女孩的原生家庭也有些问题，她个性比较自卑、懦弱。

他之所以容易被“受苦”的异性吸引，就是受到原生家庭的影响。他同情像母亲那样的女孩，希望通过自己的照顾与关爱让她们快乐起来，这样一来，自己的内心就会得到满足。从某种程度来说，他是渴望爱的，也渴望通过这样的行为获得爱。

《人间味》里面有这样一段描写：“母亲此生积怨颇多，贫困、卑微、辛劳与冷漠使她无从舒展，我的蠢笨令她失望，父亲的美貌又令她紧张，她日益敏感易怒，神经如履薄冰，微薄小事便轻易令她发作。”母亲从原生家庭收到戾气，让她积怨颇多，这一切也被她带到新的家庭，宣泄在自己的孩子身上，于是给孩子一个糟糕的原生家庭，让她经受打击和伤痛。

所以，原生家庭影响了我们的过去、现在和未来。如果不能重新认识它，不能从中挣脱出来，与原生家庭和解，与自己和解，你的心灵就会一直遭受折磨，然后把伤害带给下一代、下下一代。

第一，用客观的立场探寻原生家庭。

这需要我们了解过去带来的影响，察觉和认识到原生家庭给我们带来的影响和伤害。有了重新认识，才能有所改变。比如，你重男轻女，习惯用严格标准要求大宝，溺爱男生或是二宝，就应该审查和追溯一下原生家庭是否存在类似问题，用客观的立场探寻自己性格形成的源头。

第二，分清过去与现在。

发现问题之后，我们需要分清现在与过去的界限，分清原生家庭与新生家庭的区别，慢慢地改变自己，和自己和解。或者与父母交谈，说出自己的委屈，道出自己的悲伤，然后努力让自己释怀。

第三，勇敢做自己。

在努力改变自己的基础上，我们还需要勇敢做自己，告诉自己是独一无二的，幸福也掌握在自己手中。凡事往积极的方向努力，事情就会朝着好的方向发展。

简言之，如果原生家庭给你带来伤害，那么你应该重新认识它、审视它，然后努力治愈自己、改变自己，学会正确地爱自己、爱伴侣与孩子。这样做了之后，幸福生活才能开始，并且让家庭关系在爱的滋养中良性发展。

家的“底蕴”

“底蕴”这个词，从横向理解，是辉煌的成绩；从纵向理解，则是年代的积淀。一个国家有它的文化底蕴，一个城市有它的底蕴，一个家族也有它的底蕴。它是家、城、国历经无数春秋得以生存、发展、强大的基础，也是经历无数波折、磨难之后仍未中断的文化积淀。

对于一个家庭或是家族来说，更多的是它传承下来的气质和价值观。其实，不管是大家小家，不管家庭是否显赫富有，都一定有着自己的立身之本，教育子女所遵循的行事原则、应该坚守的底线，以及形成的独特的家庭氛围。

丰子恺是人们熟知的漫画家，师从李叔同，绘画、书法、音乐、翻译无一不通，是文学和艺术上的全才，被人们称为“最像艺术家的艺术家”。他经历了清末、民国和新中国三个时期，虽然半生都在颠沛流离，但是有一颗童真浪漫的心，归来依旧是温柔的少年。

在丰子恺眼中，童年是人生的“黄金时代”，所以他用手中的画笔描绘着童真。教育子女、后辈时，他也采取“漫不经心”的态度，把孩子当朋友，让他们“肆意妄为”。后来，子女和后辈回忆说：“一整个童年，几乎都是玩过来的。”但是因为家庭环境、父亲的“快乐教育”，他们在学习和行为上保持着向上的态度，精神自由，成为各个领域的佼佼者。

丰家有“课儿”的传统，丰子恺会亲自给孩子们上课，每周一次，每次一小时，主要学诗词和外文原著。他会把诗词里的故事画成漫画，让孩子们理解，从不抠字眼、要求背诵。如讲《长恨歌》“六军不发无奈何，宛转蛾眉马前死”时，就迅速画出一个女孩子，旁边一台轿子，几个当兵的，手里拿着矛。

丰子恺的古文功底非常好，因为他的父亲是清朝末代的举人，从小他就跟随父亲学了很多古文诗词，上私塾的时候也勤奋学习，这种文化底蕴就传承了下来。虽然早期一家人辗转了很多地方，但是他坚持让孩子们学习，还特意手抄了一本词选，给孩子们当教材。

他说：“一个民族的精华，就在她的诗词和文学原著里头。”所以，诗词是要求孩子们一直学的。他从来不会说为什么要学诗词，但是他时常自己念几句诗词，孩子们也会念。一家人时常玩飞花令、猜诗句，在家吃饭、出去旅行的时候，就连等车的时候，都会玩诗词游戏，于是这个氛围就有了。从他的父亲到他，再到他的子辈、孙辈，一直这么传了下来。

丰家的孙辈每个周六的晚上都去学诗词，一学就是十几年。每次孩子去学习的时候，丰子恺都会让他们背诵上一次学习的，背过了就摸摸胡子说“好”，然后教新的课。如果背不过，他也不会责骂，顶多说一句“再去念两遍”。

他认为儿童期不应该只是成人生活的预备，更应该是儿童当下的生活。所以，他不强迫孩子们学习，从不过问成绩，也不严厉批评，有时还鼓励孩子向学校请假出去旅游。他时常带着全家旅游，有时是为了找灵感，有时是一时兴起。外孙宋菲君从小就跟着他。一次，丰子恺教他学苏曼殊的一首诗：“春雨楼头尺八箫，何时归看浙江潮？”此时正是钱江大潮的时节，丰子恺立即决定带着全家一起去看潮。去的那天，正好宋菲君要上课，丰子恺就鼓励他请假，还积极为他签请假条，为的就是能请下假来。

丰子恺还特别喜欢给孩子们讲故事，每天晚上睡觉前一关灯，他就开始讲故事，从《三国演义》《水浒传》到《东周列国志》《聊斋志异》，再到《白香词谱》，等等。他从来不讲道理，也不讲希望孩子们成为什么样的人，但是受他言行、思想的影响，孩子们都出类拔萃。

丰子恺注重快乐教育，注重诗词教育，更重视品性教育，认为“一个人，行为第一，学问第二”。如果行为不好，学问再好也没有用；如果行为好，学问差一些也没有关系。宋菲君回忆，外公唯一一次批评自己，就是他上初一的时候，品行评语只有4分，而满分是5分。外公听说之后，为他写下上面的话。这也成为丰家的原则，所有人都要坚守。

丰子恺教子没有惊天动地的故事，不耳提面命，更不严厉训斥，有的只是感染、尊重，从细微处引导。他葆有着童真与爱，用爱去看待万物，疼爱孩子。他守护着孩子们的纯真与纯粹，教导他们“先器识，后文艺”，要认真、宽厚，就这样形成了这个家的气质和价值观，日积月累地沉淀，一步步地传承下来。

一个家的底蕴，是最宝贵的财富，也是这个家的成员行走的底气。有了它，也就行得正，坐得端；有了它，也就有了前进的路标；有了它，子女晚辈自然受到感染与熏陶。所以，我们需要营造好的家庭环境，赋予这个家好的底蕴。

好的底蕴，可以立品格、定性情、树志向。当然，也可以让子孙们一代代传承下去，让这个家族更长久、繁盛。

家，可不可以“讲道理”

不管我们走到哪里，原生家庭还是新的小家庭，家都扮演着非常重要的角色。家，是一个人可以依偎的地方，是完全可以放松的港湾。在家里，我们讲爱、讲情，当然也有人讲“理”。

讲“理”，似乎没有什么不对。任何人都得讲理，分清是非对错，需要了解事情的来龙去脉，如何做正确，如何做更符合逻辑。但是在家庭中，夫妻、父子、兄弟之间拥有非常亲密的关系，需要更多的情感互动，需要表达爱、包容和理解，若是凡事都讲理智、讲逻辑，结果只有一个：理通了，情淡了，家也破碎了。

所以在家庭中，我们可以讲道理，用理智来交流，避免不分是非，避免情绪化。但是只讲理，遇到事就头头是道地分析，非要说出什么是对什么是错，理性地给出建议，那么我们就会在“讲理”中失去情感的润滑。这时候，就算再有道理，恐怕也无法说服人，还可能触发矛盾。

刘爽和妻子结婚不到一年，但总是吵吵闹闹，而争吵原因也只是一些鸡毛蒜皮的小事，有时可能是和自己毫无关系的事情。刘爽是个理工男，比较理性，逻辑也非常强，遇到什么事情总是冷静地分析，指出前因后果、各方错误，然后用一些道理说服妻子。如果是辩论，恐怕没人是刘爽的对手。可是把这种形式搬到家庭中来，夫妻之间的争吵就不可避免了。

比如，两人发生争论，刘爽总是滔滔不绝地发表意见，道理讲得很好，逻辑也非常严密，辩得妻子哑口无言。最后，刘爽赢了辩论，却惹哭了妻子，两人不是大吵一场，就是冷战几天。

又如，妻子抱怨在工作中受了委屈，被领导揪住小错不放，抱怨同事关系不好处，谁谁总是和自己作对……这时候，刘爽会很公正地说："你犯错，就应该被批评！这有什么委屈的？难道要领导视而不见，还是哄着你改错？""你要知道，职场是紧张的，有竞争，也有合作，你需要和同事搞好关系，要分析自己身上有哪些不足，而不是一味地挑别人的错……"结果，又引起妻子的情绪失控。

可以看出，与妻子发生争论，面对妻子的倾诉，刘爽都是用理性来应对的，摆事实、讲道理，说得头头是道。但是，要知道女性都是非常感性的，渴望理解，渴望包容与关爱，尤其是在情绪不好、心情不好的时候，讲道理犹如火上浇油。

所以，刘爽在和妻子辩论的时候，妻子会发脾气："我真不明白，为什么你每次总想着要辩倒我？我知道我不一定对，但是你这么尖锐地攻击我，真的让我恼火！"刘爽和妻子讲大道理的时候，妻子也会气急败坏："好了！是我不对，行了吧！"

其实，如果刘爽能学会用感性去应对，争论时不急于说服妻子，不在第一时间争对错，而是先安慰再说服；当妻子委屈抱怨的时候，给予理解和支持，说两句这样的话：“我理解你，你有什么不爽就冲我发泄吧！”“好好好，来抱抱。我们不生气，这样就不漂亮了！”有了良好的条件就解决问题了。

道理谁不懂呢？为什么非要在家讲道理呢？为什么非要在伴侣情绪和心情不好的时候讲道理呢？很多时候，道理或许说通了，但总是缺少了什么，那就是本来很柔软、很有趣的沟通被理直气壮所代替，本来是情感的促进也被古板、僵硬取而代之。

再看看这样的对话：

女：“老公，我的汽车出了故障，开不动了怎么办？”

男：“什么故障？中控屏幕上有什么异常吗？”

女：“没有什么异常，就是屏幕上出现了一个茶壶……”

男：“茶壶？是个油壶图标吧！出现这个标志且报警，说明机油系统有问题，你先熄火，然后……”

女：“啊？那怎么办？我上午还有会议，要是迟到了，领导肯定会发飙的……”

男：“你先不要着急，快点打开发动机舱，把机油标尺……”

女：“你说的是什么，我听不懂！我马上就要迟到了！”

男：“你先安静下来，听我把话说完，好吗？”

女：“你为什么要吼我？难道汽车出了故障，是我的错吗？”

男：“我没有吼你，是再教你如何处理，你现在打开发动机舱，查看一下机油标尺上……”

此时女性已经挂断电话，抱怨男性不能帮助自己。

很多人初看这样的对话，尤其是男性会认为女性无理取闹，太情绪化了，但是女性却不这样认为，反而认为男性太直男了，不懂得沟通的技巧。事实上，男性与女性发生冲突，就是思维模式存在很大的差异：男性很理性，会讲道理，给出具体建议，而忽视女性的情绪；女性则倾向于感性，需要一种情感的宣泄，需要伴侣的理解和安慰。疏忽了这一点，冲突就会发生，关系就会出现裂痕。

所以，在家庭中，适当地放弃讲道理，用感性来沟通，把情感放在第一位，才是有智慧的选择。当然，不仅仅夫妻之间是这样，父母与子女之间也是如此。当孩子表现糟糕或是犯错的时候，父母在第一时间做的事不应该讲道理、给予批评和指责或是上纲上线，因为这只会适得其反。在父母因为思想观念老旧做出一些“不可理喻”的事情时，作为子女的我们也不要苦口婆心地说服和劝解，而是先给予理解和关怀，慢慢地转变其观念和行为。

说到底，家从来都不是讲道理的地方，而是讲感情、讲爱的地方。道理固然正确，但是用讲道理的方式沟通，却因为少了情、少了温暖，而让效果全无。少讲道理，让家多些爱的流动，多些感性与情感，才会迎来甜蜜长久的家庭生活。

Part 8 <<<

思维秘密——最后，你成了什么样的人

思维决定人的行动，决定了人的成就，也决定人到底能成为什么样的人。面对同一件事，思维习惯和思维模式的不同，效果或结果往往会截然不同。事实上，很多成功者赢就赢在了思维上，而很多失败者之所以失败，不是不够努力，也不是运气不好，而是输在了思维上。

这里，我们分享几种高效的思维方式，希望能对大家有所启发。

做理性的人——逻辑思维

思维力就是人的底层逻辑，它可以改变命运，决定这个人与其他人的差距。没有思维力的人，生活是混沌的、迷茫的，往往比别人多花几倍的时间和精力，还可能劳而无获。相反，拥有了思维力，就可以有理性、有逻辑，把问题想明白，把事情看清楚，更有效地行动。

就思维来说，最忌讳的就是僵化和没有逻辑。前者需要我们改善自己的思维方式，多角度思考问题，发散思维；后者则需要我们避免想当然，对事物做出理性的思考。生活中，很多人在沟通时，思路不清晰，想到哪说到哪，费了不少口舌，却让人如坠入云里雾里。其实，这一切都因为这些人没有掌握快速、有条理处理信息的思维方式，思维逻辑结构不清晰。

要知道，我们大脑一次性接受的信息量是有限的，它往往更偏好那些有规律的信息。如果我们的思维缺乏逻辑性，不仅无法客观地看待事物并做出理性的反应，无法知晓自己下一步该做什么，所表达出来的信息也缺乏逻辑性，导致说话、做事都毫无章法。

所以，我们需要提高逻辑思维能力，做事有条理，说话有逻辑。就拿说服他人来说吧，建立有效的思维逻辑结构，分析问题、整理语言、陈述论点，层层递进，有理有据，或动之以情，或晓之以理，才能高效地沟通，实现说服的目的。

来看这个案例：

吴飞和女友周末约会，他想去看最新上映的电影，而女友想去新开的商场逛街。双方未能达成一致意见，于是吴飞决定和女友沟通下，争取说服她和自己一起去看电影。沟通前，吴飞预选了自己的沟通策略：动之以情，晓之以理，诱之以利。

首先是动之以情，就是和女友谈感情："宝宝，我之前都是听你的，你平时说去哪就去哪，我是不是最善解人意的男友？你看，上周你只是提了一句想喝××奶茶，我就抛下一起组团的舍友，特意跑了好几千米，给你买来了你的最爱。这个电影我已经期待很久了，你就陪我看一次，好不好？"

接下来是晓之以理："那个商场刚刚开业，跟风的人肯定特别多，到时候会特别拥挤。这个电影特效极好，演员阵容也强大，还有你最喜欢的×××。"

最后是诱之以利："我们一起去看电影，下周再去逛商场。到时候，我给你买那款流行的口红。"

吴飞衡量了一下，晓之以理肯定不行，自己的理由并不十分充分，动之以情和诱之以利的方式是最合适的，于是便采用了这样的策略。做出决策以后，就要开始制订计划。吴飞先是计算了自己的生活费，减去必需的开销还有部分应急资金，有多少是可以自由支配的；去掉电影票，还要约会吃饭，最后可以剩多少钱为女友买口红……

最后，吴飞成功说服女友，实现了看电影的愿望，也哄得女友非常开心。

其实，吴飞选择的是结构化思维。什么是结构化思维？就是把复杂问题进行拆解，如分为原因、决策、计划。把问题拆解开，一步步分析，再进行对比，然后找出最优方案。这看似复杂，但是因为有目标，有方法，有对比，且有条理性，所以效果非常好，成功率也较高。

思维决定了行为，行为决定了结果。想要得到好的结果，我们必须用正确的思维来取代错误的思维，从没逻辑、没条理变得有逻辑、有条理，提升思维的逻辑性。可以看到，结构性思维从结构的角度出发，化整为零，化复杂从简单，让我们可以有序地思考、清晰地表达。

当然，想要提高逻辑思维能力，我们还需要了解和善用金字塔原理，即利用事物间的逻辑关系，建立自上而下的关系，让我们的表达更清晰和具有逻辑性。在这种逻辑中，因果关系是非常重要的，也是很常见的。

利用因果关系建立逻辑关系，要遵循从下到上的原则。底部的若干因素是构成某事物的原因，这些因素往往会导致某个结果，而这个结果就是出现在上层的逻辑关系。从底部推到上层，因果关系就演变成递进关系。

金字塔可以是从上往下的，也可以是从下向上的。如果沟通时语言过于烦琐，沟通不畅，对方听得云里雾里，我们就可以采用从下往上的方式构建金字塔，即运用归纳的方式来表达，扫除沟通障碍：先总结归纳出一点，然后再列出一、二、三……点。

说到底，金字塔原理就是简化所表达的内容，让表达更清晰、简洁、有逻辑性，让沟通更有效率。如果我们能熟练地使用金字塔原理，便可以大大提升逻辑思维能力，让说话做事更为高效，易于成功。

此外，我们还需要转换思考路径，避免线性思考或是根据过往经验来思考。线性思考单一，缺乏变化，思维沿着直线或是一定的线性轨迹寻求答案，自然容易“想当然”，形成错误的认知和逻辑。所以，我们需要改变线性思维，让认知升级。只要认知升级，才能进行多角度、深度的思考，让思维更具逻辑性。

有逻辑思维不等于能解决难题，不意味着做事必然成功。但是缺乏逻辑思维，说话没有逻辑，做事没有条理，其结果自然好不到哪里去。所以，我们应该提升自己的思维力，培养和提高自己的逻辑思维，做个理性的人。

做坦荡的人——底线思维

有这样一个故事：

一个年轻人每天都在河边钓鱼，一个中年人则每天都来河边打水。一天，年轻人问出心中的疑问：“从半山腰到河边，这么远，这么难走，你为什么不把水打满？这样就不用每天都往返了。”

中年人笑着说：“山路难走，如果把桶装满水，走在路上，就会洒出很多，到家也只剩半桶。而且，满桶水很沉，我挑起来会很吃力，万一不小心摔倒了，就前功尽弃了。所以，打半桶水，刚刚好！”

听了这些话，年轻人恍然大悟。

其实，这讲的就是底线。底线，就是最低的限度，就是不能超过的临界值。中年人水桶中的那条线，就是底线——不超过它，省力，又不会让水洒出去；超过它，费了力，还会让水洒一路，更糟糕的是可能一滴不剩，白白跑一趟。生活中，我们要为自己规划好那条线，避免碰触它，否则就会朝着相反的方向发展，也就是物极必反。

这里我们要讲的是做人的底线。做人不能把底线定得太低，太低了，原则就少了，骨气也没有了。做人，更不能没有底线，没有要求和原则，随便至极，自然就会肆无忌惮，什么事情都做得出来。在这个社会，底线太低或是没有底线的人不少，为了利益而做坏事甚至犯罪；为了所谓的爱情，不惜讨好、迎合乃至伤害自己，甚至完全失去尊严；不遵守社会规则，不在乎游戏规则，一次次失控……甚至一些人还给别人或自己灌“毒鸡汤”，说没有底线才能没有束缚，是释放自己，然后会变得更加强大。

是这样吗？底线是对一个人的束缚，会阻碍我们的成长和发展？对于底线低或是没有底线的人来说，底线的确是束缚，然而，对于有底线的人来说，它不是束缚，最多是自我节制和自我管理。因为他们认同这个社会需要秩序、规则，任何游戏都需要规则，做人必须有一定的原则，不能违背真善美。

底线低或没有底线的人，一开始只是试探，慢慢地就会失控，肆无忌惮，最终也因如此而被人厌弃，受到惩罚。相反，有底线的人，因为能自我警醒和约束，有立场和原则，所以才会成为强大的那一个。

孟子说：“人有不为也，而后可以有为。”就是说，一个人要想有所作为，就必须知道什么事可以做，什么事不可以做，坚守住人生的底线。不管什么时候，但求无愧，都不会丧失原则。

杨震是东汉时期的名臣，早年通晓经史子集，博览群书，有“关西孔子杨伯起”之称，后来开办私塾，收下很多弟子。他有学问，为人正直，在社会上有很好的名声，所以被朝廷器重，入仕为官，被任命为荆州刺史。

杨震知人善用，提拔了很多有才华的年轻人，王密就是其中之一。王密有才华，有能力，但只是在荆州地区小有名气。后来，杨震发掘并提拔了他，使他受到朝廷的重用。他也很感恩，认为如果不是杨震，自己不知道哪一天才有出头之日，所以发誓一定要报答杨震的知遇之恩。

后来，杨震调任山东东莱任太守，路过王密地盘的时候，受到王密的盛情款待。盛情难却，杨震只好在王密这里停留几日。而在这几天，王密生怕有所怠慢，把杨震照顾得非常周到细致，两人也相谈甚欢。杨震临行的前一天晚上，王密前来拜访，真诚地表示感谢："大人，如果没有您的提携和推荐，就没有我的今天。您的知遇之恩，我实在不知道如何报答，这里有一点心意，就当作您此行的盘缠吧！"说完，他就拿出一些金子，双手奉上。

杨震见此，严词拒绝："我还是有些盘缠的，你就不用担心了，快把它收起来吧！再说，我一生都以清廉严格要求自己，所有人都知道我的脾气，你可不能坏了我的原则。"

王密急忙说："大人，这只是我的一片心意，并不是贿赂，更没有买官的意图。更何况现在天色已晚，没有人会知晓这件事，您就收下我的心意吧！"

听了这话，杨震忍不住呵斥起来："你不要再说了，我是不会收一分钱的。再说，今天的事情已经有4个人知晓了，难道我还不拒绝你吗？”

“怎么会有4个人知晓？”

“天知，地知，你知，我知！这还不够吗？”杨震振振有词，丝毫不留情面。

王密此时才认识到自己的错误，收拾好金子，感慨地离开了。

清廉、正直、慎独，就是杨震的底线。虽然他身居高官，受到朝廷的信任，但是不徇私，根据才能推荐和选拔人才，清正廉洁，从不收受任何礼品和礼金。虽然一家人过着清贫的生活，但他依旧坚守着做人的底线和原则，自然受人尊重，千古留名。

所以，底线很重要。道德有底线，尊严有底线，社会规则也有底线，底线是人在社会上生活最低的标准，是要遵循的最起码的规则。有了底线思维，人们就能坚守原则，遵从内心。相反，没有了底线，人们往往会丧失尺度，分不清边界，冲破一切规则和约束。为什么原本善良的人会变成恶毒的人？为什么正直的人会为了利益出卖朋友，甚至不惜做出违法的事情？因为这些人心中没有底线，让本性中的恶暴露出来。恰如易中天所说：“一个人，没了底线，就什么都敢干。一个社会，没了底线，就什么都会发生。”

当然，因为经历、身份、心态的不同，每个人的底线自然也会不同。我们要在内心为自己设立一个底线，不管什么时候都要坚持，做坦荡的人，做有原则和自尊自爱的人。同时，也要不轻易碰触别人的底线，如不伤及他人尊严，不过度侵犯他人私密空间，不当众羞辱他人，等等。

做智慧的人——价值思维

很多人受困于思维的狭隘和视角的主观，也许是人际关系糟糕，也许是爱情上频频失意，也许是事业没有进展，做事不成功，于是怀疑个人命不好，没有价值，注定拥有糟糕的人生。

其实，我们往往需要的只是一种价值思维——看到自我价值，认可自我价值。

人生价值就像一张流通的纸币，不管是崭新的，还是破旧不堪的，都具有同样的价值，不会因破旧就贬值，更不会失去价值。所以，我们应该正确地看待自我，直视生命中的那些困境、种种不顺，以及他人的否定评价，而是接受自己本来的样子，然后不断提升自我觉察力和适应力，用更好的方式面对一切问题。当你这样做了之后，你就会发现以往的种种，只是因为你忽视了自我价值，做了错误的决定。

对于大多数人来说，自我价值只有在获得成功或是与人竞争获得优势的时候才会显现出来。换句话说，人们的自我认知存在局限性，认为有成就、有优势才会有价值，一旦失败，处于不利处境，就看不到自我价值，甚至认为自己毫无价值。越是这样的人，越敏感，越无法正视自己。

有位男孩在高中阶段，没有安全感和存在感，不被重视，也不被认可。他渴望和同学一起吃饭、回家，但是没有人愿意搭理他。他帮同学买好水，可是人家并不领情。他想加入同学们的讨论，但总是被忽视。

他很失落，也变得敏感和自卑。为了能交到朋友，他曾经给同学写字条："你好，我可以成为你这辈子最好的朋友吗？"对方看了之后，用异样加恐惧的眼神看着他，然后像扔掉垃圾一样把字条丢进了垃圾桶。

除了在学校，在家里，他也备受忽视。整个高中时期，父亲与他几乎零交流，虽然他每天都会在写完作业后等父亲回来，希望与父亲聊聊天、谈谈心，有时只能依靠看电视才能勉强撑到父亲回来，但是在父亲看来，他不爱学习，只会看电视，不懂父母的艰辛。

年幼的他，认为没有人比自己更惨。他列出了几件刻骨铭心的"惨事"：永远没有零花钱，永远穿廉价的衣服；男生不喜欢我，女生也不喜欢我；老师不重视我，父母也不重视我。这源于自己穷，成绩差，所以没有任何价值。

慢慢地，他似乎想明白了：既然问题出在这里，我为什么不改变呢？他决定改变，想看看要是自己拿到好成绩，事情是否会发生改变。接下来，他付出了数倍努力，买了大量习题，并将其全部做完。他发挥出自己所有的热情，努力让自己变得更优秀，结果他的境遇改变了——同学开始对他另眼相看，老师也开始重视他。他的价值凸显了出来！

我们总是能看到别人眼里的揶揄，看到别人对自己的忽视、否定，却看不到自己脸上的污泥。因为思维的狭隘和视角的主观，我们不能客观地认识自己，看不到或是低估自己的价值。自我价值是我们存在的基本组成部分，我们所想的每件事、感知的每一种情绪以及行为方式，都是自我价值的产物。

因为被人忽视，所以你认为自己没有存在感，没有价值；因为成绩不好，所以你自卑，不敢与人交往。其实，这一切与自我价值无关，任何暂时的失败，任何他人的态度，都不能衡量你的价值。我们应该站在自己的对立面，客观地看待自己，主观地经营自己，肯定并提升自我价值。如此一来，一切就会变得不一样。

那么，如何肯定和提升自我价值呢？

第一，永远不要拿自己和别人比较。拿自己和别人做比较，只会让你用别人的标准来衡量自己的价值，这容易让自己迷失，失去自我意识，不能独立思考，看不到自我优势，更无法激发出强大潜力。

第二，学会爱自己，重视自己。爱自己是认可自我价值的一种表现。当自我价值感很强的时候，人们会表现出自我完善的欲望，会爱自己、肯定自己、鼓励自己，有强大的自尊和自信。相反，人们缺乏向上向善的本性，觉得自己不配被喜欢，然后对自己非常刻薄，经常陷入自责、自我厌弃的情绪之中。

第三，变得强大、自信。一个人越自信，越有勇气改变自己的行为，从不受欢迎到努力完善自我受人欢迎，从不成功到不断尝试获得成功，从不善沟通到调整沟通方法和心态，不再疏远他人和集体。

第四，寻求其他力量。自我价值的力量源于你擅长的、独特的品质。当你觉得自己价值不够的时候，觉得自己没有存在感的时候，不妨寻求其他力量。比如，列出自己的才能、自己喜欢自己的地方、迎接的挑战、不错的想法，甚至是平时做的一些善事……

从这些事情中汲取力量，你便不再自我怀疑，认识并肯定自我价值。

做成功的人——机会思维

你可以杀死一个创意，但是不能错过一个良机。很多时候，机会比创意、努力更重要，因为它可能只出现一次，错过了，就再也没有可能得到。

可以看看身边的成功者，他们都是具备机会思维的人，善于把握机会，从不怯懦、拖延。在他们看来，成功绝不能拖延。既然看到了机会，有了选择，就要大胆行动，不会有一刻的拖延。他们不怕失败吗？是的，对他们来说，失败没什么大不了的，做了有可能失败，虽没有做成，但不算是真正的失败。看到机会，没有立刻行动，而让机会溜走，这才是真正的失败，而且注定了失败。

盖尔文是摩托罗拉公司创始人，他的成功就在于个性鲜明：温和但是坚持原则；固执但敢于认错。最重要的是，他比任何人都看重机会，一旦看到机会，不管有多少人反对，他都会大胆行动。

一年，摩托罗拉研制出一种新型电视机，当时市场上还没有出现同类产品，于是盖尔文决定抓住这个时机，加大生产和销售，力求在该电视机上市的头一年售出10万台，以便抢占市场优势。

接到命令后，高层管理人员都觉得这是个天方夜谭，纷纷提出反对意见，理由是工厂根本没有这样的生产能力，绝不可能完成这么大的生产量。盖尔文却不急不忙地说：“一个工厂的生产能力远比你们想象得大得多。要相信，我们一定能达成这个目标，因为它是让我们自豪的产品。而且，我们定的价格也将在市场上引起轰动，它只有179.95美元。”

顿时所有人都惊呆了，因为这个价格实在太低了。当时市面上出售的电视机每台高达650美元，这款新电视机的生产成本也超过200美元。这下，反对的人更多了，就连员工都开始抵制盖尔文的这个决定。

盖尔文没有放弃，而是做了最后决定：“我已经决定了，就是这个价格。在你们完成销售目标前，我不需要看任何成本核算表。我们就是要抓住这个机会，完成这个目标。”接下来，摩托罗拉开始加大生产，并且为了节约成本不断改进电视机的设计。最后，这款电视机的成本降到179.95美元以下，销量远高于10万台，成功抢占市场，为摩托罗拉带来了非常大的经济效益。

人们常说，人生遭遇往往取决于这个过程中的关键几步，看它是走对了，还是走错了。这实际上是说，就看你在人生中几次重要的机会到来时，是坚定果断地抓住并利用它，还是因为种种原因错过了它。对于任何人来说，机会稍纵即逝，可能只有一次，若是不能珍惜和抓住，你都将与它无缘，与成功和财富无缘。

那么，机会来临时有征兆吗？其实是有的，只要我们仔细观察，培养足够的敏锐力，同时放眼全局和未来，就可以比别人先嗅到机会的味道，看到机会的光芒。李晓华就是有这样敏锐力和眼光的商人。1988年，李晓华在中国香港成立了华达投资集团公司，之后又扩大到旅游、进出口贸易、房地产等行业，生意越做越大。

1989年夏天，一些有钱人纷纷移民，很多人认为中国香港会迎来房地产业的低潮，于是商人们纷纷抛售手中的物业，街道上到处贴满出售新楼、旧楼的广告，这导致香港房地产价格一跌再跌。但是，李晓华却嗅到了机会的味道，力排众议，果断投入大量资金，大批收购低于平时售价的楼宇。

果然，李晓华赢了。不到半年，形势发生变化：中国局势稳定，对外开放政策不变，“一国两制”的方针不变，许多离港居民开始返港，房地产价格持续上升。李晓华则再次抓住机会，全部抛售购入的楼宇，获得了丰厚的利润。

当他抛售的时候，香港的房地产价格还在持续飙升，有人替他惋惜，说如果再等等，可能会赚更多。这时候，李晓华却表示做人应该见好就收，不能太贪。因为他知道，房价骤然升温之后，随之而来的可能是危机，如果犹豫了、贪婪了，就可能错过良机，甚至遭遇危机。

可见，获得成功的秘诀，就是培养机会思维，珍惜机会，抓住机会，预见机会，同时还要善于创造机会，让自己成为未来机会的塑造者。

当你渴望成功的时候，不要空等机会，因为等待就意味着浪费时间，意味着被动与消极，机会永远都不会眷顾你。就像守株待兔一样，不主动出击，就不会有收获。即便今天走了运，捡到撞到树桩上的兔子，明天也会一无所有。所以，与其等待机会，不如主动创造，开动脑筋，多角度思考，保持开放的姿态，或是逆转思维，把不利因素转变为有利因素，创造好的机会。

需要注意的是，创造机会的时候，我们可能会遇到好的或不好的事情。这时候，需要做的就是用积极、乐观的心态去对待自己认准的事，勇敢、主动、大胆而果敢地做下去。

做坚定的人——目标思维

做事漫无目的，只是为了做事而做事，上进心不足，得过且过，容易退缩和放弃……很显然，这是缺乏目标思维的表现。这样的人往往很多，也难逃脱类似的结局：做什么事情都平平庸庸，毫无起色；容易陷入迷茫，虽然有过激昂澎湃，也为某件事流下汗水。

人是极具功利性的，从某个角度来说，我们的所有活动都是目的性的。为了实现这个目的所产生的欲望也成为我们行动的动力，刺激着我们不断战胜难题，激发自己，鞭策自己，进而激发出自身最大的潜力。就是因为他们没有明确的目标，不知道为何而努力，所以会迷茫，会泄气。

因为没有目标，人自然不会思进取，心中没有落点，就算有力气、有激情，都不知道该往哪一处使。因为没有目标，人好像茫茫世界中的一粒沙尘，不知道去哪里，也不知道会成为什么样，更不知道做什么事情。

之前英国有一个年轻人，一条腿不幸患上慢性肌肉萎缩症而行动不便，但是他并没有因此沮丧、颓废，反而充满活力和激情，因为他心中有一个伟大的目标——征服一座又一座高山。这是父母的遗愿——在他11岁时，父母在攀登乞力马扎罗山时遭遇雪崩，不幸遇难。父母临行前，给他留下一句话，希望他能成为登山员，征服一座又一座世界名山。

为了这个目标，他付出了常人难以想象的努力。功夫不负有心人，他超越了自己，创造了一个又一个奇迹。19岁那年，他登上了世界第一高峰珠穆朗玛峰；21岁那年，他登上了阿尔卑斯山；22岁那年，他登上了乞力马扎罗山；28岁之前，他把世界上所有的著名高峰都登了个遍……

然而，不幸的消息传来。就在他28岁这年的秋天，他在公寓里自杀了。人们很震惊，迫切地想要找到答案。后来，人们找到年轻人的一本日记，日记的最后一页写下这样一段文字：这些年来，我这样的一个残疾人之所以能够攀上那么多世界著名高峰，都是因为父母的遗嘱给了我生命一种信念。如今，当我登完这些高峰以后，我感到生命里无事可做了……

完成目标之后，年轻人再也没有目标。他陷入迷茫和痛苦，不知道之后的人生该如何走，也不知道自己的价值是什么，所以选择结束自己的生命。

因此，一旦没有目标，人们就像汪洋之中一艘没有航向的船，只能陷入无边的黑暗、空寂、虚无和折磨；一旦没有目标，我们的生活和人生就犹如一潭死水，毫无生气，让人窒息甚至绝望。所以，丢了什么，也不能丢了目标。只有我们有明确的期待，知道自己想要什么，想去哪里，生活才会有意义，人生才会有“奔头”。

进一步说，想要成功，希望改变平庸，我们就要培养目标思维，学会给自己树立一个明确、高远的目标，然后按照目标指出的方向努力，进行有效规划，不断监督自己、提醒自己、鞭策自己，进而激发自己内在的潜能。

需要注意的是，明确目标只是第一步。接下来，我们要思考目标的可行性，看看目标是否符合个人的实际情况，是否过大或过小。缺少了这一步，你很可能会徒费精力，事倍而功半。我们还需要拆分目标，把远大的目标拆分为短期目标、中期目标、长期目标、终极目标，一步步地逐层实现。

说到马斯克，可能很多人知晓。他是“SpaceX”的创始人，并且提出一个非常疯狂的火星移民计划：让100万人登上火星！

他出生于南非一个富裕白人家庭，父亲是电动机械工程师，母亲是模特兼营养师。他从小就聪明好学，喜欢阅读、编程，有过目不忘的能力，对于计算机和科技有着强烈的向往。后来，他进入宾夕法尼亚大学，获得了经济学和物理学学位，大学期间经常思考未来世界的可能性，并且决定进入互联网、可再生能源和太空探索领域。

2001年，30岁的马斯克开始追寻儿时关于火箭飞船和太空旅行的梦想，希望能激发大众的兴趣，让他们重拾对科学、征服未知和技术创新的热情。他成立了火星生命基金会，提出“火星绿洲”这一概念，并计划向火星发射一个小型实验温室并种植植物。

2002年2月，他成立了太空探索技术公司（SpaceX），发出那个令人震惊的宣言。这让所有人哄笑，毕竟将一个人送上火星需要100多亿美元，更何况是100万人！

但是马斯克却坚定了实现自己目标的决心，随后提出第一个小目标：把送一个人上火星的费用降低到50万美元，让中产阶级能够承担这笔费用。他还用一个公式将这个目标继续进行分解：

20000（倍）= 20（载人能力）× 10（发射成本）× 100（使用次数）

其中，20000是把单人旅费降低20000倍，压缩到50万美元；20是把单次运转能力提高20倍，从目前的5人提高到100人；10就是把单次的发射成本降低10倍；100就是提高火箭的使用次数，设计成可以重复使用100次的可回收火箭。

虽然这样的目标分解让人们仍有疑惑，但是嘲笑声变少了，支持者变多了。今天，“SpaceX”正在研发的星际运输系统，其运载能力已经超过100人，自行研发生产的运载火箭成本已经降低5倍，并且实现多次成功回收。就是因为目标的分解，让这个计划看起来不那么疯狂。

当然，从小目标到大目标，需要努力，更需要突破——突破自己的极限，也突破环境和他人的限制。如果不能一步步突破，逐步实现一个又一个目标，那么就会被困住，中途败下阵来。

可以说，一切问题都是目标设定和目标达成的问题。因此，我们需要树立正确的目标思维，设定目标，明确目标，分解目标，突破挑战，这样实现梦想或许就不再是遥远的梦。

做独立的人——批判思维

你可以不成功，但是不能不独立。如果没有独立的心理，不会独立思考，那么永远只能成为庸人。独立的价值不是一个人单独确定的，而是在经济和精神上不依赖任何人，充分发挥理性自主思考的作用，避免人云亦云、被他人左右。

想要真正独立，就需要学会独立思考，学习批判性思维，否则容易陷入一个又一个困局。生活中有很多类似的情况：讨论某个话题时，一些人提出A观点，一些人提出相反的B观点，于是另一部分人沉默了，因为他们觉得A观点对，B观点好像也没有错，想赞同前者，也想赞同后者，结果陷入纠结。一些人提出一个主张或是做了一件事，还没有进展，便有人提出反对意见："你这样说/做不对，你应该如何……"于是，这些人便很"虚心"地听了建议。网络上信息繁杂，关于健身的，关于理财的，关于成功学的，一些人不加甄别就照搬全收了。

以上这些人都不懂得独立思考，也没有批判性思维，也因为懒于动脑，不能提出质疑，更不能进行独立的思考，当然不能做出好的判断和选择。思想和思维出现问题，行为自然会出现偏差，生活和工作会受到影响，人们甚至无法掌控自己的生活和工作，成为自己人生真正的主人。

事实上，思考分为三个层次，即初级思考、中级思考和高级思考。初级思考，是对任何事情都简单地想一下，然后就去做；中级思考，才算得上思考，即会认真动脑，然后做出自己的判断和选择；高级思考，带有批判性、创新性和多维性，是深度的思考。

可惜的是，很多人做不到第二层次，甚至有些人连第一层次都做不到。说到这，有则故事：

父子两人，牵着一头驴去赶集。一开始，父亲为照顾儿子，自己牵着驴，让儿子骑着，走了一段路，听到路人议论："这儿子不孝，竟让父亲走着。"于是，父子俩换了位置，儿子牵着驴，父亲骑着。走了一段，又听到路人议论："这个父亲真自私，竟然自己骑驴。"父子俩又做了调整，两人一起骑驴。又走了一段路，路人又开始议论："这父子俩太残忍了，竟然都骑在驴身上，这不是虐待吗？"父子俩没有办法，只能谁也不骑了。结果，路人依旧议论："这爷俩真傻，有驴子不骑，竟然自己走。"最后，父子俩也不知道如何是好了。

故事可笑吗？当然可笑。他们无所适从的根源就是，父子俩没有独立思考能力，没有批判性思维。路人说一个他们做一个，听凭路人的议论和指挥行事，不考虑自身情况，不思考对方观念是否正确，结果成为任人摆布的"木偶"。

如果能独立思考，听到路人说“这儿子不孝，竟让父亲走着”的时候，思考一下他们是否说得对，思考是否应该听从他们的建议，再做出自己的分析。“孩子身体弱，赶不了太长的路”“父亲已经骑了一段时间，儿子走累了，应该让儿子骑一会儿”，或是坚持自己的主张，“这是我们父子俩的事情，关路人什么事”……然后做出适合自己或是自己喜欢/认为正确的选择，便不会被折腾得无所适从。

我们可以大胆猜测：如果这父子俩生活在现实社会中，恐怕也很难过得顺遂，事业也难有大发展，很容易成为被忽悠、被欺骗、被“割韭菜”的那类人。

因此，我们需要有独立思考的能力和批判性思维，而不是不假思索地什么都信，没有自己观念和主见地盲从和人云亦云。只有具备独立思考的能力和批判性思维，我们才能有机会成为行为和思想都独立的人，拥有真正独立自主的人生。

需要注意的是，批判性思维是独立思考的前提和基础。缺了它，独立思考就不成立了。不过，批判不是为了批判，更不是为了否定，目的是让自己思考，然后做出判断。换一种说法就是，批判性思维建立在自主、好奇和理性的价值观之上。它可以让我们虚心接受各种观点，用理性的思维对这些观点进行分析、评价，然而决定自己应该信什么不信什么，进而采取什么样的行动。

批判性思维通常具有以下六种能力，即解释、分析、评估、推论、说明、自我校准。这些能力决定了我们批判性思考能力的综合水平，也会影响我们在沟通中是否会轻信他人的话，以及能否更好地进行自我思考。

当然，批判性思维不是与生俱来的，也不是说用就能用的，而是需要我们培养和提升的。那么，如何才能提升批判性思维呢？

第一，认识自己。认识自我是思考的开始。只有认识自我，才能充分了解自我，知道自己有什么优、缺点，想要什么、不想要什么，做出正确的判断和选择。同时，只有意识到自己有认知偏见、思维局限，才能客观地评价自己和他人以及他人的议论、意见。

第二，提出问题。遇到一件事或是听到别人说什么，我们需要学会提出问题。这件事是怎样发生的，根源是什么，有什么解决方式，我的做法是否正确？他为什么这样说，依据是什么，是否正确，错在哪里？……提出问题，分析问题，解决问题，才能在不断思考中调整自己，做出自己的判断和选择。

同时，我们不能进行无意义的提问。质疑应该是质的提升，而不是量的累积。那些容易得到答案的问题，问得再多，也不会让你有任何改变。所以，提问之前，我们要想好自己为什么提问，想要达到什么目标。

第三，反思自己。反思是一个人拥有的最强大的工具。不管什么时候，一个人都不能过于自信，做出决定和选择之后便认定是正确的，进而不进行反思。要知道，就算再有智慧的人，就算再善于思考，也有考虑不周、出现错误的情况，孔子说“吾一日三省吾身”，就是这个道理。所以，我们要进行理性质疑和批判，同时明白自我反省的重要性。

第四，保持头脑冷静。不管做什么决定和选择，我们都不能情绪化，不能头脑发热，否则就容易冲动，做出不理智、让自己后悔的决定。事实上，很多盲从的人容易冲动，如冲动消费、冲动投资、冲动改变决策……

要想避免冲动，我们必须养成不在头脑发热的时候做决定的习惯，三思而后行，才能做出更好的决定和选择。

第五，不思维保守，不让思维困于原地。人都有惰性，如果不主动改变，那么惰性就会成为习惯，让思维固化、僵化，不能批判地看待问题，更别说学习新事物、接受新潮流了。所以，提升批判性思维能力，需要让思维变得多元，跳出舒适圈。思维活跃了，人们便能更善于独立思考，接受新事物，感受新事物，有更深的体验。

胡适说过："没有领袖不可以质疑，没有学说不可以辨析，没有权威不可以推倒。"所以，不管什么时候，遇到什么事情，我们都需要学会独立思考，运用批判性思维，如此才能成为人群中的少数，成为真正独立的人。

做独特的人——逆向思维

对于同一件事，不同的人会得出不一样的结论。它不是事情变了，而是人们看事情的思维不同，站的角度不同。思维对于一个人来说实在太重要了。不过这里有一个前提，就是我们一定要是独立、有思考能力的个体，如果没有独立思考能力，就谈不上思维力了，更谈不上与他人的不同。

思维有不同模式，有形象的和抽象的，有常规的和非常规的，也有正向的和逆向的。我们平时习惯的、按照事物发展顺序、按照习惯性方式思考的思维，其实都是正向思维。对此，我们早已习惯，认为它是最快和最便捷的思维方式，会给我们带来许多成功和收获。

然而，这个世界需要新的东西，同时也具有复杂性、多面性。思维不变，我们的生活就会变得苍白、贫乏，自己也会变得越来越平庸，失去创新性、独特性，成功和收获会越来越少。所以，很多人期待着与众不同，积极扩展或逆转思维，打破原有的思维方式，使得思维多元化甚至上升一个维度。

来看这个例子：

20世纪70年代，马那瓜发生了一场大地震，整个城市瞬间变成一片瓦砾，无数房屋被无情地震毁。令人震惊的是，一座18层的大厦竟安然屹立。

是什么造就了这样的奇迹?

原来，当初在设计大厦时，设计师林同炎绞尽脑汁都想设计一座在地震中不会出现崩裂的房屋，但是无论如何都无法解决建筑材料在强大外力下不变形、不开裂的问题。设计工作陷入瓶颈，如何才能有所突破？突然他想到：既然从正面思考不能解决问题，为什么不反向思考呢?

于是，他开始研究框筒结构，并利用这种结构刚柔相济的特点。在一般受力的情况下，建筑物有足够的刚度来承受外力，但是当受到突如其来的强烈外力时，房屋内部结构中的某些次要结构就会开裂，降低房屋的刚度，进而大大减少主要构件建筑材料承受的地震造成的外力。就是说，他不再企图以刚克刚，而是以“柔”克刚——次要构件的开裂，增强了房屋的“柔性”，避免了房屋的倒塌。

从另一角度来说，林同炎选择了“破坏”，而不是“保护”。既然增强建筑材料的刚度无法使其不变形、不开裂，那么就主动设计一些“软肋”，让其在强地震中容易被破坏，增加整体房屋的“柔性”，恰恰也实现了对于房屋的保护。

这是一种逆向思维，源于人们常说的“雅努斯式思维”。“雅努斯”是罗马神话中的两面神，传说中他有两副面孔，一副凝视着过去，一副注视着未来。根据这个传说，人们提出了雅努斯式思维法，即让人拥有双面思维——在大脑中构造出事物的正反两面，保持两个对立面并存于大脑之中。看待问题时，善于把正向思考和逆向思考结合起来，既要顺着正向思考，也要倒过来想想，找到问题的突破口或是解决问题的捷径。

想要具有雅努斯式思维，我们首先要有逆向意识，认识到事物是由两个或多个方面构成的，如正与反、好与坏、长与短、内与外等。这就好像一道向里推而推不开的门，尝试着往外拉，或是往左右推，是不是就能轻易打开了呢？这不是脑筋急转弯，而是思维问题。不受习惯性思维的支配，反向思考，逆向考虑，就会发现不一样的结果。

其实，逆向思维是思维的一种模式，是思维向对立方向的发展，从问题的对立面深入地看问题、探索问题。当所有人都进行正向思考的时候，你要敢于“反其道而思之”，敢做不一样的那个人，或许你就会创造奇迹。当然，失败也是存在的。不过，你是会选择注定失败，还是选择增加成功的可能性呢？相信，聪明人都会选择后者。

当然，逆向思维不是只表现以上一种形式。一般来说，它有6种，即因果逆向、功能逆向、结构逆向、程序或方向逆向、观念逆向、状态逆向。

第一，因果逆向。就是从事物原理的相反方向进行思考，典型的就是“司马光砸缸”，不是让人离开水，而是让水离开人。

第二，功能逆向。就是从原有事物功能的相反方面寻求解决问题的新方法，或是把事物原有的功能倒过来，创造出新的功能。冰桶的发明，吸尘器的发明，都体现了人的逆向思维。

第三，结构逆向。就是从已有事物的逆向结构形式中去设想，寻求解决问题的新途径。

第四，程序或方向逆向。就是颠倒事物发展变化的构成顺序、排列位置。任何事物都有一定的构成顺序、发展顺序，有时如果能改变和颠倒其顺序或方向，就可以有不一样的发现。

第五，观念逆向。观念不同，思考问题的方向不同，对于事物的看法也会不同，自然导致行为、结果的不同。比如，有人认为失败令人伤心、绝望，有人却认为失败是人生路上的小插曲，可以让自己记住教训，激励自己更努力。观念不同，心态和行为也不同，最后的结果也不同。再如，有的人观念新，敢创新，敢冒险，能否定前人，对常人认可的一般观念进行逆向思考，他就可以获得新点子，得到新发展。

查理·芒格说："对于复杂的适应系统以及人类的大脑而言，如果采用逆向思考，问题往往会变得更容易解决。要朝前想，往后想——反过来想，总是反过来想啊。我做的只是在观察——什么灵，什么不灵，以及为什么？"

他喜欢用逆向思维来思考问题，别人都习惯研究他人的成功经验，而他一直在研究他人失败的原因。比如，别人在研究某些企业是如何做强做大的，但他看重的是一些企业是如何衰败的；大部分人关心如何在股市投资中获得成功，他却更关心为什么大部分人在股市投资中失败了。

他持续不断地研究和收集不同人物、各类企业以及各种学术研究等领域的失败案例，并把其失败的原因陈列出来，形成正确决策的检查清单。正因如此，他比任何人都了解失败的原因，这也使得他在人生、事业的决策上几乎没有犯过重大错误。

第六，状态逆向。就是从事物某一状态的相反方向认识事物，包括正与负、动与静、进与退、软与硬、刚与柔等，改变其原有状态，实现突破和创新。上面所说的林同炎就采取了这样的逆向思维。

哲学家康德说："重要的不是给予思想，而是给予思维。"逆向思维或许不是万能的，或许不是唯一的顶级思维，却是它可以帮助我们突破经验、知识、认知的限制，在我们困窘或者找不到方向时有所促进。因此，我们需要有逆向思维，成为独特的人。

科学的奇点系列

里德·
尔豪斯的
想曲

趣。来吧，和我一起！

RBON

今天

今天，米莉的研究还在持续影响着科学界，她的精神也一直鼓舞着人们对科学的追求。

2017

2017 年 2 月 20 日，米尔德里德·德雷斯尔豪斯于马萨诸塞州剑桥市去世。她的墓碑上，刻有一组碳六边形的标志。

2015

2015 年，获得 IEEE 荣誉勋章。

2014

2014 年，因在石墨嵌入和热电方面的研究工作而入选美国国家发明家名人堂，并获得美国电气电子工程师学会的荣誉勋章。

获得美国总统自由勋章。美国前总统奥巴马评价米莉说：“她的影响无处不在，在我们驾驶的汽车中，在我们生产的能源中，在为我们的生活提供动力的电子设备中。”

碳女王
米尔德
德雷斯
科学幻

这条人生道路非常

湛庐CHEERS 特别制作

CA

美国能源部

2003—2008

2003—2008 年，担任美国物理联合会管理委员会主席，也是第一位担任这个职位的女性。

获得美国物理教师协会颁
奖章 (Oersted Medal)。

2007

2007 年，获得欧莱雅—联合国教科文组织世界杰出女科学家成就奖。

获得美国国家科学委员会
瓦·布什奖（Vannevar
rd)。

2013

2013 年，获得美国材料研究学会颁发的冯·希佩尔奖。

获得美国能源部颁发的恩
奖。因其在纳米科学领
米莉获得比肩诺贝尔奖
米科学奖。

1998

1998 年，当选美国科学促进会主席，成为美国科学促进会自 1948 年成立之后的第 9 位女性主席。

1985

1985 年，米莉当选为美国国家科学院院士。

1984

1984 年，米莉成为美国物理学会主席，是继物理学先驱吴健雄之后，第二位担任会长的女性。

1983

1983 年，获得麻省理工学院物理系的聘书。

1977—1983

1977—1983 年，担任麻省理工学院材料科学与工程中心主任。吉恩也加入了米莉的研究小组，从生活到工作，在各个方面相互扶持。

2000—2001

2000—2001 年，担

科学办公室主任。

2008

2008 年

发的奥斯

2009

2009 年，

颁发的范

Bush Aw

2012

2012 年，

里科 · 费

1958

1958 年，与一生挚爱吉恩·德雷斯尔豪斯结婚。
从芝加哥大学毕业，获得博士学位。
成为美国国家科学基金会的博士后研究员，来到康奈尔大学。

1953

1953 年，毕业于拉德克利夫学院，获得硕士学位。之后进入芝加哥大学，跟随诺贝尔物理学奖得主恩里科·费米学习。是费米教会米莉如何“像物理学家一样思考”。

1951—1952

1951—1952 年，获得“富布赖特项目”奖学金，前往英国剑桥大学攻读物理学。

1948—1951

1948—1951 年，在亨特学院学习。遇到了一位人生导师：诺贝尔生理学或医学奖获得者罗莎琳·苏斯曼·雅洛。在雅洛的影响下，米莉将注意力从教育领域转向物理科学。

1959

1959 年，米莉和吉恩迎来了他们的第一个孩子：女儿玛丽安娜。在之后的几年里，米莉又陆续生下了三个儿子。他们一起孕育了四个孩子。

1960

1960 年，米莉开始在麻省理工学院林肯实验室担任研究员。米莉在这里找到了一生的研究方向：碳元素。

1967

1967 年，米莉接受了麻省理工学院的邀请，成为客座教授，这也是麻省理工学院电气工程系的第一位女教授。一年之后，获得终身教授职位。

1972—1974

1972—1974 年，担任麻省理工学院电气工程系副主任，是全校第一位担任如此高级学术职位的女性。

1974

1974年，米莉当选为美国国家工程院院士，成为第三位获此殊荣的女性。

1930

1930 年 11 月 11 日，米莉在美国纽约州布鲁克林市出生。当时弥漫美国的经济大萧条也影响了米莉一家的工作和生活，米莉从小需要做一些简单的工作来补贴家用。

1934

1934 年，年仅 4 岁的米莉开始跟随哥哥欧文一起学习音乐，在格林尼治音乐学院就读。就读期间，还曾经为当时的美国第一夫人埃莉诺·罗斯福演奏。正是音乐，成了伴随米莉一生的爱好。

1940

1940 年，10 岁的米莉观看了刚刚上映的迪士尼动画《幻想曲》。这是一部对她影响很深的电影。

1945—1948

1945—1948 年，在纽约市亨特学院附属高中学习。在亨特学院附属高中的经历，也成了她职业生涯的转折点，米莉开始关注数学和科学领域的课程。

每一位科学家都是时代的探索者。在这个瞬息万变的时代，科学的力量比以往任何时候都显得重要。科学的奇点系列图书不仅是对伟大科学家的生平和成就的深刻呈现，更是对人类智慧和勇气的致敬。在这些科学家的传记中，我们可以读到那些改变世界的科学家们是如何突破重重困难、追求真理和创新的故事。希望每一位读者都能从这些故事中有所收获，找到自己在科学和人生道路上的方向与勇气。

阎锡蕴

中国科学院院士

中国科学院生物物理研究所研究员、博士生导师

纳米生物学家

科学的魅力既有科学本身的吸引力和感召力，也有科学家们个人的魅力；而恰恰在科学家身上，其实更能凸显出人生的高度和厚度。一个真正伟大、杰出的科学家，不仅可以将新思想、新观念带给世界，而且能以其厚德之风和人文关怀影响世界。

尹传红

科普时报社社长

中国科普作家协会副理事长

如今广受追捧的石墨烯、碳纤维等新材料，都得益于她做出的基础贡献，她因此被称为“碳女王”。她还领导了以男性为主的美国物理学会，致力于为女性从事科学研究提供帮助。从不被寄予希望的普通女孩，到辗转于各大物理实验室，逐步发现自我，长期专注于一个不受关注的研究领域——碳。这位女性物理学家用自身经历表明，科学研究不分性别。

郑永春

科普作家

中国科学院国家天文台研究员

“火星叔叔”

阅读《碳女王的科学幻想曲》是一段真正令人开心的过程。这本书完美讲述了碳女王德雷斯尔豪斯精彩的人生故事，内容丰富且鼓舞人心。温斯托克的文字毫不费力地捕捉到了碳女王的热情、坚韧和才能，恰如其分地表达了对一位科学传奇人物的致敬。

杰斯·韦德

英国帝国理工学院物理学家

本书每一章都是深入德雷斯尔豪斯的职业和个人生活的激动人心的旅程。温斯托克将书中对理工科领域性别平等和包容性的探讨巧妙地编织在一起，叙述引人入胜、令人信服。

克里斯蒂娜·格兰特

美国化学工程师学会院士、美国北卡罗来纳州立大学教授

这本《碳女王的科学幻想曲》是对德雷斯尔豪斯传奇人生道路的有力介绍。她是一位非凡的天才人物，她发挥的领导力为许多人，尤其是女性打开了科学世界的大门，她的研究发现影响了我们今天生活中的方方面面。

梅甘·史密斯

美国国家工程院院士，美国第三任首席技术官

这是对一个聪明头脑的引人注目的描绘……这是对一个改变游戏规则的人物的精彩介绍。

《出版人周刊》

温斯托克的传记巧妙地运用了访谈、口述历史和出版材料。流畅的、因循时间线的叙述记录了德雷斯尔豪斯的科学研究进程，并深入探讨了她作为女性科学家成功构建职业生涯的宝贵经验。无论是在学术界还是大众层面，人们都会对女性在科学领域所面临的困境有相当大的关注，所以本书必将拥有广泛的受众，比如科学、工程、性别研究、科学社会学研究领域的读者以及大众读者。

《今日物理》

温斯托克用关于德雷斯尔豪斯几十年的资料、采访、口述史，以及对她同时代人的新采访，拼凑出了德雷斯尔豪斯的故事……读者能看到这位女士的生动形象：她还是个孩子，正在去音乐学校的路上；作为一个意气风发的青少年，偷偷把朋友带进海登天文馆；最后，作为一名开创性的科学家，她礼貌但总是很有影响力地批评了该学院在女性问题上的糟糕表现。

《科学》

这本书不仅讲述了一位杰出科学家的一生，还会带你进入一个令人好奇和惊奇、被热情和坚持所驱动的世界。我当然想成为这个世界的一部分。

《物理世界》

米莉永不满足的好奇心和开放的思想在这本书中得到了体现，它讲述了这位非凡的纳米科学先驱的迷人生活故事……不仅记录了一位杰出的碳科学人物的个人生活和职业生涯，还详细描述了从 20 世纪 50 年代到今天社会对女性态度的演变。对于那些对女性在 STEM 领域面临的全面斗争感兴趣的人来说，这肯定是一本令人振奋的读物。

《自然—物理》

本书是对纳米科学先驱德雷斯尔豪斯非凡生活的描述，从 20 世纪 50 年代开始，她就打破了社会对女性成为有影响力的科学家和工程师的预期。

《新科学家》

一本充满活力的传记。

《自然》

一位伟大的导师
——永远怀念米尔德里德·德雷斯尔豪斯教授

钟端玲
纽约州立大学（布法罗市）杰出教授
美国文理学院院士

米尔德里德·德雷斯尔豪斯教授被她的学生、同事和朋友亲切地称为米莉。我很幸运有米莉作为我 1973—1977 年在麻省理工学院的博士论文导师。

我于 1977 年毕业，论文是关于石墨嵌层化合物的。我是米莉在这个研究领域的第一个研究生，也是米莉的第一个女博士研究生。她和我一起进入了这个领域。在研究之初，我们一起研读了综述性的论文。许多年后，当纳米科学开始流行时，米莉告诉我，她和我的合作研究具有历史性的意义，因为这标志着她在纳米科学研究领域的开始。纳米科学也成了她影响最大的领域，2012 年她获得了久负盛名的科维理纳米科学奖。

米莉是一位伟大的导师，不管是在课程教学还是在研究训练方面。正是她精彩的固态物理学研究生课程让我决定，要选米莉作为我的论文指导老师。我完全被她所教授的物理之美所吸引。她的课堂讲义条理清晰，还为我提供了丰富的研究培训，涉及多种实验方法。她给了我一定程度的研究自由，在随后几十年的研究中，这种广度和自由为我进入新的研究领域提供了极大的帮助。

米莉让我做的第一个实验是利用磁反射来研究石墨嵌层化合物的电子结构。这个实验需要高磁场、低（液氦）温度、远红外光学和电子学理论，这对我来说是个挑战。米莉注意到我的困难，对我说："我们会耐心地等待您。"

米莉也是一个很好的榜样，尤其是对女性来说。她工作非常努力，几乎没有时间去买衣服。在致力于科学研究的同时，她还是四个孩子的慈母，但家庭中的工作并没有影响她的研究。此外，她一直有演奏小提琴的爱好，直到生命的最后。我曾有幸在她家中弹奏钢琴，她的儿子们则演奏小提琴和大提琴。

米莉的优雅给我留下了深刻的印象。她的话总是鼓舞人心。她总是很早就来到实验室，比如早上 6 点，但她从来没有要求或暗示过自己的研究生也这样做。她称自己上午 9 点前的工作为首次轮班。

米莉从来没有对我们说过严厉的话，即使我在上面提到的磁反射实验的液氦转移过程中损坏了杜瓦瓶。她明白这项工作对体力的挑战，这个实验需要有足够的肌肉来举起又大又重的杜瓦瓶。

米莉还会慷慨地邀请学生来家里吃饭，由她负责做饭和洗盘子。知道我是中国人后，在我去她家吃饭时，她还特意做了米饭。

出于对碳研究的共同兴趣，我们几十年来一直一起参加碳领域的相关会议。虽然我的研究后来偏离了她对碳材料电子结构的关注，但我仍然积极参与碳领域的研究，并发明了含有短切碳纤维的智能混凝土。难以置信，米莉教授曾经的学生发明了智能混凝土！这无疑是她教学有效性的极好证明。

Deborah remembering Millie

Deborah D.L. Chung
State University of New York (Buffalo) Distinguished Professor
Member, American Academy of Arts and Sciences

Professor Mildred S. Dresselhaus (1930-2017) was fondly known to her students, colleagues and friends as Millie. I am fortunate to have Millie as my Ph.D. thesis advisor in Massachusetts Institute of Technology (MIT) in 1973-1977.

My thesis was on graphite intercalation compounds and I graduated in 1977. I was Millie's first graduate student in this research area. She and I entered the area together. At the very start of the research, we studied review papers. I was also Millie's first female Ph.D. thesis student. Many years later, when nanoscience became popular, Millie told me that her research with me was historic in that it marked her start in nanoscience research. Nanoscience turned out to the field of her most significant impact, as shown by her receiving the Kavli Prize in Nanoscience in 2012.

Millie was a great teacher, both in courses and research training. It was her wonderful graduate course on solid state physics that led me to decide to have her as my thesis advisor. I just fell in love with the beauty of the physics that she taught. Her lecture notes are clear and well organized. She also provided me with broad research training that involved a number of experimental methods. She also gave me a degree of freedom in directing my research. The breadth and freedom helped me greatly in entering new fields during my subsequent decades of research.

The first experiment that Millie asked me to do was the use of magnetoreflection to study the electronic structure of graphite intercalation compounds. The experiment required high magnetic field, low (liquid-helium) temperature, far-infrared optics and electronics. It was challenging to me. Millie noticed my difficulty and said to me, "We'll be patient with you."

Millie was also a wonderful role model, particularly for women. She worked very hard and had little time for shopping for clothing. While being dedicated to science, she was a caring mother of four. Her work in the family did not diminish her research. Furthermore, she kept up with her violin playing till the end. I had the privilege of playing the piano in her home while her sons played the violin and cello.

I am most impressed with Millie's graciousness. Her words are always encouraging. Although she came into the lab very early (e.g., 6 am), she never asked or hinted at her graduate students to do the same. She called her work before 9 am her first shift.

No harsh word ever came out from Millie, even after my damaging a dewar during liquid helium transfer in the magnetoreflection experiment mentioned above. She understood the physical challenge of the work, which required muscles to lift the big heavy dewar.

Millie was also gracious in having her students in her home for dinner. She cooked and washed the dishes. Knowing my Chinese origin, she cooked rice when I went to her home for dinner.

Due to our common interest in carbon research, we attended Carbon Conferences through the decades. Although my research has departed from her focus on the electronic structure of carbon materials, I have remained active in carbon research, with work including the invention of smart concrete, which contains short carbon fiber. It may be hard to believe that a former student of Professor Dresselhaus invented smart concrete! This attests to the effectiveness of the education that she provided.

图为米莉教授与钟端玲教授于 2016 年在美国宾夕法尼亚州立大学举行的碳材料大会上的合影

做科学研究的自由探索者

朱　虹
上海交通大学材料科学与工程学院与
密西根学院长聘副教授

收到邀请为《碳女王的科学幻想曲》中文版作序时，我犹豫了很久，何德何能可以为女性科研工作者的楷模米莉教授的传记作序？但当我读完这本传记之后，我对米莉教授和蔼可亲、温暖烂漫的形象有了更深的认识，她温柔的外表下是执着、坚韧、激情四射的内核，她战胜了性别障碍，引领了碳科学和微纳热电等领域的研究。

本书详细回顾了米莉教授从纽约贫民区的一个小女孩成长为历史上最杰出女科学家的非凡历程，米莉教授的故事给予了像我一样既是母亲又是科研一线工作者的女性无穷的力量去追求家庭和事业的平衡，并用女性的视角去探索未知世界。我曾眼见或听闻一些有科研潜力但因对学术生涯有所顾忌而选择工业界的女性学生，以及高校女性科研工作者在平衡家庭与事业时的艰辛。我相信大家能从《碳女王的科学幻想曲》中找到些解决人生困惑的答案，也希望更多的年轻女性从中获得追求科研生涯的勇气和信心。

米莉教授是麻省理工学院工程系的第一位女性教授，获得了美国总统勋章，同时是美国国家科学院和美国国家工程院的双院院士。作为四个孩子的母亲、杰出的导师和伟大的女性教育家，她发表了1700篇文章，指导了60多名博士生。2012年，我有幸在麻省理工学院材料学院从事博士后研究，并听闻了米莉教授的传奇故事。当时我正在进行热电材料的理论模拟，得益于麻省理工学院开放的学术环境，我得以参加米莉教授课题组学生关于二维热电材料的博士开题报告。在那个小小的会议室里，著名的米莉老师就坐在那里，银白色的头发整齐地盘起，慈祥的脸庞散发着温暖和智慧，讨论科学问题时神采奕奕，侃侃而谈。后来得知，尽管年过八旬，米莉教授仍然每天一大早到办公室，与学生共同进行科学研究。

2013年，在波士顿召开的秋季材料大会上，82岁的米莉教授被授予了美国材料研究学会（MRS）最高荣誉冯·希佩尔奖。在那个座无虚席的会场，所有人都以最热烈的掌声向她致敬，认真聆听她与碳的故事。米莉教授以其精彩的科研历程、深刻的见解、卓越的成就和个人魅力，赢得了在场所有人的敬佩。

她对科学的钻研精神、深厚的理论基础和亲切的形象，成为材料科研工作者追随的榜样，更象征着一种追求科研真谛的精神和真诚无私的教育理念。当时的我刚刚在两个多月前生下第一个孩子，脑子里充满了对于未来家庭和生活的不确定感，当我在会场上听到她的报告，我感受到了她那种女性独有的温柔与自信，这种自信让我相信我也可以在照顾孩子的同时，继续做科学研究的自由探索者。在2015年回国成为大学老师后，我曾在两个公开场合表达了对米莉教授的敬仰。一次是在上海交大开设的材料与人生本科生课程中，另一次是在为女性研究生举办的座谈会上。通过介绍米莉教授的科研人生，我鼓励年轻的学生感受她简单追求科学真谛的治学态度，并体验科研生涯的苦与乐。

为了纪念米莉教授在固体物理、纳米工程以及人才培养方面的杰出贡献，麻省理工学院在校园内建造了“Improbability Walk”，即“不可思议的小路”，并在每年11

月，即米莉教授的出生月，开设名为 Mildred Dresselhaus 的讲座，邀请全世界的优秀女性科学家进行前沿科学讲座。

路漫漫其修远兮，吾将上下而求索。相信米莉教授的故事和精神将继续激励现在和未来的科研工作者，而这本传记无疑将成为传承她精神的重要载体。

跟随碳女王开始这段非凡的旅程

在中国传统文化的观念中，一位伟大的学者必须具备三个基本素质：学识渊博、多才多艺和品德高尚。在我看来，被人们亲切地称为“米莉”和“碳女王”的米尔德里德·德雷斯尔豪斯教授，就是这样一位伟大的学者，她的光辉形象将永远铭刻在我们心中。

2017 年，米莉去世几个月后，物理学家叶乃裳 (Yeh Nai-chang) 在材料科学期刊《ACS 纳米》(*ACS Nano*) 上发表了回顾米莉教授生平的文章，并说了上述这段话。叶乃裳是米莉在麻省理工学院的博士生，是成千上万被这位杰出的物理学家和材料科学家影响的人之一，她的这段评价为中文版《碳女王的科学幻想曲》拉开了一个美丽的序幕。

米莉教授学术成就卓越，她的研究极大地推动了碳纳米材料的发展，这些材料如今广泛应用于从电池到生物医学传感器等多个领域。她还因其人格魅力而广受赞誉。实际上，从童年时代起，她就努力在多元化的纽约社区中促进不同群体之间的和谐往来。后来，作为一名年轻的物理学家，她热衷于国际旅行，与来自世界各地的研究人员会面并建立合作关系。在近 60 年的职业生涯中，米莉积累了大量的飞行里程，她与来自世界各地的科学家和工程师合作，尽管他们可能说着不同的语言，却有共同的科学探索的语言。值得一提的是，她曾多次到访中国，发表演讲、参加会议、领取相关奖项等。她还与中国科学家合作开展了许多研究项目，包括在中国工作的科学家以及在麻省理工学院等高校工作的华裔科学家。

我很高兴地得知，这本关于米莉生平的作品将触及全球许多与她合作过的人，以及下一代纳米科学家和工程师，他们科学事业的发展建立在米莉所发展或帮助培育的许多成果之上。

2014 年，我以科学编辑的身份来到麻省理工学院，这激励了我去学习和撰写米莉的生活史。当时，米莉已经 80 多岁，但仍然活跃在研究领域，指导学生，与同事共同工作，并获得了诸如 IEEE 荣誉勋章和美国总统自由勋章等荣誉。她是如何看起来毫不费力且优雅地完成这一切的？你即将读到的故事将详细展示她的早年经历，以及她天生的好奇心和驱动力，是如何帮助她跻身固态物理学研究的顶尖行列的。

米莉也因其在科学和工程领域的女性典范性而备受爱戴，她总是尽可能地回馈社会。在她成长的时代，女性在科学领域的榜样寥寥无几，因为在她那一代以及更早时代的女性，大都不被期望从事科学领域的工作。但是，得益于几位发现米莉潜力的重要导师，米莉成了她所在领域的先驱。在许多方面，她自己也成了后辈女性的导师和榜样，比如她曾在麻省理工学院组织女性聚会，为当时校园中极少数的女性提供支持；还参与了一项全国性的项目，致力于改善美国各大学物理系的环境，帮助女性在学术领域获得接纳感与应有的支持。

无论你是对碳科学略知一二，想了解这一领域的先驱人物，还是希望看看一位令人敬佩的女性如何突破大萧条时期成长环境的限制，成为所处时代最具影响力的科学家之一，这本书都会为你带来惊喜和启发。

无论你的年龄或背景如何，当你跟随“碳女王”米莉开始这段非凡的旅程时，我都希望你能像她一样，始终带着对这个世界上的无限可能性保持敏锐的感知。

演奏一生的科学幻想曲

小姑娘索菲娅·哈维（Sophia Harvey）站在餐桌前，惊讶地望着一个粉蓝色的礼物袋。她的家人和朋友们齐聚一堂，围着她，准备了纸杯蛋糕、礼物和游戏以庆祝她的 8 岁生日。索菲娅已经无法抑制自己的兴奋之情，因为这里面装的很可能是她期盼了一整年的东西，而这个礼物袋的大小似乎恰到好处。就像捕食鲑鱼的灰熊一样，索菲娅将手伸进袋子里，牢牢抓住里面的东西，然后猛地拽出来一个藏青色的纸盒。里面是一个会动的芭比玩偶——将灰发编成发辫的耄耋老人形象。“一个米莉·德雷斯尔豪斯娃娃！”索菲娅倒吸一口凉气，“这是我过得最开心的一个生日！”

在印度新德里的一个摄影棚里，即将迎来嘉宾的苏妮塔·拉加瓦（Sunita Rajawat）在做最后的准备，这是她几个月以来一直期待采访的偶像。不知走了什么运，她的节目（印度最受欢迎的节目之一）刚好在每年 11 月 11 日举行的非官方节日“米莉·德雷斯尔豪斯日”约到了这个采访，同时那天刚好是这位著名学者的生日[①]。在台下短暂会面后，是时候将她的嘉宾介绍给演播室的观众还有屏幕前的数百万观众了。当台下的观众起立鼓掌时，苏妮塔感觉自己的心脏怦怦直跳。她拉着米莉的手欢迎她上台，并热情地宣告：“我们很高兴你能来！”

多伦多的正午时分，米莉正和老同事奥利维尔·雷奥姆（Olivier Rhéaume）一起，在他们最喜欢的海鲜餐馆里悠闲地享用午餐。在这个阳光灿烂的中午，当她和奥利维尔边啜饮着清凉的饮料、吃着法罗群岛的鲱鱼和当地的鳟鱼，边谈论着纳米管时，狗仔队出动了，他们对着正在吃饭的米莉拍个不停。饭后，她设法在餐馆老板的帮助下从后门溜了出去，甩掉了狗仔队。但当天下午晚些时候，两个年轻的男子在人行道上追上了她，气喘吁吁地用法语问道：“能和您一起拍张合照吗？”她同意了，于是其中一名男子用自拍模式拍了一张合影。在衷心向米莉表达了感谢并祝她在加拿大之

① 社交媒体上的标签是 #MillieDay。

行愉快之后，他将照片发到了社交媒体上，并附言“看看这是谁……米莉 # 米莉 # 碳女王”。到夜幕降临时，这个帖子已经获得了超过 72.2 万个赞，而且这个数字还在增加。

上面的场景出现在由科学家与工程师米尔德里德·德雷斯尔豪斯本人主演的虚构的小短片中。这个短片在通用电气公司（后文简称通用电气）2017 年的广告中播出，描绘了这样的场景：如果科学界的杰出女性被视为一线明星，世界会是什么样子。这个短片是为了祝贺我们这个时代最有成就的研究人员之一，也是为了激励下一代的 STEM（科学、技术、工程和数学）女性，并告诉人们通用电气打算雇用更多女性来担任技术职务。米莉不但成了洋娃娃的模特形象、狗仔队的目标，她的名字也成了无数新生儿的名字；她的装扮成了万圣节最流行的装扮；她的形象成了城市景观、T 恤衫和青少年短信上的图标。这个短片取得了巨大的成功，在各个社交媒体上传播开来。[1]

然而，米莉在短片中的短暂星途并未能概括她 86 年来所取得的辉煌成就。**米莉的研究永远地改变了我们对物质的理解——物质是宇宙中具有质量并占据空间的实物**。作为麻省理工学院电气工程系与物理系的长聘教授，米莉在激励人们利用这个新知识来应对世界上最大的挑战方面也发挥了重要作用，这些挑战涵盖从生产清洁能源到治愈癌症等方面。

正如她的绰号所表明的那样，"碳女王"是对她在世界上蕴含最丰富、用途最广泛的一种物质——碳这个领域所做的开创性工作的最高赞誉。我们大多数人所认识的碳，是铅笔尖那光滑的石墨，是钻石戒指上的迷人微光，是能源方面的"化身博士"（Jekyll and Hyde）①——可以转化为电力和石油产品的碳氢化合物正是以碳为基础，而碳也是化石燃料燃烧后的副产品，正以惊人的速度让地球大气变暖。碳也是生命物质，是令化合物有机化的元素，也是为数不多我们所知的存在于所有生物中的元素之一。科学家认为，目前发现的碳化合物约有 1 000 万种，而且每天都能发现更多。[2]

正是因为米莉对世界的好奇永无止境，所以在她以科学探索者的身份研究了将近 60 年后，我们对碳的各种形式和相关化合物的看法发生了巨大的变化（见图 0–1）。

在职业生涯的早期，米莉用到了一项比较新的发明，即激光，用以探测碳内部的结构，例如，区分扁平的碳原子层与三维碳晶体的性能有何不同，尤其是两者在热场、电子场和磁场中时。

① 19 世纪英国作家罗伯特·史蒂文森在其创作的长篇心理惊悚小说《化身博士》中，塑造了文学史上首位双重人格形象"杰基尔和海德"，后来该词成为"双重人格"的代称。——编者注

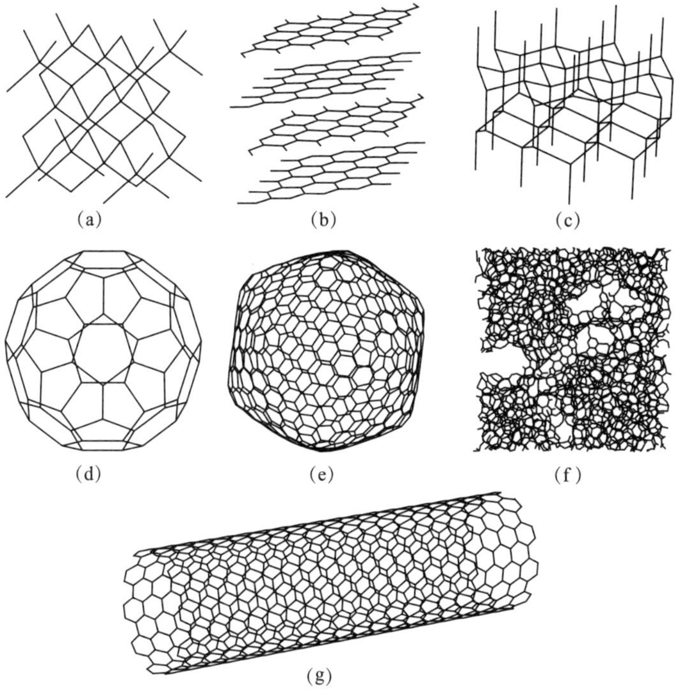

图 0-1　7 种碳单质构型

注：在近 60 年间，米莉揭示了碳的一些基本特性，尤其是与电子结构相关的特性。图中展示了 7 种碳单质构型或同素异形体：金刚石（a）；石墨（b）；六方碳（c）；富勒烯 C_{60}（d，e），也称为巴克敏斯特富勒烯（即巴基球）或 C_{540}；无定形碳（f）；单壁碳纳米管（g）。

米莉也预言了我们如今称为碳纳米管的存在，它是由一层层碳原子卷成的微小圆柱体，极富导电性。她在基础研究方面深耕，让科学家和工程师得以在纳米尺度上取得了巨大的进展——材料结构的尺度约为人类毛发粗细的十万分之一。球形碳“巴基球”、圆柱体碳纳米管，以及被称为石墨烯的二维碳片，纷纷在能源存储、医学研究、建筑材料和极薄的电子产品等方面得到了应用。仅在过去 10 年间，就有大量研究发现飞速涌现，这些碳结构体陆续被开发出无数的新用途，其中不少新用途似乎超出了科幻小说提到的范畴：从超速量子计算机，到高效的海水淡化装置，再到可以融入身体器官的电子元件。[3]

前所未有地，就像《星际迷航》中展现的那样，人类很大一部分的知识随时可以通过手腕上一个小屏幕调出来。似乎很难想象，米莉在 1958 年刚开启她的职业生涯时，计算机科学甚至还算不上一门学科。而在那仅 4 年之前，也就是 1954 年，硅才首次被用于制造晶体管，即可控制电子流的半导体器材，而这些构成了现代计算机的基础。如今，工程师才刚开始利用碳的电子特性，在技术进步的浪潮中，有朝一日我们可能会发展出比肩硅谷的“碳走廊”。尽管在通向碳基技术的未来道路上，有无数的科学家和工程师付出了努力，但米莉在理论和实验方面所做的开创性工作，使我们对碳电子结构的认识发生了根本性的转变，并带来了关于在碳材料中加入其他元素时所产生的奇特现象的突破性发现。[4]

从米莉的工作中获益尤甚的，莫过于纳米科学家。简单来说，我们可以将纳米科学视为对尺度介于 1 ～ 100 纳米的材料结构所做的研究（1 纳米即 1 米的十亿分之一）。总体来讲，纳米科学涉及的研究方向非常多样化，涉及的学科包括生物学、化学、计算机科学、电气工程学、材料科学与工程学、机械工程和物理学。该领域的研究揭开了许多材料背后的秘密，不过从潜在的纳米级应用来看，碳无疑是最令人感兴趣的材料之一。因此，我们可以这样评价：作为纳米科学和其衍生的纳米技术的创始先驱，碳女王米莉发挥了重要的作用。直到如今，纳米科学和纳米技术的发展还在突飞猛进。

总体而言，米莉自行撰写或与他人合著的研究论文多达 1 700 篇，图书共有 8 本，这些论文和图书大多与碳及其基本特性相关。她对科学和工程学语言的掌握程度，就好像它们是她的母语一般。但她不仅是一位才华出众的研究人员，对于那些与她一同工作的年轻人以及那些或亲或疏、想追随她的脚步的年轻人而言，她也是一位不知疲倦的教学者和榜样。她从年轻教授，也是麻省理工学院的第一批女性教授之一，变成国际公认的科学与工程学领域的引导者，而她的教育工作在此过程中从未停歇。在整个职业生涯中，米莉都是一个受人爱戴的人，在各个阶段为无数人在学术方面或其他领域提供了支持。

“米莉创建的不仅是一个实验室，还是一个大家庭。她跟我们一同工作，确保我们取得成功。”米莉以前的学生、美国伦斯勒理工学院副总法律顾问桑德拉·布朗（Sandra Brown）在 2017 年的纪念活动致敬文中写道，“她是个非常真诚的人，我一生中最自豪的时刻就是米莉见我的父母（他们是来自发展中国家的第一代移民，也是蓝领工人）时，她像对待总统、王子和政要那样热情地与他们握手。无论你的身份或地位如何，她始终会让你觉得自己非常重要。”[5]

除了是导师与引导者，米莉还是一位开拓者，科学与工程学领域的无数女性都很仰慕她。她是麻省理工学院的第一位女性学院教授，这是麻省理工学院教师的最高荣誉。她还是第一位获得美国国家工程类科学奖的女性，也是享有盛誉的挪威科维理奖①的第一位个人获得者。诚然，这些“第一”往往只是颁奖机构的评价，但获得第一就会提升知名度，而知名度会产生影响力，当你的工作所在领域持续因缺乏代表人物而导致影响力严重不足时，成为第一就能产生相当大的实际影响。例如，可以激励那些或许本没打算冒险进入工程学、物理学或数学领域的人，或那些只需要一点点支持的人。

① 该奖项主要面向天体物理学、纳米科学和神经科学领域，每两年颁发一次。

米莉明白这一点，她也尽可能地发挥了自己作为先驱的影响力。她带领着美国无数具有代表性的科学家与工程师，以及无数来自世界各国的同事们，在科学领域持续前行，甚至在她的母校麻省理工学院，她都在默默地、低调地发挥着自己的影响力。

在美国经济大萧条时期，她在纽约度过童年的时候就表现出了韧性。生活给予了她和家人那么多苦难，她却将苦难当成了生活的调味剂。在青少年时期还有刚成年的时候，她熬过了充满挑战的环境，抵挡住了某些教育工作者和顾问的劝阻，从没让别人遏制她的好奇心，并且尽一切努力来回报他人。

虽然她可能没法像广告中展现的那样，成为在全球拥有大量追随者的媒体名流，但在她的祖国还有世界各地，对许多人来说，米莉就是一位英雄。她的人生故事始于极度贫困，在经历了与致命疾病抗争的童年时期后，在不被看好和性别歧视的社会环境下，她坚持不懈，成为一名极具影响力并受人尊崇的科学家。她的人生故事中，展现了她对不断发展的思维方式，对关于科学与工程学领域的女性和有色人种的社会态度的持续演变，以及对善良的独特力量的深刻见解。

目 录

Carbon Queen

Carbon Queen

第 1 章

童年奏鸣曲

奏响改变人生轨迹的序曲，发现世界的无限可能在赫赫有名的布鲁克林大桥与熙熙攘攘的布鲁克林－皇后区高速路相交的地段的映衬下，桑兹街（Sands Street）上那条僻静小道就显得十分不显眼，但它巧妙地隐藏着一个秘密。半个世纪以来，这条曾经的繁华街道的西端被庞大的交通枢纽中断，这一交通枢纽将布鲁克林区与纽约的其他区域连接起来，成为这一区域庞大的高架铁路系统的神经中枢。三层高的车站楼也曾是通往附近的布鲁克林海军造船厂的入口。这个在 19 世纪和 20 世纪造出从俄亥俄号航母到星座号航母的“全能造船厂”，在 20 世纪 40 年代的全盛时期，雇用了大概 7 万名工人。[1]

直到今天，在布鲁克林几个街区的交会处，还保留着连接车站楼与造船厂的小道，步行大概 10 分钟就能穿过。不过，这里早已今非昔比，无论是光鲜的外表，还是在方便行人的实用性上，都大不如前。路旁的商店、酒吧，还有短暂光顾的海军都早已消失不见。1944 年，桑兹街的快速换乘站点就关闭了，后来甚至全被拆除。如今的桑兹西街上有好几条斜坡道，每天都有上万名行人和骑单车的人，以及 6 万多辆机动车来来往往，攀上大桥，穿过东河进入曼哈顿。[2]

就在桑兹街 45 号——现在它的对面是个停车场，现代历史上最有影响力的科学家之一米莉开始了她令人瞩目的一生。米莉出生在布鲁克林的弗拉特布什社区，之后没多久，她的父母斯皮瓦克夫妇——迈耶·斯皮瓦克（Meyer Spiewak）和埃塞尔·泰西泰尔（Ethel Teichtheil）就搬到了桑兹街 45 号。他们是新移民，在这里开了家报摊，兼卖糖果。早高峰时，附近的车站楼挤满了去上班的布鲁克林的工人们，在经过 8 小时、10 小时或者 12 小时的轮班后，这些工人又从车站楼一拥而去。这个报摊离桑兹街的车站楼只有几步之遥，主要售卖杂志、新鲜水果以及冰镇可口可乐等饮料。毫无疑问，这桩生意的收入十分微薄，但对于迈耶和埃塞尔来说，这算得上稳定的收入来源了，让他们足以支付每月 25 美元的房租。[3]

米莉的父母是在第一次世界大战之后移民到美国来的。

米莉的父亲迈耶是在波兰的贾沃希采村（Dzialoszyce）出生的。家里世代都是歌者，迈耶的父亲、兄弟和祖父也都是犹太教堂里的歌者（斯皮瓦克在波兰语中的意思就是“歌者”）。米莉的母亲埃塞尔则来自加利西亚地区——原本隶属于前奥匈帝国，如今包括波兰东南部以及乌克兰西部的部分地区。幼时，埃塞尔便失去了母亲，第一次世界大战爆发后，她的父亲带领全家搬到了荷兰，以策安全。就是在那里，埃塞尔接受了良好的教育，当然这个良好是对当时的女性而言。她至少接受了 8 年的正规教育，尤其擅长语言学习。与米莉相似，埃塞尔的父亲也是位碳专家，他从事钻石贸易。斯皮瓦克家族也从事钻石贸易，由于两个家族间有密切的合作，米莉的父母不期而遇，结为夫妻。[4]

随着第一次世界大战结束，欧洲各国之间的局势进一步紧张，埃塞尔和迈耶开始忧心他们的未来。在深思熟虑后，他们认为去美国可以过得更好，并制订了计划，打算在大西洋彼岸开始全新的生活。1921 年，迈耶到了纽约，之后埃塞尔也来了。埃塞尔到来两天后，他们就结婚了，那是 1926 年的 12 月 13 日。正如米莉后来讲述的那样，这个举动很有先见之明，斯皮瓦克和泰西泰尔家族留在欧洲的家庭成员，在大屠杀时期几乎全部丧命于纳粹之手。[5]

尽管在美国，基本的自由能够得到保障，但对于斯皮瓦克家来说，适应纽约的生活也并非易事。1928 年，米莉的哥哥欧文出生了。1930 年 11 月 11 日，也就是美国停战纪念日①那天，米莉也出生了。这个家变成四口之家。[6]他们搬到了桑兹街——包括如今的布鲁克林高地的部分地区、布鲁克林市中心、布鲁克林丹波区和布鲁克林海军造船厂，那时这条街是个混乱不堪的地方。

作家罗伯特·舍恩伯格（Robert Schoenberg）幼年时曾住在桑兹街东头通向布鲁克林海军造船厂正门的南边地带。在关于臭名昭著的黑帮分子阿尔·卡彭（Al Capone）的传记里，他这样写道："桑兹街所提供的娱乐尽在'醉醺醺的水手'这句话中。穿着在马克斯·科恩店（Max Cohn's）定制的制服，水手们就能大摇大摆地走进桑兹街两侧的沙龙畅饮，再步履蹒跚地走出来，踏入可以随时结识舞伴的舞厅、当铺和文身店。"[7]有了孩子以后，米莉总是反复给他们讲述这个故事：在她还很小，不到 3 岁的时候，有个醉醺醺的水手闯进了她家，这件事闹得沸沸扬扬，把大家都吓坏了。事实证明，布鲁克林这片区域也是危险帮派的大本营，桑兹街车站经常挤满小偷，人们却几乎没怎么见过警察。[8]

① 停战纪念日原本是为了纪念 1918 年第一次世界大战停火。1954 年，为了纪念美国所有参加过战争的老兵，停战纪念日改名为退伍军人日，也称老兵节。——译者注

让一切变得尤其糟糕的，是米莉出生之前那年笼罩了全美的经济乌云。那场经济大萧条一直持续到20世纪30年代，影响了米莉的大部分童年时光和她在布鲁克林的早期生活，尤其是她在布朗克斯区成长的那些日子。另外，经济大萧条还使她的父亲难以找到一份维持生计的工作，也迫使她的母亲长时间地加班，以换取餐桌上的食物。甚至米莉也不得不在课余时间打些零工（有些工作踩着法律红线雇用童工），家里才不至于入不敷出。[9]

然而，很快，一股强大的召唤力量就会潜入米莉的世界，并将永远改变她的人生轨迹。作为一个资源有限的年轻姑娘，业余爱好将开启她的视野，让她意识到未来的可能性。成年之后，因为这项爱好，她与世界上一些最有成就的学者建立了联系，这拓宽了她未来的学术圈，无论是在她努力奋斗之际，还是在最后功成名就，成了备受推崇的学者及导师之后。终其一生，这种召唤的力量都丰富了米莉的家，还有她的精神世界。**这股力量为她提供了独特的交流语言，一种她甚至没有学过就已掌握的语言，这股召唤力量就是音乐。**多亏了米莉的哥哥，是他让音乐成了米莉传奇人生中的主要爱好。[10]

如果没有音乐学院，我永远也成不了如今的我

对于年轻的欧文来说，拉小提琴就像呼吸一样自然。让

他的小提琴“唱”起来，不需要一些大动作或深入思考，只要动动手指，音符就出来了。对于他的家人来说，他有这样的天赋并不让人感到意外，在他之前，斯皮瓦克家族几代人都是娴熟的音乐家。但到了上学前班的时候，欧文在演奏小提琴上表现出的杰出才能引起了别人的注意，特别是其中一位教师的注意。这位教师是纽约最优秀的小提琴教师之一，在遇到 5 岁的欧文时，他发自内心地认为欧文具有神童的气质，愿意提供奖学金，将欧文收入门下。[11]

欧文的父母渴望儿子能充分利用每一次通往成功的机会，特别是这次机会还意味着要培养孩子的音乐才能，他们不假思索地同意了这项安排。由于有奖学金，所以欧文每周会跟着老师上几节课，学费全免。唯一的问题在于，欧文的老师在布朗克斯区的布朗克斯音乐学院（Bronx House Music School）任教，从布鲁克林的桑兹街来回折腾令人心生畏惧。

欧文的父母想到了一个办法：如果他们卖掉自家的小摊，搬到布朗克斯，欧文离老师就近多了，他们也就不必浪费时间接送他上课了。这次变动的风险也经过了评估：搬家会花掉斯皮瓦克家几乎全部的积蓄，迈耶还得找份新工作来补贴家用。不过，在他们看来，这场“豪赌”是值得的。音乐是根植在家族血液中的一部分，欧文会有出息似乎也很合理。他们倾尽全力、孤注一掷。[12]

与在20世纪30年代早期定居纽约的其他美国移民常会遇到的情况一样，事情并没有按计划发展。就在斯皮瓦克全家放弃所有，搬到布朗克斯区一间简陋的公寓几个月后，欧文的小提琴教师突然去世了。这场悲剧给他们带来了巨大的打击，引发了一系列事件，让这一家人在相当长一段时间里都处于贫困之中。然而，就像米莉生命中的其他几个紧要关头一样，这次的挫折伴随着一丝希望的曙光，及时照了进来，给欧文和他还是孩童的妹妹带来了关键的机遇。[13]

搬到南布朗克斯区已经花光了他们的积蓄，而且他们的新家所在的社区也很贫困，充斥着大量的中欧和东欧移民，家里已经没钱再请一位新的小提琴教师了。[14]

此时的美国已经深陷经济大萧条之中，新闻头条看起来就像是注定灭顶的船只发出的求救信号："工业萧条——失业——穷困潦倒！懒惰和欲望驱使着人们犯罪和自杀！情况紧急，需要谨慎斟酌！"[15]与此同时，放弃了卖糖果的工作、干起临时工的迈耶很难找到稳定的工作来养活妻子和孩子们。尽管他们靠政府资助的救济金获得了微薄的帮助，但斯皮瓦克家认为，他们必须使欧文的才华得到发挥。如果不出意外，不久的将来，欧文的才华可能会成为他们迫切需求的资金来源。所以，他们必须找到另一位愿意免费上课的教师。[16]

幸亏欧文才能卓越，没过多久，他们就找到了另一个替代人选。但是，这位教师同样离得很远，他住在曼哈顿市中心，任教于这座城市另一边的格林尼治音乐学院（Greenwich House Music School）——这刚好就是迈耶和埃塞尔原本指望通过搬到布朗克斯从而避免的那种情况。鉴于这位教师提供的授课是免费的，这件事他们别无选择：全家人把未来都寄托在欧文的星途上，而且也没办法再搬家了，于是他们安排欧文成为这位教师的学徒。[17]

大约就是在这个时候，小米莉也开始展露出自己的音乐天赋。这次给周围的成年人留下深刻印象的，不是小提琴（不过之后小提琴也会亮相），而是米莉在音乐记忆方面显露出的天赋。作为哥哥上课时的小跟班，4 岁的米莉证明了自己能够记住许多作品的旋律，并且能一点儿不错地唱出来。对于欧文学校里的老师们来说，这似乎预示了另一个神童的出现。因此，米莉和哥哥一起获得了奖学金，在格林尼治小镇的中心学起了音乐。那时候，她还不知道这些努力会给她带来多么深远的影响，会在哪些方面影响她的生活和职业生涯。[18] 在 1976 年麻省理工学院（她长期从事学术研究的阵地）的口述史采访中，她指出："**格林尼治音乐学院对我产生了很大影响。事实上，如果没有音乐学院，我永远也成不了如今的我，无论怎么样都无法做到。**"[19]

艰辛的儿时生活，完成不可能的任务

在获准进入格林尼治音乐学院的同时，米莉也走入了之后近 20 年的时间里一直被她称为“家”的社区。她当初居住的位于布朗克斯区华盛顿大道 1631 号的无电梯老公寓旧址，如今只剩下一个不起眼的停车场。如果你偶然间在拥挤的跨布朗克斯高速公路以南三个街区的东 172 号街西北角找到它，就会看到那里到处都是货车，只停着几辆汽车，还有成堆的空集装箱托盘。外面的街道两旁，纽约市消防局的消防车随时待命，附近还有个医疗服务站，以及一个相当现代化的消防站。街道对面是一个相当单调却又无比硕大的工业园区，里面是一家制药厂，由世界上最大的制药厂商之一所经营。如果你在连锁药店或沃尔玛超市里购买处方药或非处方药，买到的药品很可能就是在这里生产的。[20]

然而，早在 20 世纪 30 年代，华盛顿大道 1631 号全都是廉租公寓，这里是罪犯猖獗的拥挤、贫困的社区。米莉一家来到这里时，经济大萧条已经全面爆发，但这并非严重影响了纽约人日常生活的唯一社会力量。1933 年，美国禁酒令最终告别历史舞台，但已经存在了 13 年的禁酒令就像培养皿一样，培养出了私酒贩子和帮派，他们在黑市上走私并出售私酒。[21] 在 1976 年麻省理工学院的口述史采访中，米莉承认：“那时我会尽可能待在家里，街上有些危险，父母总是非常担心看不见我们。”[22]

她父母的担心是有道理的。米莉后来回忆道，在上学和放学的路上，还有去其他地方时，她曾时不时受到其他孩子的攻击。“噢，总是有人遭到殴打，”她解释道，“我被一群孩子攻击了好几次，身上到处都是瘀伤，有时候回家时身上脏乱不堪、沾满血迹。”[23]

暴力并不止于街头。当米莉开始在当地的公立小学上课时，她发现其他学生根本不能专注于自己的功课，他们到处撒野，无论是在课堂上，还是在校园里都表现得很糟糕。老师也无法控制这种场面，因此他们能真正上一次课，可以说是“千载难逢”。到初中阶段，情况也没有什么好转。[24] 在 2015 年的一次采访中，米莉提到：“老师们几乎没什么时间上课，他们只是试图维持秩序，根本谈不上教学……我们受到告诫，要在家里上好厕所，这样在学校就不用去了。似乎在学校里上厕所也会有危险，因为女孩子会受到袭击。”[25]

米莉的父母针对无监护人在场的外出情况制定了严格的规定。如果欧文和米莉想参加体育活动，父母通常是不赞同的。如果他们想跟其他孩子一起玩的话，也必须有其他成年人在场陪同。然而，为了保持家庭传统，对于孩子们的音乐和教育课程，迈耶和埃塞尔是非常支持的。因此，在米莉上小学和初中时，只要是为了上课，她就可以在无人陪伴的情况下坐地铁过去。这意味着米莉在 6 岁左右时，就经常为了去音乐学院而独自穿过城市。[26] 在 2012 年的一次采访中，她提到："从轻轨换乘地铁的步骤很复杂，我还记得有很多次我带着小提琴和书从台阶上摔下去的情景。"[27]

20 世纪 30 年代和 40 年代初，米莉的生活在另一个重要的方面发生了变化：她必须工作了。20 世纪 20 年代，美国失业率飙升，米莉的父亲找不到稳定的工作。情况更糟的是，他还经常生病，这使他赚钱的能力进一步受限。这样一来，米莉的母亲埃塞尔就必须外出工作。她设法在孤儿院找到了一份每天 12 小时照顾孩子的夜班工作，这在经济上倒是有所助益，却耗尽了她的体力。这份工作的薪水微薄，尽管她付出了巨大的努力，家里却还得靠政府援助维持生计。这是一种艰辛的生活，埃塞尔在确保维持家庭所需方面付出的不懈努力影响了米莉的一生。[28] 在 2001 年的一次采访中，米莉回忆道："有时我们甚至没东西吃，但我依然记得，在那段异常糟糕的日子里，我们只能靠喝土豆汤度日。我还记得那些喝土豆汤的日子，因为土豆很便宜，在一大锅水里炖土豆，会煮出来很多汤。"[29]

除了解决温饱问题，斯皮瓦克家在经济上几乎没什么余力。小米莉没什么玩具。在 2001 年的采访中，米莉说道:“我母亲非常细心，会确保我穿戴干净整齐、会给我梳好头发，但我确实只有一套衣服，每天都得穿（这套衣服）。”[30]

米莉收获第一份薪水是在小学的时候，当时她只有 8 岁。她通过辅导一名在记忆方面有严重困难的特殊需求学生，每周能获得 50 美分的酬劳，这要花费她 15 ～ 20 小时。[31] 2001 年，米莉回忆道:“这份工作薪水不算高，但这次经历很不错，因为教这个学生对我来说是个挑战。我必须用某种办法吸引他学习，因而我学到了很多。我跟他一同努力，成了一个好老师。”[32]

这时候，米莉的老师们察觉到，米莉的好奇心和动力远远超过了同龄人。上初中之后，一位老师直截了当地告诉她，上课会浪费她的时间。这位老师建议米莉去做行政助理。正是通过这项工作，米莉积累了早期的组织经验，也略微了解到如何成为一名管理者。[33]

这位未来的物理学家在家里也有家务要做，还要打零工来补贴家用。随着母亲承担起养家糊口的重担，米莉也被寄予了希望——承担她哥哥从未操心过的家务：打扫卫生、准备饭菜等。[34] 她的孙女肖什·德雷斯尔豪斯 - 库珀（Shoshi

Dresselhaus-Cooper）说：“米莉表示，她对此从未感到不满过，也没想过这不公平……只是在反思时，米莉认为她多承担的责任或许让她比哥哥学到了更好的一课，因为从孩提时代负责这些，她学会了如何完成不可能的任务！”[35]

除了这些无偿劳动，米莉每天还要花几小时帮母亲分担零件组装工作。埃塞尔会把这些工作带回家做，以增加家庭收入。她在 1976 年说道：“我总是很擅长做手工，我们做过珠宝计件工作，你所获得的酬劳是以每小时所做的不同东西来计算的。”[36]

之后是拉链厂的工作。为了帮家里维持生计，暑假期间，米莉在纽约的一家工厂当童工，负责组装拉链。[37]她后来承认：“那是相当辛苦的工作，我在那家工厂工作时，每一个必须完成的组装步骤我都做过。”[38]

到了 21 世纪，有一次全家外出观看查理・卓别林的经典影片《摩登时代》时，米莉又想起了那段时日。《摩登时代》是一部喜剧，卓别林扮演工厂里的一名工人，努力适应着经济大萧条的环境，以及 20 世纪工业化与制造业兴起的浪潮。[39]从剧院出来之后，米莉回忆起她很早以前组装拉链的日子。因为她当时还没达到纽约工人的法定最低年龄，当检查员出现时，她经常要躲起来。[40]

为第一夫人埃莉诺·罗斯福演奏小提琴

米莉总是偷偷溜到格林尼治音乐学院，在那里，她能够放松警惕，忘记生活的重担，像天真的孩子一样探索生活。在刚到那里的那几年，聪明的小米莉就像一块海绵一样，从她的经历中拼命吸收着经验和机会。[41]

与令她陷入困窘的南布朗克斯区相比，米莉心爱的格林尼治小镇简直有着天壤之别。对她和哥哥来说，那里就像一个安全之所。对米莉来说，每次乘坐地铁到格林尼治小镇，就像是搭乘灰姑娘的南瓜马车进行短途旅行，将她从无聊的现实生活中带入一个幻想世界中，在那里她不再以体力劳动帮助老师和父母了，她所有的好奇心都被激发出来，她可以尽情探索她在音乐、艺术与才能上的爱好了。[42]

尽管她已经报名了音乐课，但格林尼治音乐学院的社区（纽约周边一系列合作文化中心之一，至今仍在运作）所提供的不仅仅是琶音和五度圈的教学。“我们想让孩子脱离之前单调的环境，接触他们尚不了解的方面。”格林尼治音乐学院的指挥家马克斯韦尔·鲍尔斯（Maxwell Powers）在 1950 年接受《纽约时报》采访时解释道。[43] 这种看法让米莉受益匪浅，她还拿到了奖学金，正是格林尼治音乐学院让她的同龄人和他们的家人开阔眼界，让她有跳出青少年时期那充满困难的环境的可能。[44]

尽管米莉天赋异禀，在能阅读英文草书①前就能阅读乐谱，但事实证明，她并不是她哥哥那样的神童。当然，通过这个项目，多年来她上了无数节小提琴课。她后来承认，她缺乏成为演奏家所需的激情和动力。尽管如此，米莉还是喜欢待在格林尼治音乐学院，她在那里所接受的教育以及遇到的人，让她受益终身。[45]

作为获得奖学金的交换，格林尼治音乐学院的管理人员偶尔会要求米莉做些跑腿的活儿，她也乐于这样做，部分原因是她和其他拿奖学金的孩子们能优先获得音乐会和戏剧表演的免费门票。米莉一直非常能干，她没有浪费时间，尽可能地利用了这些机会。比如，通过这样的方式，在伦纳德·伯恩斯坦（Leonard Bernstein）这个马萨诸塞州劳伦斯人成为世界知名的作曲家与指挥家之前，她就看过对方早期的演出。[46]

但除了免费的小提琴课，米莉所享受的最大福利是她作为格林尼治音乐学院的院报影评人所带来的好处。米莉的导师为她支付了在电影院观看大片的费用，将她引向了令人激

① 英文的草书字体看起来和乐谱的音符很相似。——编者注

动的新世界，并为这位年轻的美学家提供了在不离开曼哈顿的情况下“环游世界”的机会。[47]

米莉 10 岁生日的两天后，正是迪士尼的《幻想曲》（*Fantasia*）上映的时间。用米莉的话来说：“那是一部令人印象极其深刻的作品。”[48] 由保罗·杜卡斯（Paul Dukas）配乐的著名交响曲《魔法师的学徒》将经久不衰的可爱卡通形象米老鼠作为主角，讲述了一个有趣的关于好奇心和魔法的故事。除此之外，还有一些更抽象的片段，比如在德国作曲家巴赫创作的基础上所作的《D 小调托卡塔与赋格》就以前所未有的方式，对交响乐音阶、振动与重复的模式做出了视觉演绎。例如，将长笛的曲折旋律从喧嚣的伴奏乐器声中凸显出来，在视觉上显示为在紫红色与深红色的云雾间随意飘荡的奇异轨迹，而弦乐部分戏剧性的旋律则像点缀一般在屏幕上不时出现，就像一束束光最终汇聚成一道白色的声幕。[49]

这部电影米莉看了许多次，在格林尼治音乐学院学习了一些特色作品之后，她对这部电影更加欣赏了。除了将她带到另一个时空的戏剧表演，每部电影附带的写作任务也让她受益匪浅。根据米莉的孙女肖什的说法，正是在为格林尼治音乐学院的院报撰写影评的过程中，米莉真正学会了写作。从导师对她写的影评认真详尽的评论中，她更是获得了宝贵的经验——形成了后来为她的学生和同事们所推崇的技能。[50]

在格林尼治音乐学院就读期间，米莉最珍贵的那段时光还涉及一位特殊的客人。这位客人不但给了米莉难以言表的启迪，在之后的时光中也一直都是米莉心目中的偶像。出于与格林尼治音乐学院创始人、社会工作者与城市规划师玛丽·金斯伯里·辛霍维奇（Mary Kingsbury Simkhovitch）的友谊，这位客人曾多次来访，她就是埃莉诺·罗斯福（Eleanor Roosevelt）。[51]

在埃莉诺的联报专栏“我的一天”中，她至少有两次提到了她与格林尼治音乐学院的联系。1939 年 7 月，她写道：“今晚，我们打算观看电影《青少年与音乐》（*They Shall Have Music*）的试映版，这部电影是面向格林尼治音乐学院以及音乐与艺术高中放映的，明天我会告诉大家我的观后感。”[52]

这部电影讲述了一个有音乐天赋的孩子弗兰基在离家出走后，发现了一个位于纽约、为穷人提供免费音乐课程的地方。为了筹集资金维持学院的运转，弗兰基说服了著名的小提琴家雅舍·海费茨（Sascha Heifetz）资助了这项事业。小提琴家海费茨在电影中亲自出演自己。[53] 埃莉诺在看完电影的第二天写道：“我非常喜欢，希望大家都能看这部电影，并受到触动去支持那些为贫困天才儿童设立的音乐学院，因为这就是这部电影所要传达的思想。”[54]

埃莉诺是格林尼治音乐学院的赞助人之一，而辛霍维奇是进步事业①的坚定支持者，她也支持埃莉诺的丈夫、美国前总统富兰克林·罗斯福的政治事业。出于彼此的共同利益，埃莉诺时不时会抽空去格林尼治音乐学院参加音乐会等活动。

有一次，米莉被要求为第一夫人演奏。这一幕永远烙印在了米莉的脑海里。[55] 在 2016 年的一次家庭采访中，米莉这样说道："这真的很了不起。如此重要的人物——我们国家的第一夫人来参加我们的音乐会并鼓励我们这些孩子，这简直不可思议。但那是罗斯福夫人，这就是她的魅力。"[56]

这次邂逅不仅给了一个小小的仰慕者为偶像演奏的机会，也给了米莉后来会反复回想的启示：像第一夫人这样重要且全球知名的一个人会花时间来探望背景各异的孩子们，罗斯福夫人大胆地走出了总统夫人的早期模式，并引领美国人民（尤其是弱势群体）追求自我独立与进步。

熬过艰难的日子，拥有克服逆境的优势

回到布朗克斯区后，小米莉还有那么多工作要完成，还

① 指为推动社会进步而付出的各种努力和行动，如促进平等、保护环境、维护人权等。——译者注

有曼哈顿的音乐课要上，再加上地铁往返的长途旅行，她几乎没什么时间跟其他孩子一起玩。因此，在童年时期，米莉并没有多少亲密的朋友。但她会设法抽时间去参加那些让她感到快乐的活动，这也预示了她非凡的未来。[57]

比如，她很喜爱保罗·德·克鲁伊夫（Paul de Kruif）在1926年出版的经典之作《微生物猎人》（*Microbe Hunters*）。这是一本细数14位科学家以及他们的同事与知己的散文集，其中从安东尼·范·列文虎克（Antonie van Leeuwenhoek）到保罗·埃尔利希（Paul Ehrlich）都是人类抗击瘟疫与疾病战役中的胜利者。这部畅销的非虚构作品采用了戏剧化的写作风格，不但将科学家描绘成富有人性、有血有肉的人，又把他们塑造成了英雄，这种叙述方式对一个聪明、充满好奇心的孩子来说极具吸引力。[58]

还有一本讲述著名物理学家、化学家玛丽·居里的获奖传记也激发了米莉对科学的兴趣。这部传记《居里夫人》（*Madame Curie*）由居里夫人的女儿艾芙·居里（Eve Curie）所著，阐述了这位两次获得诺贝尔奖的科学家详细的个人经历（其中包含大量的信件摘录），以及作为居里夫人的女儿，艾芙从这一独特视角为读者提供了她对居里夫人的深刻见解。尽管要过许多年，米莉才能设想自己从事相关专业的工作，但这本书让她初步了解了一位在科学研究方面成就卓著的女性的人生历程。[59]

此外，米莉对美国《国家地理》杂志很着迷，她从本就不多的零用钱中努力攒出一点来购买这本杂志。这进一步让她年幼的大脑沉浸在科学与人文主义的思考中。她曾经说道：“我真的从中学到了许多科学知识，因为花 10 美分就能买到 3 本旧刊，我的零用钱差不多能付得起。”[60]

不过，尽管各种活动和资源为她的生活注入了科学和自然的信息，但在初中时期，米莉的日常生活仍然很有压力。经济大萧条时期的贫困对她家造成了巨大的损失，每日繁重的家务劳动、公立学校上课的混乱现象，还有各种有偿工作都在不断考验着她的勇气。

米莉后来承认，熬过青少年时期的日子是生活给她设置的最大障碍。在 2004 年的一次采访中她指出：“我经历过的最大的挑战就是在小时候活了下来，那是我做过最艰难的事情。”[61]

然而，米莉以自己特有的视角，看到了艰难处境中光明的一面，并学会了利用这种视角为自己谋福利。在 2004 年的采访中她补充道：“**小时候的艰难环境要么成就你，要么毁了你。如果你可以熬过艰难的日子，就会具有优势……具**

有别人不具有的成熟心智来克服逆境的优势。”[62]

从很小的时候开始，米莉就学会了在面对困难的情况下如何自救。当她所在的社区充斥着危险的帮派活动，小学时期的经历就是一场徒劳的实践时，她想尽办法与当地的帮派成员处成了朋友，无论他们来自什么片区、属于哪个帮派、对帮派忠诚度如何。这对她在布朗克斯区的生活很有帮助："过去帮派成员之间时常互殴，但如果你不是任何帮派的成员，又跟大家都处得很好，他们就不会攻击你。我小时候就生活在那种状态中，所以与我认识的许多其他孩子相比，我受到的攻击相对较少。”[63]

作为一个年轻人，米莉也有意在社区里播下种族和谐的种子。那个时期，南布朗克斯区居住的各色人种越来越多、越来越复杂，包括来自欧洲和西印度群岛的移民，以及来自美国本土的黑人——这也正是美国大熔炉的缩影。米莉开始积极在以白人为主的邻居和以有色人种为主的邻居之间建立社区桥梁。1976 年，她这样解释道："我是为黑人和白人建立跨种族社区的儿童领袖之一。”[64] 这样的努力和友善的外表让她在某种程度上成为“这片街区的米莉”：虽然她所维持的亲密朋友的圈子很小，但她遇到的每个人都很尊重她。这使她获得了一定程度的保护，从而使她在整个青少年时期几乎可以不受干扰地在街上闲逛。[65]

我没有其他选择，必须成为超级巨星

如果说米莉的社区为她提供了安全在街上行走的智慧，以及竭尽所能地改善他人日常生活的渴望，那么她所在的音乐学院则对她早期智力的发育成长帮助最大。在初中阶段，由于米莉在格林尼治音乐学院所遇到的人，她已经对继续深造这件事产生了极大的兴趣。与米莉的父母一样，格林尼治音乐学院的老师，以及米莉的同学与同学家长们都非常重视教育。但有一点不同，就是他们根本不知道在预算不足的情况下有什么办法可以让米莉和欧文得到教育。她在格林尼治音乐学院遇到的人在进一步拓宽她的教育机会方面为她提供了具体的想法。她对高中，尤其是那些吸引了最优秀、最聪明的学生的纽约最优秀的公立“磁校”①进行了了解。[66]

米莉的哥哥欧文就进入了其中一所磁校学习。到了 20 世纪 40 年代中期，他不但成了小提琴方面的大师，更是在科学和数学方面显露出了非凡的实力。虽然欧文本可以轻松地将自己的音乐天赋转变成全职工作，他最终也确实通过各种演出赚了些钱，并在余生继续以此为乐，但他对科学探索充满了热情，并开始迈上了科学之路。由于格外出众，他跳了几级，就读于布朗克斯科学高中，并在提前毕业后顺利去

① 美国磁石学校，指的是凭借特别的课程设计与教学方式吸引周边学生的一类公立学校，一般指的是重点学校。——译者注

了曼哈顿免学费的库珀联盟学院（Cooper Union），然后前往麻省理工学院攻读化学工程专业的硕士学位，而且这一切都是在 18 岁之前完成的。事实上，欧文的才华如此耀眼，让米莉有意放慢了步伐，避免跟他太紧，担心自己永远做不到像他那样。[67]

到米莉初中快读完时，纽约的 4 所顶尖磁校高中里有 3 所——布朗克斯科学高中、斯泰弗森特高中和布鲁克林理工高中都不招收女生。其中，转型最快的布朗克斯科学高中在 1946 年首次招收女生入学，那时候米莉即将从高中毕业。而另外两所学校在 20 多年后才招收女生，斯泰弗森特高中是在 1969 年因歧视被投诉后才招收女生的，而布鲁克林理工高中首次招收女生是在 1970 年。[68] 然而，20 世纪 40 年代初，有一所磁校是专门为女生提供教育的，那就是位于曼哈顿上东区的亨特学院附属高中。这是一所公立学校，纽约的所有居民都可以免费上学，只要能通过严格的入学考试。然而，米莉在布朗克斯上的初中却极力劝阻她申请，根据米莉后来的回忆，她的初中老师说："你是没有机会的。"[69]

鉴于被亨特学院附属高中录取比被其他城市的磁校录取更有难度，毕竟这是唯一一所只对女生开放的学校，每年只录取不到 100 名学生，另外 3 所都是男校，每个班招收的学生都要多于这个数字，所以老师对她的怀疑也不无道理。但摆在米莉面前的障碍只会成为她已养成的自我激励意识的跳板。一旦她知道有条路能摆脱贫困的童年，就没什么能阻止她去尝试了。[70] 她后来说道："**我没有其他选择，我知道想要更进一步，就必须成为超级巨星。**"[71]

米莉因此下定决心征服亨特学院附属高中的入学考试，尽管她对此几乎一无所知。她说："我一个人准备入学考试，并有意对自己在做的事情保密。"[72] 她发现可以直接从学校里获得一些信息，包括之前的入学考试真题。"我甚至读不懂这些题目的语言，它就像是来自另一个世界。不过，纽约有非常好的图书馆……我查阅了相关图书，并开始学习。"[73]

如果把这本书改编成电影，就会出现这样一幕：一个有进取心的年轻人独自艰苦奋斗，去实现有点疯狂的目标，背景音乐像是电影《烈火战车》（*Chariots Fire*）的主题曲之类。她翻阅着厚厚的教科书，皱着眉头一边挠头一边对付那些她必须熟练掌握的难以理解的语言。在经历了反反复复的练习之后，她慢慢开始理解了。最后在考试当天，我们的主角准备妥当。考试中的所有内容她全都了解，最后她以近乎完美的分数通过了考试。[74]

Carbon Queen

第 2 章

智慧与乐趣变奏曲

在科学的冒险中前行，弹奏奇迹的和弦

米莉秘密发起了攻击。在一个寒风凛冽的冬日午后，课间休息时感觉无聊的米莉决定制造一点儿小麻烦：在策划好的一系列行动中，她率先拿起了她的“第一枚弹药”，那是一块满是灰尘的黑板擦，然后像扔手榴弹一般将它扔了出去。

在同学们反应过来之前，她迅速调整好自己的位置以让回掷的黑板擦偏移方向，计算好在整个房间里制造出最大片灰尘所需的轨迹之后，开始了第二轮黑板擦飞掷。

不到几秒，整个教室就陷入了一片混乱。黑板擦彼此碰撞着，在一场让“勇敢的心”为之骄傲的史诗般的战斗后，教室成了一片“废墟”。与米莉一同处于黑板擦战斗中心的是几个在进入亨特学院附属高中之前就读于贫困学校的孩子。米莉的其他同学大多出身富裕，在察觉荒谬可笑的这一幕之后，也很快加入进来，还怂恿着其他人加入。

米莉后来回忆道："然后，老师突然走了进来，正好被我扔出去的一块黑板擦砸中了脸。"[1]

糟糕。

老师顿时手足无措，一言未发就直接上课了。据米莉回忆，当时没有人受到惩罚。"就这样结束了，亨特学院附属高中再没发生过黑板擦战斗。"她沉思着说。[2]

米莉被曼哈顿著名的亨特学院附属高中录取，是她迈向本不太可能的科学生涯的关键一步。尽管她有着过人的天赋，追求成功的内驱力也很充足，但在她开辟一条通往世界科学高峰的道路时，从高中到研究生院，再到之后更远的地方，她将面临无数的障碍。

1945 年 2 月，米莉进入亨特学院附属高中时，是同年级中仅有的几个在当地初中而不是亨特学院附属学校就读的学生之一。虽然她在格林尼治音乐学院是一个勤奋的小提琴学生，又在学术课上作为一名有天赋的自学者取得了优异的成绩，但她仍与帮派成员和其他邻居保持着友谊，并习惯坐在同龄人闹成一团、老师们努力维持秩序却几乎给不了多少指导的教室里。就年龄而言，她相当独立，而在寻求新体验方面，她又有些热情过头。客观来说，米莉在进入古板又正统的亨特学院附属高中后就像一条离开水的鱼。[3]

可以肯定的是，当她有动力学习时，就会遥遥领先，无论是在学术领域，还是在生活中的经历与技能方面，都是如此。不过，由于米莉的背景很平凡，家庭资源和社区所能提供的机会都很有限，这反而有助于将她塑造成一个能自理，又能确保自己享受生活小乐趣的青少年。

然而，由于父母并不鼓励米莉参加体育或其他锻炼身体的活动，她缺乏儿童比赛和其他适龄的狂欢所带来的传统解压渠道。所以，制造像黑板擦战斗或者其他偷偷摸摸的活动这样的体验，对她来说已经习以为常。[4]

进行新的冒险，激发对科学的兴趣

米莉刚上高中时，恰好赶上第二次世界大战的尾声。人类历史进程中的这次大事件，立即摧毁了一些家庭，其中也包括米莉的家。这些家庭在很大程度上是被纳粹政权所摧毁的，但这也让许多美国家庭的贫困状况逐渐有所缓解。[5]

大约就在这个时候，米莉的母亲辞掉了孤儿院那份辛苦的夜班工作，在一家皮革厂找到了新的工作，负责制作钱包。由于美国最低薪水在那时有所上调，米莉的母亲在收入上有了很大的提升。这份新工作也有固定的工时，而且刚好距离米莉在上东区的学校很近。所以大部分时间里，埃塞尔和米莉母女俩早上都能在路上相处一小时。[6]

这个新增加的单独相处时间，再加上家里也时常只有她们两个人，让母女俩形成了特别亲密的关系。这个时候，米莉的哥哥已经不怎么回家了。十几岁的时候，欧文就已经在格林尼治小镇的库珀联盟学院攻读化学工程专业，很少回家。与此同时，在欧洲遭受毁灭性打击之后，米莉的父亲失去了大部分亲人，这让他痛苦不堪。他继续在各份工作之间来回奔波，有时需要医疗护理，偶尔会在医院度过很长一段时间，丢下埃塞尔和米莉自力更生。[7]

从很小的时候开始，米莉就有很充分的行动自由。小学时期，父母就让她独自坐很长时间的火车去曼哈顿上音乐课，或者参加镇上的其他教学活动。现在，她要花很长时间去高中学校上课，为了学业、学校活动和个人活动（无论是有组织的还是没组织的）而到处跑。[8]

米莉还继续结识了新朋友，不过她与布朗克斯区的几个知心好友也还保持着联系。她经常带着他们一起在城市里短途旅行。这些被她称为“非常忠诚的”人会来找米莉，跟着她进行新的冒险。[9] 米莉说：“那时候只要花 5 美分乘坐地铁，就能到达城市里的任何地方。我可以在任何时候去任何地方。”[10]

米莉最喜爱的活动之一就是探索这座城市的知名博物馆，尤其是美国自然历史博物馆以及艺术博物馆。她断言，自己曾经对自然历史博物馆的全部藏品了如指掌，那时候她刚开始在高中学习科学与数学，这些藏品激发了她对这些学科的兴趣。[11]

十几岁的时候，米莉就对天文学特别着迷。她和朋友们经常去参观著名的海登天文馆，那里举办的天空秀以让观众沉浸式参与的方式来讲述故事，通过音乐和模拟观星来描述宇宙的奇观，至今犹在。对于一个对世界和宇宙如何运作十分着迷的青年来说，这种经历是难以忘怀的。[12]

只是有一个小问题：海登天文馆是收费入场的，而米莉和她的朋友们没什么零花钱，所以她们没办法买票。这个小问题难不倒她。她在 1976 年麻省理工学院的口述史采访中笑着解释道：“我想出了一个悄悄潜入天文馆的办法，我看过他们举办的每场节目……当然了，我从没花过钱。”[13]

其中有一次，胆大的米莉被一个特别眼尖的守卫吓了一跳。“事情不太顺利。在执行潜入天文馆的计划时，我被抓住了，”米莉说道，“我跟他们说，我没打算对他们的藏品做什么坏事，只是对天文学很感兴趣。然后他们只是把我打发走了。”[14]

但米莉没有放弃。在过了几周之后，“也就是冷静期”，她转身又去“玩那套老把戏”，潜入了天文馆。[15]

她在镇上进行的非法活动可不只是潜入天文馆而已。有一段时间，米莉对剧院非常着迷，但是当然了，剧院的门票可不是免费的（除了她能通过格林尼治音乐学院的关系免费获得的），而且门票实际上可能相当昂贵。米莉的解决方案是，用一种相当安全的办法偷偷溜进百老汇的秀场，然后绕过因演出顺利开场而往往会放松警惕的引座员，这样她只会错过演出的前 1/3。“有一阵子，我看过所有从低级到高级的剧目。我不可能出得起看剧的钱，但我必须去看。”[16]

后来上大学时，米莉意识到做引座员志愿者也可以获得看剧的机会，还无须偷偷摸摸。作为一名年轻的学生，她喜欢带着朋友们一起。她表示：“我的有些朋友相比于所看到的剧目内容本身，他们对偷偷潜入剧院带来的刺激兴趣更大。”[17]

解出每一个方程式，解决每个问题

在亨特学院附属高中，老师和同学们可以给米莉带来学业方面的激励，这让她非常高兴，她也会尽可能地参加更多的课外活动。米莉多次提到，亨特学院附属高中正是她职业生涯的转折点。在那里，她能够通过学习她所谓的“超负荷”课程，换句话说，就是额外的选修课，在各个领域尤其是数学与科学领域，探索令她好奇的事物。[18]在2009年为亨特学院附属高中当年的毕业典礼所录制的演讲中，她这样说道:“那成了我真正关注的重点，引领我终生从事物理学方面的研究和教学工作。”[19]

在亨特学院附属高中时，米莉在人际交往方面也取得了很大的进步。午餐时间，学生们都倾向于参与学校俱乐部的活动。米莉通过参与这些团体活动，还有她作为小提琴手参与的管弦乐团活动，结交了许多新朋友。米莉回忆道:“我参与了各种活动，每天都会去不同的俱乐部。一切都跟我在社区初中时经历的完全不同，所以我开始表现得像个高中的学生那样了。”[20]

伊丽莎白·斯图尔特（Elizabeth Stewart）是米莉的一位老友，她表示:“我和米莉在14岁的时候相遇。”1945年刚进亨特学院附属高中的时候，她俩都对这里感到陌生，后来她们成了好朋友。“米莉一直是那种热情友好的姑娘，和她在一起我总是觉得很舒服。尽管她从不吹嘘，也不会反复强调她取得的成绩，但没过多久，我就发现了她不同寻常的天赋。她似乎对自己所取得的所有成就都泰然处之，却给我留下了深刻的印象。她不但各门学科都很出色，还是一位优秀的音乐家，甚至她的一些衣服也是自己做的。我从没见过如此多才多艺的人。”[21]

在准备亨特学院附属高中入学考试的时候，为了取得好成绩，米莉自学了很多数学知识。她发现自己的数学成绩很好，在校期间数学成绩一直名列前茅。斯图尔特断言：“米莉的数学才能是天才级别的，而我却在一门很简单的数学课上遇到了困难，那就是几何。我期中考试考得很糟糕，在竞争激烈的亨特学院附属高中，这是让人难以接受的。米莉倾听了我的烦恼，她主动提出给我辅导功课，帮我渡过难关，不求任何回报。她来过我家一两次，耐心为我讲解基础的数学概念。在她的帮助下，我以 93 分的成绩通过了期末考试。我永远不会忘记她对我的友好帮助。”[22]

除了完成学业，整个初中，米莉都靠做各种零工来补贴家用。但从高中开始，她将自己的“创业游戏”提升了一个档次，开办了一项主要靠口碑宣传的高薪家教业务。[23]

最初，她作为家教老师被推荐给了一个学习有困难的同学，这个同学与她之前辅导过的那个有特殊需求的年轻学生一样。她的薪水相当可观：每小时 5 美元，按 2021 年的美元汇率来换算，相当于每小时67美元。[24]当时，在米莉看来，这简直不亚于“在高速路上拦路抢劫”，但由于她声名斐然，愿意花这笔钱请她做家教的父母已经排成了长队，以至于到她上大学时，她赚到的钱不仅足够给父母支付账单，还让她实现了经济独立。[25]她辅导的学科包括了她最擅长的数学和科学，但她愿意教任何课程：英语、历史、西班牙语，任何有需求的都可以。“这是我自己的小生意……我几乎总是帮我的学生在课程中拿到 A。我会搞清楚他们的问题是什么，为什么无法克服……我会教他们怎么学习，以及如何准备考试。”[26]

随着客户不断增长，米莉的辅导经验也变得更加丰富，她甚至开始将中学教育视为自己未来的事业。但是，正当她在学校与课外活动中表现出色时，一场严重的疾病开始威胁她的生命。

早在高三时期，米莉就患上了一种持续性的深度咳嗽，并出现如鸡鸣样的吸气声。这就是百日咳。1964 年，这种疾病影响了将近 11 万名美国人，而米莉就是其中之一。[27]百日咳是一种危险的疾病，对于婴儿和其他免疫系统不发达的人来说可能是致命的。1906 年，比利时的细菌学家朱尔斯·博尔代（Jules Bordet）和奥克塔夫·让古（Octave Gengou）发现了引起这种传染性极高的疾病的细菌。20 世纪 40 年代初，在儿科医生莱拉·登马克（Leila Denmark）等人的努力下，一款疫苗被研发出来。之后在化学家洛尼·戈登（Loney Gordon）的协助下，美国科学家珀尔·肯德里克（Pearl Kendrick）和格雷斯·埃尔德林（Grace Eldering）所主导的研究研制出了我们今天所知道的疫苗，不过到了 1943 年，美国儿科学会才批准这款疫苗在美国正常使用。[28]

几乎可以肯定的是，米莉并没有接种疫苗。她病得很重，被迫在家休养了好几个月，同时确保不将疾病传染给同学们。根据一次采访，这就是她最终放弃在格林尼治音乐学院学习小提琴和参与其他活动的原因。米莉说："在高中时期我病得很重，不得不放弃了一些事情，几乎错过了一整个学年。"[29]

当最终完全康复后，米莉集中精力迅速完成学业，并开始为自己的下一次冒险——上大学做规划。即使对于第二次世界大战后不久的美国女性而言，想要接受高等教育相当困难。1940 年，美国只有大约 7.7 万名女性获得了学士学位，而男性则为 11 万人。到了 2017 年，女性获得学士学位的人数攀升至 112 万，超过了男性 83.6 万的人数。[30]

亨特学院附属高中的优势学术课程为米莉的学术生涯创造了有力的转折点，不过她后来也承认，她在那里的学习经历也凸显了她在学术追求方面，以及 20 世纪 40 年代末年轻女性取得进步的机会方面所不了解的东西。当时，想上大学的女性拥有的选择很有限，尤其当她们的经济状况也很受限时。尽管第二次世界大战期间，许多女性在传统上由男性主导的理工科领域取得了进展，但后来她们发现自己的工作岗位被取消了，或以其他方式交还给了刚下战场的男性。因此，女性，尤其是那些处于弱势背景的女性，在这些领域获得一席之地和取得进步的机会被整体忽略了。[31]

在 2012 年的一次采访中，米莉表示："我没有很大的抱负。有人告诉我，因为我是女孩，而且也没钱，所以我可以从事的职业只有 3 种：教师、护士和秘书。"[32]

当这 3 个选择摆在自己的面前时，米莉自然倾向于教书。出于她对数学的喜爱，她打算成为一名数学老师。实际上在高中时期，她就已经是了。凭借她无可挑剔的辅导技巧，再加上她敏锐的商业头脑，她成功建立了一家"公司"，这个"公司"相当于 20 世纪 40 年代的教育初创公司。[33]

不过，还有其他选择吗？在人生的这个阶段，米莉缺少理工科领域的榜样，即那些能向她展示成为科学家、数学家或工程师之路的专业人士。虽然她的老师给了她很大的鼓励，但学校里的指导老师对于那些似乎超出了学生们经济能力的大学，甚至连试都不会让学生去试。更重要的是，虽然相对布朗克斯社区附近的高中来说，亨特学院附属高中所设置的科学与数学课程是完全不同的，但本质上它还是一所专注于文科教育的学校，将高等科学与数学内容的教学留给了它的兄弟院校。因此，尽管米莉尽可能地选修了足够多的数学与科学课程，但她还是没能抓住机会，将这些学科精进到一定程度，为她开启在理工科领域的职业生涯做好准备。然而，她还是找到了学习这些学科的办法。米莉认识了一些来自曼哈顿下城斯泰弗森特高中的同学，在询问他们是否能与自己分享所学的知识时，他们同意了。[34]

不过，到了申请大学的时候，米莉犹豫了。不是她不想去，而是她知道，亨特学院附属高中的学生会自动获得资格，升入附近的亨特学院。米莉觉得自己永远去不了其他地方，一方面资金不足，另一方面她也要继续通过给学生补习功课来赚钱补贴家人。由于在纽约州高中会考考试中取得了出色的成绩，米莉甚至获得了康奈尔大学久负盛名的奖学金。但她担心自己负担不起剩余的学杂费，所以她没有申请康奈尔大学，也没有申请别的大学。“对我来说，一切似乎很明显，我若去上大学就是上亨特学院。”[35]

虽然看似失去了获得常春藤名校教育的机会，但米莉过得很好。事实上，如果不是因为她在亨特学院的经历，她很可能不会成为如此杰出的科学家与工程师，更不会遇见那位永远改变了她的人生的导师。

1948 年 2 月 3 日，对未来充满希望的米莉登上了亨特学院附属高中的讲台。她是班上的优秀毕业生，获得了两个特别奖项：家长教师协会的奖学金，内容是“奖励所取得的学术成就和自愿为社区提供服务的精神”，以及亨特学院的数学荣誉学会奖，内容是“奖励数学方面的杰出才能”。[36]

她的毕业年鉴标题很简洁：“年鉴，1948 年 1 月版”，封面由一种未来主义风格的深灰色编织材质制作而成，几乎像是全息投影，印在上面的是重复的新月图案，在灯光下翻开封面时它就会发出闪烁的光芒。这本 20 世纪 40 年代的年鉴的华丽外观就好像预示了米莉的未来，预示了她将会发现另一种深灰色材料的一些最基础的特性，这种材料在被编成网球拍和手机壳后，当你像那样转动它时它也会闪闪发光。[37]

年鉴工作人员对米莉的评价是“聪明且善良”。同时，她的肖像描述也是永恒的经典：

> 米尔德里德·斯皮瓦克：她能解出每一个方程式，她能解决每个问题。米尔德里德就是智慧和乐趣的化身。在数学与科学方面，她是首屈一指的。[38]

61 年半以后，米莉在对母校的毕业生发表演讲时，用到了她在上大学前所得到的鼓励：“**世界上很少有人像我这样喜欢自己的工作，而我向你们所有人强烈建议这样做。所以，拓宽思维、放眼未来……只要下定决心，什么事都能做到。**”[39]

对米莉来说，在科学与工程学领域取得成就绝非易事，尤其是在她和其他以事业为主的女性在 20 世纪中叶面临诸多障碍的情况下。但在战胜这些挑战之前，她首先要设想这样一个未来将如何实现。这一愿景是在她高中毕业一年多以后开始巩固成型的，这也多亏了她一生中最重要的导师之一。

Carbon Queen

第 3 章

探索即兴曲

投身物理学，谱写科学信念的音阶

20世纪40年代后期是美国物理学发展的一个独特时期。第二次世界大战结束后，研究人员不得不考虑“曼哈顿计划”（Manhattan Project）[①]带来的影响。这个计划提供了实证，证明了一个微小的原子内部蕴含着从前不可思议的巨大能量。一些人继续研究核物理学，努力将这种巨大的能量用于有益于人类的事业中；而另一些人，比如美国核物理学家利奥·西拉德（Leo Szilard）将重点转向了别处。西拉德曾设想核链式反应，但直言不讳地反对将其用于原子武器上，战后他转向了分子生物学领域。[1]

在此10多年前，奥地利物理学家莉泽·迈特纳（Lise

① 曼哈顿计划是第二次世界大战期间研发出人类首枚核武器的一项军事计划，由美国主导，英国和加拿大协助进行。——译者注

Meitner）与德国物理学家奥托·哈恩（Otto Hahn）共同发现了核裂变，为核科学做出了巨大贡献（不过哈恩后来获得了诺贝尔奖，而迈特纳却受到了极大的冷遇）。与此同时，从利昂娜·伍兹·马歇尔·莉比（Leona Woods Marshall Libby）到后来的诺贝尔奖得主玛丽亚·格佩特·迈耶（Maria Goeppert Mayer），再到“物理学第一夫人”吴健雄，几十位女性科学家为“曼哈顿计划”做出了贡献。

然而，战后时期，美国女性在从事科学和工程学方面的事业中通常会遭到阻碍。直到 20 世纪 60 年代末到 70 年代初，许多顶尖的学院和大学才开始定期招收女学生。20 世纪中叶，无论是在实验室里还是在科学期刊上，女性有色群体科研人员的踪迹尤其难觅。[2]

1948 年 2 月，当米莉进入亨特学院时，周围的环境正是如此。正如米莉在采访和演讲中所说的那样，当时她在科学领域的职业前景几乎是不可能实现的。

尽管她有突出的兴趣和天赋去攻读科学或数学相关领域的大学学位，但她的高中指导顾问不仅不鼓励她，对待她的方式也跟他们之前对待许许多多聪明但贫困的学生（尤其是女学生）一样：由于她的财务状况堪忧，从未有人真的将她视为任何科研工作的候选人。[3]

于是，米莉开始了她的大学生活，但并没有抱很高的期待。尽管她从小就很有想法，从阅读《微生物猎人》和居里夫人的传记，到一次次参观海登天文馆，但她并没想过将学术研究作为她长期的追求。她解释道："我从一开始就对数学和科学很有兴趣，在学习的过程中，我认为它们是非常有意思的学科，但并没打算将它作为我的事业。"[4]

事实上，米莉的首要任务只不过是改善她父母苦苦维持的经济状况。她表示："我的目标……是获得一些培训，这样就能找到好一点的工作，而不是去拉链厂那样的地方做零工。"[5]

除了无法将自己的数学与科学技能应用于其他方面，米莉认为，她自给自足的目标已经实现了，这要归功于她所做的利润丰厚的辅导事业，她一直坚持做这份工作到上大学。当然，就算她以开始的方式——专注于小学数学教育来结束自己的大学生涯，她也会取得巨大的成功。她的辅导经验清楚表明，米莉本可以成为一名出色的教师。但实际发生的一切更加不平凡，远远超出了她和她父母的想象。[6]

对米莉的父母而言，米莉读了大学，取得这样的成绩，他们感到非常惊喜。虽然从一开始，他们就对她的教育活动大力支持，但当时大多数美国女生不需要在高中毕业后继续上学。因此，虽然她的父母完全相信儿子欧文会在职业生涯的发展中读到大学，但女儿米莉做了同样的选择就让他们感到意外了。当然，她的父母并不反对她继续接受教育，但他们也提供不了什么指导。[7]

1948 年冬天，米莉高中毕业后立刻开启了大学生涯。早些时候，她对获得教育证书感到很激动，2008 年她提到过："我期待着接受培训，学习如何为热爱学习与科学的孩子们提供指导。"[8] 但由于高中成绩优异带来的优势，她也很乐于去上一些合适的选修课，主要是数学和科学方面的。起初她选修那些课程只是为了获得乐趣。即便在普遍支持女性的亨特学院，20 世纪 40 年代的教育工作者们也不会特别支持"职业女性"从事一些超出可接受范围的职业。因此，像米莉这样全面发展、颇有天赋的学生，在规划未来时也可能会遭遇许多困难。[9]

随着第一个学期逐渐深入，米莉开始真正享受大学生活了。她的大学生活并不是大多数人在描述大学生这个概念时所想象的、第一次远离家乡寻找自我的那种生活，这主要是因为米莉依旧住在家里，每天通勤去上学，但她维持着活跃的社交生活，也很受同学们的欢迎。[10]

在她大二的时候，一切迅速发生了变化。就是在这个时候，她遇到了一个人，并很快和她建立了深厚的关系。在她们之后几十年的交往中，这个人成为她的老师、榜样与朋友，甚至是母亲一般的存在。[11]

初识诺贝尔奖得主罗莎琳·苏斯曼·雅洛

罗莎琳·苏斯曼·雅洛（Rosalyn Sussman Yalow）是第二位获得诺贝尔生理学或医学奖的女性，她于 1977 年因开创了放射免疫分析法而获奖。放射免疫分析法是一种使用放射性标记来测量血液中生物和药理物质浓度的方法。雅洛与其他两人因不相关的研究工作共同获得了诺贝尔奖，她的长期合作伙伴所罗门·伯森（Solomon Berson）当时已经去世，从而未能获奖。第一位获得诺贝尔生理学或医学奖的女性格蒂·科里（Gerty Cori）恰好是在 30 年前获得了该奖。当时科里与同事同时也是她的丈夫卡尔·科里（Carl Cori）以及阿根廷研究员贝尔纳多·奥赛（Bernardo Houssay）因在糖代谢方面的集体研究工作，共同获得了 1947 年的诺贝尔生理学或医学奖。[12]

对于第一位在科学领域获得诺贝尔奖的在美国出生的女性雅洛来说，她的成功之路就像蚂蚁归巢的路线，虽蜿蜒曲折，但目标明确，就是将她在科学方面展现的才能转化为她一生从事的事业。当雅洛遇到她未来的门徒时，她正努力在科学界寻找自己的一席之地，这也是科里获得诺贝尔奖仅仅 2 年后。在 2002 年的一次采访中米莉说道："雅洛获得了博士学位，但找不到合适的研究工作。她在亨特学院任教，那里主要是学生受教育的地方，不是真正适合做研究的地方。" [13]

实际上，10 年前雅洛就读于亨特学院，并成为该学院第一名物理学专业毕业生。为了开启通往研究事业的大门，她曾短暂地做过一阵子秘书工作，然后在伊利诺伊大学获得了任教的机会，同时也获得了核物理学的博士学位。但在 20 世纪 40 年代中期，尤其是第二次世界大战的退伍军人退役后，美国的研究岗位基本上不对女性和犹太人开放。最终，她在当时的布朗克斯退伍军人管理医院找到了一份全职的研究工作，并在那里待了 40 年，直到退休。但在找到这个研究中心之前，雅洛回到了母校，一边思考下一步的行动，一边试试水。她在亨特学院仅仅担任了几年兼职教授，但这个时机对于她的一名学生的未来发展轨迹有着惊人的影响。如果雅洛和她的明星学生没有这次在这个国家最大的城市的一所市立大学中大约 16 个月的相处，米莉的人生轨迹将会完全不同。[14]

1949 年 2 月，大二学生米莉报了一门物理学入门课，这门课涵盖了雅洛的专业核物理学的基础知识。对米莉来说，人们对物质的一致理解所出现的最新进展令她着迷。有机会了解人类思维是如何将单纯的好奇心转化为既能改善日常生活，又能造成大规模破坏的工具的，这真的是太难得了，不容错过。[15]

在阅读课程公告时，米莉特别感兴趣的一点是，这门课将由一位女老师讲授。在亨特学院附属高中，米莉的周围都是女同学和女老师，但那里的理学院对核物理学的最新进展还远远谈不上熟悉。雅洛则完全不同，她刚获得了这个领域的博士学位，与其他教授这类入门课的老师一样，算得上是个专家。[16]

米莉说，这门课“非常令人兴奋”“彻底俘获了我”。[17]由于这门课的报名人数只有个位数，师生彼此都非常了解，他们立即建立起了关系纽带。米莉后来将其形容为“一见钟情”。米莉在雅洛身上看到了和她一样热衷于研究探索，并在学术和事业上为她提供了很大的激励的一位科学家的形象；雅洛也在非常聪明的米莉身上看到了自己的影子，米莉在追求学术方面显然也有着一往无前的动力。无论是明确的还是大家心照不宣遵守的规则，为了追求学术研究，米莉都会去打破这些规则。[18]

雅洛成了一名值得信赖的导师，在米莉的整个职业生涯中，她将在大大小小各个方面继续培养米莉。早期最强有力的支持，就是鼓励米莉忘记教学这回事，继续追求学术研究。在 2012 年的一次采访中，米莉在谈到雅洛时说："她是一个了不起的人，她凭借自己的力量打开了生物物理学领域，并成为科学界举世闻名的人物。她对我产生的影响很大，她引导我读研究生，去最好的学校，与最好的学者一起学习。她告诉我，即使是女性，我也能做到。她也确实提醒过我，女性在科学领域的前路可能会更加艰难，但不要因此而气馁。"[19]

为了完成课程作业，雅洛建议米莉参加由哥伦比亚大学物理系主办的研讨会，这里汇聚了像威利斯·兰姆（Willis Lamb）和波利卡普·库施（Polykarp Kusch）这些将来会凭借对电子和氢原子的研究而共同获得诺贝尔奖的人才，以及放射性衰变方面的专家吴健雄——她的"吴实验"助力她的两位男同事获得了诺贝尔奖①。雅洛还邀请米莉去了一次自己家。米莉说："这真是太棒了，还没有其他老师这样做过。"[20]

事实上，用"鼓励"来形容早期雅洛对米莉的支持，可能还不够准确。据米莉说，导师雅洛一了解到她的天赋，几

① "吴实验"即宇称不守恒实验，助力杨振宁和李政道获得 1957 年诺贝尔物理学奖。——编者注

乎就坚持要她改变对未来的计划了。“雅洛是一个相当霸道的人，”在 2012 年赢得了久负盛名的科维理奖后，米莉回忆道，“她只管‘发号施令’，我基本上都是按她说的去做。”[21] 同年，在接受《纽约时报》的采访时，米莉在谈到雅洛时说：“你见到她后，她会对你说‘你要这样做’。她告诉我，我应该专注于科学。她没有具体说什么科学，但说过我该在某个领域的前沿做些什么。”[22]

两个人性格不同。米莉大体上很随和，会快速避免冲突，总是寻找那些能安静创造有利成果的地方，而雅洛则异常固执。[23] 对于那些追求领导力的人来说，这可能是一个积极的特质。尤其是在一个女性在科学以及其他许多领域仍被视为不如男性的时代。

20 世纪 90 年代中期，米莉向为雅洛做传的作家尤金·施特劳斯（Eugene Straus）解释道：**“她必须这样做，如果不这样做，她就不会是今天的她，不会得到如此高度的关注。世界是灰色的，但她能将它转化为黑白分明的，对她而言这总是有帮助的。”**[24]

然而，就像对待米莉那样，将某人置于自己羽翼下时，雅洛是非常忠诚的。在 2002 年的一次采访中，米莉指出：“雅洛有不为公众所知的一面，但我能看到她这一面。”比如，根据米莉的回忆，在她刚大学毕业还处于职业生涯早期时，雅洛只要有可能，就会带着丈夫艾伦一起，参加米莉在美国物理学会发表的 10 分钟演讲，还带上一堆好吃的。“她会变得非常慈爱。”米莉补充道。[25]

米莉确实将雅洛的劝告牢记于心，并将注意力从教育领域转向了物理学领域。然而，她并未完全确定该往哪个方向发展。虽然她对物理学和化学很是着迷，但她也在继续学习大量的数学课程，并认真考虑将数学作为另一个可选项。她也不知道自己完成学业后要做什么。当她继续深造读研时，她甚至开始受到了父母的反对，他们认为米莉可能在自己的学术爱好方面做的尝试太多了。[26]

米莉读大三时，雅洛离开了亨特学院，去往布朗克斯退伍军人管理医院从事全日制的科研工作。但她仍然坚持鼓励米莉申请有声望的研究项目奖学金，从而获得研究生学位。当然，米莉自己也全力以赴。她成绩优异，一般来说，没什么偏见的人都不会拒绝她。她还继续从事家教工作，这让她积累了越来越多的经验，为攻读研究生学位积攒了学费。[27]

雅洛并不是唯一一个称赞米莉并帮助她的人。虽然亨特学院是一所大型的公立院校，但物理系很小。米莉是一名出色的学生，所以在这个领域的教授们都知道她。和雅洛一样，他们也竭尽全力，鼓励她寻找攻读研究生的机会。[28]

1951年，在获得了来自雅洛和亨特学院其他教授的盛赞后，即将从大学毕业的米莉获得了好几个深造的机会。第一个录取通知是由拉德克利夫学院（Radcliffe College）发出的，在那里米莉将会在该校的兄弟院校哈佛大学攻读物理学，这样一来，她还能跟哈佛大学的一个研究生继续约会；第二个选择是接受麻省理工学院提供的奖学金。这会拓宽她在数学专业上的道路，并通过她为美国海军所开发的真空管计算机项目，即“旋风”项目将她引入计算机科学之门；第三个选择来自新设立的“富布赖特项目”（Fulbright Program）的奖学金，这将使米莉有机会在英国剑桥大学攻读物理学。[29]

米莉在仔细斟酌了各个项目的优点后，最终在下定决心、选定职业方向时考虑的因素是：旅行。对于童年时期家庭非常贫困，有时甚至连吃饱饭都困难的米莉来说，通过探索地球的另一端来扩大物理视野，这样的机会无疑是难以抗拒的。

米莉后来说：“我被出国旅行、去看看这个世界的想法所吸引，做出这个选择的原因不仅是我更喜欢物理学而不是数学。”就是这样，未来的碳女王决定将她的职业方向定在物理学而不是数学上。[30]

米莉也曾希望去拉德克利夫学院就读。她向项目管理者咨询是否有可能将录取通知推迟一年，这样她就可以在去往拉德克利夫学院开始一个项目之前，先完成她的“富布赖特项目”的学习。项目管理者同意了。虽然她直接拒绝了麻省理工学院提供的奖学金，但最终她还是以另一种方式在这所院校留下了自己的印记——在后来的半个多世纪里，这里成了她永远的家。[31]

1951 年 6 月 21 日晚上，将近 1 000 名年轻男女聚在一起，庆祝从亨特学院顺利毕业。伴随纽约市消防局乐队与亨特学院合唱团的音乐选段，毕业生们盛装出席。他们戴着紫色的帽子，穿着紫色的长袍，接过数年刻苦攻读所换来的奖励与学位证书。对其中的大多数人来说，这个场景标志着他们接受正规教育的终点，而对于其中的少数人来说，这才只是一个开始。[32]

对米莉来说，这无疑是值得纪念的一天。这段校园生活对她影响深远，这一切尤其归功于她的新朋友兼支持者雅洛。雅洛极大地重塑了米莉未来的可能性。虽然后来米莉承认，她在大部分科学和数学课程中，无论是在深度还是广度上，认知都很有限，但显然她从亨特学院的整体教学理念中获益匪浅。**“我在那里学到了很多东西，比如，就个人对社会的责任而言，仅仅索取是不够的，你还需要付出。”**[33]

米莉是班上仅有的5名以优异成绩毕业的学生之一，也是以最高荣誉毕业的学生。她的毕业项目获得无数荣誉，包括成为美国大学优等生荣誉学会的会员、获得两项约瑟夫·吉列纪念奖（Joseph Gillet Memorial Prize）——一项数学的，一项物理学的。[34]但也许当天最令人难忘的是她与颁奖典礼的特邀发言人、美国海军研究办公室的数学主任米娜·里斯（Mina Rees）之间的互动。毕业典礼结束后，里斯特意向米莉表示祝贺。“她去过很多地方，了解很多事情。”米莉在谈到这位后来成为美国科学促进会首位女主席的数学家时说道。里斯与米莉讨论了她获得“富布赖特项目”奖学金前往英国学习的事情，并向她表示了大力支持，鼓励米莉继续学业。在几十年后谈到这次交流时，米莉说：“对我来说，那是很好的一次鼓励。”[35]

在剑桥大学攻读物理学，改变一生的工作方向

对20岁的米莉来说，去英国剑桥大学就读一年的感受就像一只飞蛾发现自己即将破茧而出。虽然她在高中与本科期间，就像一只贪婪寻求经验的毛毛虫，但第一次能够自己飞翔完全是另一回事。

米莉在剑桥大学就读的经历标志着她第一次可以按照自己的节奏来探寻技术和文化方面的兴趣，无须背负经济或其

他方面的压力。那也是她第一次可以探索一下家人出生和生活过的大陆。“那是属于我的一年。”她后来说道。[36]

米莉的学术基地是备受推崇的卡文迪许实验室，这里也属于剑桥大学物理系。到她来的时候，该实验室已出现 10 多名诺贝尔奖获得者（截至本书撰写时已有 29 名）。所有讲座对所有想参加的人开放，而且主题广泛，所以她在剑桥大学度过的一年，巩固了她对高能物理学和固体物理学的基本理解。前者即粒子物理学，深入研究原子的基本性质，后者研究物质的宏观性质。[37]

由于在亨特学院深入研究物理学的机会有限，米莉在卡文迪许实验室所上的课程的主要作用是让她对不熟悉的科目有所了解。由于在所追求的学术领域毫不受限，米莉选择了将科学课程与更偏人文领域的课程进行合理搭配。例如，在发现剑桥大学正举办“非凡艺术讲座”时，她很高兴能从中学习一些艺术史。[38] 在物理学方面，米莉对理论的理解获得了大幅提升，但似乎教学实验室里没有地方能容纳她，导致她在攻读博士学位之前，一直很缺乏做实验的经验。[39]

剑桥大学的教授中有一个人将对米莉的人生轨迹产生重要的影响，他就是布莱恩·皮帕尔德（Brian Pippard）教授。他因在超导性方面的工作而在物理学界广为人知。超导性指某些材料在被冷却到特定的阈值温度以下时，就可以在没有任何电阻的情况下导电，这种性能看起来很神奇。除此之外，超导性还可以使磁共振成像机器用于诊断疾病，使磁悬浮列车保持自由移动，并使高能加速器（如大型强子对撞机）将亚原子粒子全部粉碎。他们在剑桥大学的相遇，是在米莉参加皮帕尔德的讲座时。在米莉获得奖学金几年之后，皮帕尔德访问芝加哥大学，而米莉正在那里攻读博士学位，他们的关系日益加深，持续了很多年。[40]

作为“富布赖特项目”的一部分，米莉还被指派了几位导师，即所谓的“指导教师”，他们会在一种独立的研究项目中一对一地对她进行指导。米莉解释道：“这有点像去上音乐课，他们给你布置了很多作业，下一周你带着完成的作业回来，然后再一起探讨。”米莉的导师包括专攻凝聚态物理学的罗伯特·丁格尔（Robert Dingle），专攻固体物理学的罗伯特·钱伯斯（Robert Chambers），以及专攻高能核物理学的托尼·莱恩（Tony Lane）。[41]

在没有学习物理学，或者提升自己作为研究人员的前景时，米莉仍然保持着高度活跃的生活方式。她住在为国际学生预留的宿舍里，与同龄人——同样受“富布赖特项目”资助的同学，以及英国当地人打成了一片。在参加的活动中，她凭借高超的小提琴技能让她的新朋友和点头之交折服，她还会在国王教堂合唱团唱歌。[42] 她的寄宿生活就像一本魔幻寄宿学校的奇幻小说中描述的那样，米莉回忆道："茶歇是学习间隔的休息时间……吃饭是谈话时间。人们会围着这些大圆桌吃饭，然后大约每个月一次，你会和导师们在贵宾桌上吃饭。"[43]

在获得奖学金的那一年，米莉也第一次过上了舒适的生活："富布赖特项目"支付了她所有的生活费用，还包括旅行费用。简而言之，无论她想做什么，她在经济上都会得到赞助。她回忆道："我有那么多钱！哦，我在英国过着像女王一样的生活。"[44]

米莉一有机会，就会利用旅行基金去探险。周末的时候，她常会陪着同伴们一起，游览他们在英国各地的家乡。但她也充分利用了剑桥大学的长假，广泛游历了欧洲的其他国家。当时的欧洲还没有从多年的冲突中恢复过来。只要有可能，她就会去看望家人，特别是定期去看望住在巴黎的叔叔。

她特别喜欢欧洲的历史，认为欧洲的历史充满了传统的韵味。[45] 她回忆道："有很多东西对我来说都非常新鲜，而且与美国的情况大不相同。人们能看到其他人是怎样生活的，这很重要。"[46]

米莉在剑桥大学那一年的生活在很多方面都对她产生了巨大的影响。她对老师、同学和整个项目都感到很满意，也为成为一名优秀的研究生做好了准备。她表示，20 世纪 50 年代初在剑桥大学的生活“是非常、非常活跃和令人兴奋的”。[47] 这个项目也迫使米莉自学了很多东西，这有助于她坚定自己能成为一名科学家的信念。就这样，米莉在剑桥大学的生活改变了她一生的工作方向。她说：“我知道我可以把科研做到让自己满意的水平，这种感觉很好。”[48] 通过与来自各行各业的物理学家及物理学专业的学生见面，她了解了成为一名学术研究者会是什么样子，也领悟到了“很多专业精神”。[49]

米莉将自己对科学的热爱转化为追求更高学位的全新信念。为了踏上新的旅程，她再次穿越大西洋，定居在了美国马萨诸塞州的坎布里奇。

作为科学女性的意识开始觉醒

在最初的 243 年里，美国最古老的高等学府都只招收男生。1879 年，这种情况在哈佛大学开始发生变化（也是在同一年，一个名叫爱因斯坦的男孩首次凭借自己的天赋为世界增光添彩），当时，一个新的机会为那些想要并且有能力继续深造的女生打开了大门。那一年，在银行家兼慈善家阿瑟·吉尔曼（Arthur Gilman）的鼓励下，由自然历史学家伊丽莎白·卡里·阿加西（Elizabeth Cary Agassiz）所领导的 7 名女性成立了后来被称为“哈佛大学附属院”（The Harvard Annex）的项目，哈佛大学的教师通过教授女学生，可以从中获得额外的固定薪水。[50]

哈佛大学附属院的 7 名组织者希望，女生最终也能拥有和男生同等的机会进入大学学习。但正如 19 世纪许多大学对男女同校持有的态度一样，哈佛大学所开创的项目并没有立即完全接受女生进入大学学习。事实上，哈佛大学的校长查尔斯·威廉·艾略特（Charles William Eliot）和哈佛大学校务委员会成员都“强烈反对”允许女生进入哈佛大学的想法。[51]

然而，到了 1894 年，“哈佛大学附属院”项目取得了很大的成功，获得了马萨诸塞州正式的特许令。以哈佛大学第一位女性赞助者的姓氏命名，拉德克利夫学院开启了校门，并在此后维持了长达 105 年之久。在 1999 年与哈佛大学合并后成为拉德克利夫高等研究院之前，这所学校成为美国最著名的女子学院之一。[52]

到 1952 年米莉入校时，拉德克利夫学院与早期相比确实给予了女生更多的自主权与更高的地位。但与同龄的男生相比，这里仍是一个女生会感觉自己属于另类的地方。[53]

根据米莉的说法，当时拉德克利夫学院并没有开设任何科学课程，对科学学位感兴趣的学生必须在哈佛大学上课。对她来说，这是优势而不是劣势：拥有与世界上一些最优秀的物理学家一起学习的机会，是她一开始对拉德克利夫学院感兴趣的主要原因之一。然而，由于各自的评优规则不同，拉德克利夫学院的所有女生都必须和男生分开参加考试。这意味着她们不能询问有关考试内容的问题，如果试卷出现错误她们也无法收到通知。[54] 相对而言，拉德克利夫学院的所有女生，"无论她们学的是哪个专业，她们都必须在同一个房间里一同参加考试，因为在男女同校的考试环境中，人们认为女生和男生一起参加考试会导致男生分心。"米莉在1999年这样说道。[55]

在此之前，米莉对于科学领域，或者说至少在通往科学与工程学职业生涯的机会方面存在的性别偏见几乎一无所知。毕竟，她曾就读于一所久负盛名的女子高中，上的大学也是一所大多数学生和教师（包括她的导师雅洛在内）是女性的大学。在亨特学院，她发现男生①在学术方面取得的成绩常被女生超越，因此她从未意识到女性处于不利的地位。

① 这些男生主要是在1944年《退伍军人重新调整法案》（又称《退伍军人法案》）颁布后攻读学位的退伍军人。

她甚至指出，在她获得“富布赖特项目”的奖学金前往英国学习期间，在数学和物理学领域的各个年级学生中，女生都占据了相当大的比例。[56]

米莉在哈佛大学上学的第一年猛然意识到了这个问题。后来在谈到她在剑桥大学学习的那一年时，她这样解释道：“我觉得有点儿奇怪。因为女生仍然非常少，在某些班上我是唯一一位女生。”[57]

她发现，有一门课的教授懒得备课，不知为何他几乎每节课都会喊米莉（也就是在场的唯一一位女生）对前一节课的内容做个总结，就像要求秘书阅读之前的会议记录一样。只有米莉，其他人都不会经常有这般待遇。这个重复的任务给她带来了巨大的压力，因为整理材料并非易事，而且她也不是总能理解前一节课所讲的所有内容。[58] 1976 年，米莉在接受《时尚》杂志的采访时说：“我猜教授的本意是好的，但这只会加剧我的自我意识感，使我过于在意外界的看法。”[59]

与米莉同时代的一个人，第一代纽约人，后来成为美国最高法院大法官的露丝·贝德尔·金斯伯格（Ruth Bader Ginsburg）与米莉有着相似的经历。她在米莉硕士课程结束之后没几年，就读于哈佛大学法学院。一个班里有 9 名女生与大约 500 名男生，金斯伯格就是其中一个女生。金斯伯格在 2018 年的一部纪录片中回忆道："你会觉得自己一直身处一个需要不断表现自己的环境。因此，如果你在课堂上被点名，你会觉得如果自己表现不佳，不仅是自己的失败，也是所有女生的失败。这也会让你有一种不舒服的感觉，就好像你在被监视。"[60]

在课上坚持不懈、努力学习的同时，米莉也在考虑去芝加哥大学攻读博士学位。当时，芝加哥大学是全世界前沿物理学最强的大学之一。世界著名的意大利裔美国物理学家恩里科·费米（Enrico Fermi）就在这所大学任教。他是该领域的巨擘，领导了世界上第一座核反应堆的建造，并于 1938 年因在诱导放射性方面所做的工作，以及发现了超铀元素（原子序数大于铀的元素）而获得了诺贝尔奖。[61]

加入一个由费米这样的人掌舵的学院，这样的机会让米莉很感兴趣。因此，在申请成功后，她的下一步行动就确定了：继 1953 年通过努力获得硕士学位后，她的科学生涯将在芝加哥大学正式开启。[62]

Carbon Queen

第 4 章

芝加哥随想曲

捕捉被忽略的隐秘旋律，像物理学家一样思考

1942 年 12 月 2 日下午，在芝加哥大学的前斯塔格球场西看台下方的壁球场上，数十位科学家目睹了这样一幕：一个巨大的墨黑碳堆成为历史上不可磨灭的一部分。经过多年的理论研究，以及充分的材料准备，大约 4 万块、总重量约 400 吨高度纯净的石墨被小心翼翼地放置在壁球场角落里一个精心设计的晶格结构中。晶格结构里还提前放了 1.9 万块二氧化铀和金属铀。科学家们当时的实验目标是：证明人类能创造出一种可控的裂变反应，一种可以释放出自由能的连续原子分裂链。[1]

下午 3 点 25 分，在仪式主持人、芝加哥大学教授恩里科・费米的指示下，最后一组镉控制棒被小心翼翼地从反应堆中取出，世界上第一个可控的、自我维持的核反应成功开始运行。费米是参与美国“曼哈顿计划”的杰出物理学家之一，出生于意大利，在 1938 年获得诺贝尔奖之后，他和犹太裔妻子劳拉一起逃离了纳粹政权的统治，来到美国。就像几十万年前人类对火的利用一样，这个实验标志着一个全新时代的到来，在这个时代，人类突然有能力控制一种极其强大的自然力量，无论是出于善意还是破坏性的目的。[2]

在那次实施核反应实验的 11 年后，随着核时代的深入推进与冷战升温，23 岁的米莉成了享誉全球的芝加哥大学物理系的一名新生。那时许多在“曼哈顿计划”期间具有影响力的研究人员已经离开这里，寻找其他机会去了。然而，费米和其他杰出科学家都还在，包括诺贝尔奖得主哈罗德·尤里（Harold Urey）和玛丽亚·格佩特·迈耶（作为寄宿生，米莉与他们一起住了一年），还有 1942 年裂变演示时唯一在场的女性，当时仍在从事教学工作的物理学家莉比。芝加哥大学物理系仍然在全球范围内享有盛誉，具有顶级的科研水平。[3]

那时芝加哥大学物理系的规模还很小，作为那年仅有的十几个新生之一，米莉也获得了一定的关注。事实证明，她也是该系唯一一名女生。然而，尽管获得了“富布赖特项目”的奖学金，又取得了硕士学位，但米莉还是觉得自己在开始攻读博士学位时没有做好充分的准备。这主要是因为她的高中教育水平不如人意，在剑桥大学卡文迪许实验室和哈佛大学所获得的机会也不充裕。因此，从开始博士阶段的学习时，她就重温了在亨特学院附属高中时用的课本，并在系里找到了一堆以前的试卷，将试题翻来覆去做了个遍，直到觉得自己能跟上进度为止。[4]

尽管米莉增加了这些练习，但对于一年级的新生来说，这些博士课程还是太难了，有大约 3/4 的物理学专业学生最后都退出了该系。但米莉从后来成为她的另一位伟大导师的人那里，获得了意想不到的帮助。[5]

跟随费米，学习成为一名优秀的教师和引导者

米莉与费米结识于他的课堂上。这位镇定自若的物理学家不仅在原子弹的研发方面，而且在战后的粒子物理学研究方面都取得了重大进展。在他的量子力学课堂上，米莉逐渐了解这位大师的教学风格，他很有耐心、具有启发性和开放性。[6] 费米用一种被米莉称为“顿挫”的声音[7]——带着点口音，缓慢、从容又熟练地将复杂的主题提炼出来，让在场的学生都能理解。费米喜欢将概念分解为本质，与那些专注于自己的科研工作，从而对教学没什么耐心的教授不同，费米珍惜通过向别人讲述自己对物理概念的理解来复习这些知识点的机会。在这一点上，他显然很有天赋。对于费米讲解量

子力学细节的方式，米莉解释道："任何一个年轻人在听他的讲座时，都觉得自己理解了其中的每一个字。"[8]

这位杰出的物理学家讲课时思路清晰的关键一点是，他禁止学生们做笔记。费米要求学生们在听课时全神贯注，因此在讲课前，他会准备好手写笔记分发给学生们，以免他们忍不住拿出笔或计算尺。在 2001 年的一次采访中米莉说道："令人印象深刻和无比神奇的是，无论主题是什么，他的讲座都令人感到非常兴奋。"[9]

然后是作业，虽然学生们总是很难搞定，不过一旦他们搞懂了，就会很开心受到启迪。在每节课结束时，费米都会提出一个看似很简单的问题，作为下节课之前的练习。这些问题包括：为什么天空是蓝色的？为什么太阳和恒星会发出光谱？还有一个著名的问题，芝加哥有多少个钢琴调音师？[10] 2012 年在接受美国能源部所颁发的恩里科・费米奖终身成就奖时，米莉说道："回家之前，你会以为这些问题很简单。"[11] 这类问题被称为"费米问题"。如今世界各地的学校都会教授这个问题，从幼儿园一直到研究生课程都会涉及。这类问题被作为案例，说明如何在不知道所有相关参数（似乎也是必要参数）的情况下，以估计和三角测量的方式来探索答案。而在米莉上学时，她只知道对这些问题的解答下节课要交，不到一两天就是截止日期，他们往往会花很多的精力来计算。米莉说:“**我认为，我们从他那里学到了许多东西，包括物理问题的表述，如何思考物理，如何解决问题，以及如何提出自己的问题。**”[12]

事实上，**在整个职业生涯中，米莉都很感谢费米，认为是他教会了自己如何“像物理学家一样思考”。**[13] 费米的天赋让他在理论和实验方面都表现出色。米莉常说，费米体系背后的一个关键概念在于独立研究。研究生们应当或多或少地独立思考，独立撰写与发表论文，无须来自更资深教师的指导。这要求他们彼此合作，对物理学有广泛的理解，再将其应用于自己想要研究的课题上。[14]

费米与学生的联结不只是在课堂上，他是出了名的那种与年轻人频繁互动的教师，是少有的将学生融入自己个人生活的资深教师，这一点广为人知。费米的一名研究生、物理学家杰伊·奥里尔（Jay Orear）在纪念他的导师的书中提到：“自由与学生交往，平等对待他们，这并不会让他有失身份。事实上，我认为与一些年长的同事相比，他更享受与年轻的物理系学生相处。”[15]

对米莉来说，这种融合从她上学的路上就开始了。她和费米住的地方很近，两人都起得很早，每天早上都沿着埃利斯大道步行去实验室。[16] 在 2007 年的一次口述史采访中，米莉这样回忆道："我早上起来后第一件事就是跟他一起去上课。我在步行前往学校的路上会遇到他。他会穿过街道跟我一起走。这只是非常友好的一个小举动，却让我记了很久，难以忘怀。"[17]

根据米莉的说法，每次他们见面时，费米总会选择要讨论的话题，而且总能激励她。2013 年，她提到："我是一个非常害羞的年轻人，不会想到主动向费米提出话题。他总会问类似于'如果这个、这个和这个是真的会怎么样？如果我们能做到这一点，会不会很有趣？我们能学到什么？'这样的问题。"[18]

众所周知，费米和他的妻子劳拉每个月都会在家里举办晚宴，之后会一起跳舞，而且他们总是会邀请学生们来参加。费米的一名研究生、物理学家哈罗德·阿格纽（Harold Agnew）在费米去世后发表了一篇纪念文章，其中写道："他在芝加哥的房子顶层有一个很大的房间，他会邀请学生过来跳方块舞①。"[19]

2012 年，米莉说道："我对那些晚宴印象很深，费米是一位非常出色的意大利厨师。但除了烹饪，真正更让我们

① 方块舞是最古老的美国民族舞蹈之一，由欧洲早期殖民者带来的几种不同的团体舞蹈演变而来。——编者注

喜爱的是那个家庭里的氛围和亲切感——这是更重要的东西。”[20]在米莉后来的职业生涯中，这个“更重要的东西”一直激励着她，让她努力在实验室、集体午餐和家里所举行的活动中，为自己的学生营造一种家的氛围，模糊学生和教授之间的界限，以使志趣相投的彼此更好地享受精神上的陪伴。[21]

米莉和费米的相伴仅持续了一年。费米在生命中的最后一年，得知自己患上了一种无法治愈的胃癌，这可能是由他早期工作时暴露在辐射中所导致。1954 年 11 月 28 日，费米去世了，但他给米莉留下了一生都难以忘怀的回忆。米莉一直牢记着费米带给她的影响，尤其是在公共服务和学生指导方面。[22]

2001 年，米莉这样说道：“费米对美国的物理教学产生了最为深远的影响……我们的研究生课程也深受他的教学风格的影响。”[23]后来她补充道：“**从他身上，我学到了我们不必在每个领域拔尖，但可以利用自己的理解去发现其他人可能忽略的联系**。”[24]借助费米的研究生教学体系，米莉获得了广泛的物理学与科学知识。在她的整个职业生涯中，这些知识在许多方面都对她帮助很大，包括那几次她不得不做出重大方向调整，却又对将涉足的相关领域几乎没有了解，还得担任国家所促成的研究项目领导人时。[25]

不过总体来说，**米莉从费米那里所学到的最重要的一课，就是她明白了如何成为一名优秀的教师与引导者。**2012年，她解释道："年轻人最需要的是对自己能够取得成功充满信心，这就是我在做的事情。我带学生的时候，会确保他们能够提出并解决自己的问题。如果他们来找我，向我求助，我会帮忙。我会确保他们受到了下一份工作需要的训练。我一直觉得费米和雅洛对我的职业发展很关注，我对我的学生也给予了同样的关注。"[26]

遇见终身伴侣吉恩·德雷斯尔豪斯

在许多方面，物理学界的元老和备受尊敬的导师费米就算在生命的晚年，也是芝加哥大学物理系最为耀眼的一束光芒。物理系的其他学者因其开创性的研究获得了令人赞叹的奖项和荣誉，这当然说明了很多。不过，尽管费米在物理系有着突出的人格魅力和影响力，但实际上他并不是团队的直接领导者。相反，从 1950 年到 1956 年，芝加哥大学物理系的主任是安德鲁·沃纳·劳森（Andrew Werner Lawson），他是一位以研究高压材料而闻名的物理学家。[27]

到选择研究方向的时候，米莉决定放弃费米等人赖以成名的亚原子物理学，将重心放在固体物理学上，这是一个专注于研究固体材料更宏观的特性的子领域。根据米莉的说法，当时劳森是芝加哥大学这个领域的唯一导师，最终也被任命为她的博士生导师。他们这对师生组合从一开始就不合适，这在后来也给米莉造成了一些不幸的后果，不过也迫使她在工作中变得更加独立。从长远来看，这种情况对她来说是有利的。[28]

劳森或许是一位出色的研究人员，但从 20 世纪 50 年代中期开始，他就产生了一种根深蒂固的偏见：认为女性不应该在科学领域担任任何角色，这也是他对米莉一再重复的话。在 2002 年的一次采访中，米莉说道："每次我获得奖学金或者任何形式的认可时，他都很不高兴。他觉得这是在浪费资源。"[29] 当然，他的意思是这些资源本可以给一个男性研究人员，使他能更好地利用这些资源，为自己未来的科学家职业生涯添砖加瓦。他认为米莉不可能是真心追求这一事业的。2012 年，在接受科维理研究所的采访提到她的导师时，她说："他从不和我说话，因为他认为女性不该从事科研工作。我去找他的时候，基本上他都让我别去烦他。"[30]

劳森的态度在当时并不罕见。事实上，在男性学者中这种态度持续了几十年。1976 年，《时尚》杂志刊登了一篇关于在工程学领域工作的女性的文章，其中提到"一位著名中西部研究所"未透露姓名的系主任表示："或许我已经过时了……不过我认为，今天我们给予女性的许多技术方面的教育资源都会被浪费掉。她们会结婚生子，她们的创造期只有短短几年。”[31]

然而，这种女性不受欢迎的氛围并没有随着米莉毕业而结束。她曾说:“那些认为女性就该待在家里的人给了我很多负面的意见，那些话我听了那么多年，我真的信了。”[32]在 1999 年的一次采访中她回忆道:“关于学生时代，我的另一个记忆是挂在墙上的那些裸体女郎海报，在实验室里你必须忍受这些，才能继续做实验。这不是一个让女性感到舒适的环境，但如果你不能处理好这些，你知道自己是无法在科学领域立足的。”[33]

对米莉而言，这样的障碍只会让她加倍努力，想方设法、不惜代价地追寻自己的兴趣。费米退场了，劳森不关注她，米莉就从系里的其他学生和教授那里学习，这个学习既是字面意义上的，也是象征意义上的。[34]

其中一个人是克莱德·哈钦森（Clyde Hutchinson），他在利用磁铁和微波来研究物质方面有所贡献。哈钦森在磁共振光谱学方面所做的工作获得了高度评价。如今，磁共振成像在医学和其他领域得到了广泛应用。通过这种方法，细胞物质的原子核与磁场中的高频无线电波发生互动，从而获得组织和器官的高分辨率图像，而磁共振光谱学正是其前身。[35]

米莉最终确定的论文主题是“超导体在磁场中的微波特性”，而哈钦森的工作与之异曲同工。他的实验帮助米莉找到了验证自己假设的机会和方法。[36]

在这段时间里，另一个对米莉产生了重大影响的人是吉恩·德雷斯尔豪斯。吉恩是米莉在芝加哥大学读博期间的头号粉丝和支持者，而且终其一生都是如此。20 世纪 50 年代中期，吉恩是理论物理学界一颗冉冉升起的新星，他是从加州大学伯克利分校来到芝加哥大学的。1929 年，吉恩出生在巴拿马运河区（包括巴拿马运河和两岸数千米内的领土，曾属于美国领土）。吉恩曾在加州大学伯克利分校学习物理学，先读了本科，然后师从著名的凝聚态物理学教授查尔斯·基特尔（Charles Kittel）攻读博士学位。[37]

1955 年，在结束博士学位学习时，吉恩发表了一系列研究论文。其中两篇分别是与基特尔，以及物理学家阿瑟·基普（Arthur Kip）共同撰写的。这两项研究中，其中一项是针对半导体硅和锗材料的，另一项是对微波与磁场的相互作用，类似于磁共振成像中的现象的观察。还有一篇论文是吉恩独自撰写的，代表着他博士论文的“顶峰”，使他一跃迈入了科学神童的行列。这篇论文有助于电子自旋特性早期理论的形成，该特性最终推动了如今被称为“自旋电子学”（Spintronics）这门技术的进步。这篇论文有一个重要的发现：

在某些情况下，自旋可以影响电子在固体材料中可能具有的能量范围。这种现象被称为“德雷斯尔豪斯效应”，以纪念吉恩做出的贡献。[38] 他的儿子保罗也是一名物理学家，保罗曾说道：“吉恩是一位出色的理论固体物理学家，他在读博士期间所做的工作是固体物理学研究方式的一个重大进步。”[39]

读完博士后，吉恩接受了芝加哥大学金属研究所的博士后研究职位。他将在那里继续他的凝聚态物质研究，同时也开始了教学工作——他就是这样结识了未来的碳女王。[40]

在此我要稍作停顿，叙述一个事实：在米莉遇到一生挚爱之前，她实际上曾与一位物理学家弗雷德里克·赖夫（Frederick Reif）有过短暂的婚姻。赖夫是移民到纽约的大屠杀难民，曾在哥伦比亚大学和哈佛大学学习，后来获得了芝加哥大学的教职，开始了他的职业生涯。米莉没有公开谈论过他们的关系，但在 1976 年的一次采访中她提到了生命中的这段时期。[41]“在那些年里，我对自己有了很多了解，明白了生活中什么是重要的，以及我想做什么……我为它们设定了优先级。我认为家庭对我很重要，这些事情对我之后 10 年的生活产生了很大影响。”[42]

与赖夫分开后，米莉最终遇到了她最大的支持者和终身伴侣。根据家族中的说法，吉恩坦率地承认了教学不是自己的强项。在学生面前他可能会有些紧张。但从长远来看，他的劣势却也成为一种优势。有一天，在一场讲座结束之后，米莉走到了吉恩面前，指出他的演讲有多糟糕。根据吉恩的说法，就是这个时候，他确信自己将来要和面前的这位年轻的物理学家结婚。[43]

根据米莉家人的说法，两人约会了很多次，一起骑自行车、散步，吉恩教米莉开车，等等。吉恩显然被迷住了，米莉的感觉也是一样。在写给母亲的一封信中，吉恩毫不掩饰他对伴侣的喜爱："妈妈，等卡尔①把你家房子刷好了，我原本想让他来芝加哥帮我也刷一下！但米莉主动提出要帮我，而且她比卡尔长得好看，我又一想，还是让卡尔留在你那里吧。"[44]

探索超导，辅助获得诺贝尔奖的工作

吉恩来芝加哥大学时，米莉已经开始了博士阶段的研究。研究初期，在没有合适导师的情况下，吉恩给了米莉许多鼓励。由于米莉发现自己所工作的领域属于新兴学科，她花了一些时间来准备实验。当时，美国物理学家约翰·巴丁（John Bardeen）、利昂·库珀（Leon Cooper）、罗伯特·施

① 吉恩的兄弟。

里弗（Robert Schrieffer）都还没有发表为他们赢得诺贝尔奖的超导理论，即化学元素在冷却到足够低的温度时会有失去所有电阻的趋势。对米莉来说，幸运的是，芝加哥大学在“曼哈顿计划”中获得了大量的剩余材料。她的实验室位于斯塔格球场内，也就是 12 年前费米和他的合作者进行第一次受控核反应的地方。[45] 米莉在 2012 年的一次颁奖典礼上半开玩笑地说：“我在那儿的时候，那里的核辐射可大了。”[46]

在开发研究超导性所需的材料时，米莉成了名副其实的工程师。她制作了很多材料，包括液氦和超导体线，还将“曼哈顿计划”遗留的微波设备改造成了实验设备。[47]

1955—1956 学年期间，芝加哥大学物理系的一位访客也让米莉受益匪浅，他就是剑桥大学的物理学教授皮帕尔德。米莉在担任“富布赖特项目”资助的研究员时就认识了他。在芝加哥大学的那一年，皮帕尔德的主要目标是研究金属铜中电子的表现，但他对超导性也很感兴趣。他的工作在许多方面都对米莉有所启发。[48]

在阅读了皮帕尔德早期关于超导体及其微波特性的著作后，米莉开始构思她的论文主题：若将超导体置于磁场中，其微波特性会发生什么变化？米莉知道，当超导体被置于足够强的磁场中时，其超导性就会消失，材料会转变为正常形态。她想观察在这种转变的过程中，当超导性消失，材料变为正常形态时，具体发生了什么。她用自己制作的设备，对多种材料进行了实验，特别是金属锡，并通过调节温度和磁场方向，来观察相应的现象。[49]

她发现了材料在超导性消失的过程中会出现异常，这项发现在物理学界掀起了一小股浪潮。事实证明，在磁场作用下，她所使用的测试材料的超导性在完全消失之前，会稍微增加一点儿。[50] 2001 年，她回忆道："很多次我都观察到了这种现象，这一现象似乎总是存在。"[51]

米莉的论文观点与最终为相关研究者赢得诺贝尔奖的研究不谋而合。1957 年 12 月，在米莉即将完成她的论文时，巴丁、库珀和施里弗发表了他们具有里程碑意义的超导理论，这个理论后来在物理学界也被称为"BCS 理论"，BCS 即三位研究者姓氏的缩写。①

虽然这一理论并不适用于所有情况，例如，它并未解释为何有些材料在相对较高的温度下性质会转为超导，不过该理论解释了电子是如何通过组成所谓的"库珀对"，在固体内部相对无电阻地移动的。BCS 理论还成功地为类似粒子

① 巴丁、库珀和施里弗提出的关于超导性的电子 – 声子相互作用的微观理论，是历史上第一个成功的超导微观理论。——编者注

加速器中所使用的专用磁体等应用的发展奠定了基础。[52]

米莉在看了巴丁、库珀和施里弗发表的论文后，立刻注意到其中并未提及她观察到的异常现象。几个月后，在美国物理学会的一次会议上，她报告了自己的研究结果，立即吸引了一些人的注意，其中包括巴丁和施里弗。[53] 2001 年，米莉提到：“实际上巴丁对我的研究结果很感兴趣，因为他们的理论无法解释这些结果。”[54] 那时，巴丁刚刚因与他人合作发明了晶体管而获得诺贝尔奖，但他对米莉发现的异常之处非常感兴趣，于是邀请她到自己担任教授的伊利诺伊大学香槟分校参加学术研讨会。[55]

人们对米莉发表的论文的关注，对她的事业发展大有裨益。此外，她重复做了很多次实验，但实验结果只有细微的差异。虽然她所观察到的异常现象，最终证实了与电磁学而不是与超导相关，但这个问题多年来一直悬而未决，巴丁和皮帕尔德都曾指派学生和其他人对这个问题进行仔细的研究。多亏了她的研究发现，后来米莉解释说：“他们得以完成了一些有意义的工作，并得出了 BCS 电动力学理论。”[56]

14 年后，也就是 1972 年，巴丁、库珀和施里弗因 BCS 理论共同获得了诺贝尔物理学奖。那时 BCS 理论已经得到了许多同人的发展和完善。这一荣誉标志着米莉第一次可以在有望获得诺贝尔奖的工作进程中扮演辅助角色，尽管只是很小的一个角色。[57]

然而，尽管米莉的博士论文写得很出色，她还是不确定自己能否以物理学研究作为自己的职业。她后来提到，20世纪 50 年代，“女性从事科学事业的机会并不多，尽管我的论文写得不错，但是否还有机会继续写下去，仍是不确定的。”[58] 不过吉恩当时已经离开了芝加哥大学，去了康奈尔大学担任助教。吉恩鼓励米莉，强调她可以成功（大约在同一时期，他也成功向她求婚）。[59] 米莉说：“我的丈夫吉恩在说服我可以从事物理学研究并大获成功方面，起到了非常重要的作用。”[60]

据米莉说，她的导师劳森一直坚持认为女性不属于科学领域，直到交论文的两周前，他都对米莉的论文内容一无所知。尽管如此，她的论文答辩还是成功了，她会继续按计划完成博士学位。米莉后来强调，在她毕业大约 25 年后，劳森真诚地为自己之前的态度道歉，甚至邀请米莉去做一次精彩的演讲。“他这样做很有风度。”米莉说道。[61]

1958 年 5 月 25 日，米莉和吉恩举行了一场简单的婚礼。他们很高兴能以夫妻身份开启新的生活，也希望能继续一起从事物理学研究。米莉获得了由美国国家科学基金会赞助的博士后奖学金，在要去哪里读博士后她有一定的灵活选择权。由于吉恩在康奈尔大学，她接受了康奈尔大学一份为期两年的博士后录取通知书，但在奖学金到期后会有什么机会还有待观察。[62]

那年夏天，米莉去了纽约。米莉和吉恩在康奈尔大学所度过的时光只是他们人生中的一个短暂的篇章，这个时期对他们来说充满了巨大的喜悦与重大的挫折，在许多方面也都发挥了决定性作用。[63]

加入林肯实验室，搬进富有魅力的家

几十年后，米莉回忆起读博士后这段时间，表示她几乎没取得什么成就。1958 年 8 月，就在她刚到康奈尔大学时，她在《物理评论快报》(*Physical Review Letters*) 上发表了她的研究成果 1959 年 3 月，就在她正要返回芝加哥大学拿学位证书前，《物理评论》(*Physical Review*) 也刊发了她的研究成果。米莉和吉恩共同完成了米莉在磁体超导研究方面的一些重要后续工作，并在康奈尔大学共事期间，共同发表了几篇论文。[64] 但总体来说，米莉认为从 1958 年到 1960 年这几年，她在取得新科研成果方面"表现很糟糕"。[65]

在康奈尔大学，吉恩与物理学家阿尔伯特·奥弗豪泽

（Albert Overhauser）重逢了。奥弗豪泽是他在加州大学伯克利分校读研时结识的。当米莉 1958 年夏天开始她的博士后研究时，听说奥弗豪泽和他的同事们的学术联盟气氛很愉快，便也加入了。但这次合作很短暂：在米莉加入几个月后，奥弗豪泽就离开了，去了福特研究实验室。[66]

德雷斯尔豪斯夫妇后来指出，在奥弗豪泽离开后，康奈尔大学就“失去了吸引力”。[67] 除此之外，失去了一位支持她的同事，这让米莉再次受到了大众对职场女性态度的影响，往好了说是受到嘲讽，就是物理学家版的《广告狂人》，往坏了说就是受到彻头彻尾的蔑视。一位男教师告诉米莉，无论是她还是其他女性，无论她们的学术成绩有多出色、研究经验有多丰富、从美国国家科学基金会获得了怎样的支持，他都永远不会让她们来指导他的工程系学生。[68]

2009 年，在接受专注纳米技术的顶级期刊《ACS 纳米》的采访时，米莉说道：“我们都应该发表论文，但对于大多数人来说，他们都有一些可以交谈的人。当时像我一样从事凝聚态物理学研究的男性，可以与导师聊聊，但我不想听到有人说，因为我是女性，所以我不应该从事物理学研究，于是我没去找我的导师。我独自做研究。”[69]

当一位原计划教电磁理论课的教授突然离开了康奈尔大

学，这种厌恶女性的态度受到了考验，资深教师都争先恐后地想填补师资空缺。米莉已经凭借奖学金获得了报酬，而且由于对这门专业课很熟悉，以及她在芝加哥大学读研期间担任助教获得了经验（更不用说她从高中和大学时期就开始做家教的经历了），她也非常有资格任教。于是她主动申请来教这门课。[70]

“当时引起了一片哗然，”米莉后来解释道，“整整一周，教师们整天开会，不是讨论我是否有资格教这门课，而是讨论这些年轻男生是否会认真听我讲课……对于这些资深教师来说，让一个年轻女性来教年轻的男性是很难理解和应对的事情。”[71] 米莉最后还是接过担子，开始教授这门课。毫无疑问，她教得很好。几年后，甚至几十年后，上过这门课的学生都来感谢她提供的独特见解和教学风格，这给她留下了很深的印象。[72]

在读博士后期间，米莉则在一个完全不同的领域里颇有建树：1959 年 9 月，她和吉恩开心地迎来了他们的第一个孩子，也是唯一的女儿玛丽安娜。20 世纪 50 年代，社会普遍期望年轻的科学家全身心投入工作，而且通常认为科学家都是男性。在这种社会背景下，再加上她自己的个人动力，虽然她非常疼爱新出生的女儿，但在女儿出生后，她几乎没休息过。2018 年，玛丽安娜在纪念母亲的文章中写道：“我自己对康奈尔大学没印象了，但妈妈总会告诉我，她是如何带我去实验室的。那时候我只有几周大，她把我放在身边，忙自己的工作。她去讲课的时候，就由秘书来照顾我。”[73]

对于处在米莉的位置的其他女性来说，康奈尔大学可能是她们短暂科学之旅的最后一站，之后要以丈夫的事业为先，放弃自己刚启航的事业。但幸运的是，对米莉来说（也对世界上的其他人来说），她与其他女性不同，无论是从性格上来说，还是从她嫁给了一个在同一领域深受欢迎的理论物理学家同时也是米莉人生使命的狂热支持者这一点来说。[74]

然而，随着米莉的博士后资金逐渐耗尽，实际问题也确实出现了。由于面临严峻的社会挑战，这对夫妻很快就必须做出一些关键的决定了。20 世纪 50 年代末到 60 年代初，包括康奈尔大学在内的许多学术与其他研究机构都坚决禁止雇用来自同一家庭的两名或两名以上的成员，这是出于反裙带关系的准则。[75]

米莉和吉恩都认为，由于吉恩担任终身教授的薪水足以支付家庭的账单支出，米莉也许可以接受一份无酬劳的工作。然而，事情很快水落石出，康奈尔大学只是无法容纳作为科学家的米莉。2009 年，米莉回忆道：“我提出我愿意从事物理学研究工作，哪怕没有酬劳……但他们甚至连做物理学研究方面的志愿者的机会都不给我。”[76] 由于在纽约伊萨卡一带找到相关工作的机会渺茫，这对夫妻面临着这样的现实，正如米莉在 1976 年回忆的那样：“要么我安顿下来，做个家庭主妇，忘记自己的事业，要么我们就只能搬家。”[77]

吉恩由衷地觉得，他不能仅仅因为各自性别不同，就坐享性别红利，只管自己从事物理学事业，让伴侣的才能白白浪费。他向米莉保证，他们会有办法都从事科学事业，即便这意味着让他放弃他梦寐以求的教学岗位。玛丽安娜这样评价她的父亲：“值得赞扬的是，他想去一个两人都觉得满意的地方。”[78] 米莉和吉恩有 5 个孙辈，其中之一的伊丽莎白·德雷斯尔豪斯（Elizabeth Dresselhaus）认为：“我觉得吉恩相信米莉的潜力，而当时很少有人会相信一个有志成为科学家的女性。”[79]

德雷斯尔豪斯夫妇在麻省理工学院的长期行政助理劳拉·道蒂（Laura Doughty）补充道：“吉恩看出了米莉独特的天赋。他在物理学界毫不逊色。但是，正因为他太聪明了，他才看得出米莉是真的有才能。因此，他认为自己要做的是尽可能为她扫清障碍，让她从事只有她才能做的工作……吉恩总是把米莉保护得非常好，他不想让她待在任何人们对她不友善的地方。”[80]

没过多久，吉恩和米莉就找到了愿意同时雇用他俩的雇主。在美国物理学会的一次会议上与朋友和同事闲聊时，他们提到了自己正在找工作，结果立刻就收到了工作邀请。他们认为，比起做教学工作，他们还是更希望专注于研究，因为照顾新生儿需要他们付出大量额外的时间，同时，他们也有进一步扩大家庭规模的计划，他们知道未来时间宝贵，几乎没空开展新课程、授课和每周批改论文。[81]

许多实验室都对他们抛出了橄榄枝，其中两家优秀的研究机构所提供的福利满足了他们的主要诉求：能够在同一个地方工作，不受裙带关系规则的限制。他们很难决定选哪个，就像任何面临两难境地的人一样，他们权衡了利弊。米莉说："我们制作了一张计分表，列出了一系列条件……然后一项项打分。"[82]

其中一家机构是 IBM。这家世界知名的科技公司在 1960 年决定全力投入基础科学和工程学研究，以支持下一代计算机的开发。IBM 的第一个基础科学研究实验室于 1945 年在曼哈顿上西区的哥伦比亚大学建成。在约翰・巴丁、威廉・肖克利（William Shockley）和沃尔特・布拉顿（Walter Brattain）在贝尔实验室发明了晶体管以后，IBM 位于纽约波基普西的实验室开始专注于固体物理学和工程学研究。从 1950 年到 1954 年，IBM 的研究人员数量增加到一开始的 5 倍，从 600 人增至 3 000 人。[83]

到了 1956 年，IBM 的高管们决定整合公司的研究工作，并将它与开发工作分开，以吸引研究领域的优秀人才。爱默生 · 皮尤（Emerson Pugh）在 1995 年出版的个人著作《构建 IBM 帝国》（*Building IBM*）中写道："将研究工作分离出来之后，作为一个更注重基础研究的机构，在众多可预期的优势中，其一就是它能吸引拥有科学与工程学高级学位的优秀大学毕业生。"他还补充道："通常情况下，这些年轻人常被教授灌输了这样一种信念，即产品开发是一种比基础研究更低级的活动。"[84]

就在米莉和吉恩即将离开康奈尔大学时，IBM 正为旗下的托马斯 · 沃森研究中心做最后的装修工作。这个熠熠生辉的新研究总部位于纽约北部的约克城高地，距离纽约市中心大约一小时车程，那里是一个树木繁茂的住宅区。IBM 的董事们向米莉和吉恩发出了邀请，希望能在材料性质方面解锁新的科研成果，以及未来将这些成果运用在机器开发上。关键是，他们很高兴能邀请到德雷斯尔豪斯夫妇加入，不仅会同时给他们支付薪水，还会同意他俩一起工作，如果这是他们所期待的。[85] 米莉说："他们真的很想要我们加入。"[86]

与 IBM 给出的邀请同样具有竞争力的，是如今位于波士顿四个郊区（林肯郡、列克星敦、贝德福德和康科德）交会处的美国汉斯科姆空军基地（Hanscom US Air force Base）。1951 年，麻省理工学院成立了林肯实验室，这是一个由美国政府资助的研发机构。根据 1949 年一份震惊全美的报告所得出的结论，苏联于那年的 8 月 29 日秘密引爆了第一颗原子弹，于是美国国防部进入了快速制定战略的阶段，这个实验室就是在那之后成立的。[87]

经过一番雄心勃勃的调查后，麻省理工学院的物理学教授乔治·瓦利（George Valley）提出了一个方案：建立一个由美国政府资助但由麻省理工学院管理的全面的防空研究实验室。在第二次世界大战期间，麻省理工学院的全体研究人员已成为雷达领域的世界级权威专家，也已经开发了一些美国全国防空系统所需的技术，包括米莉在接受“富布赖特项目”的奖学金时错过继续研究的“旋风”项目。在经过大量的必要性和可行性研究之后，该实验室以“林肯项目”之名成立了。一开始实验室仅有数百名员工，但不到两年人数就增加到了 1 800 人左右。[88]

到了 1957 年，实验室最初的任务——对创建一个功能性的防空系统进行研究，正式取得了进展，研究人员开发出了一套半自动地面防空系统（Semi-Automatic Ground Environment，SAGE）。很多人认为，测试与开发成功都超出了实验室的工作范畴。此时，麻省理工学院的管理者们开始重新考虑实验室在军事应用中能发挥的作用。与此同时，1957 年 10 月，苏联发射了第一颗人造地球卫星“斯普特尼克 1 号”。到了几年后米莉和吉恩开始找工作的时候，林肯实验室已经开始涉足影响国家安全的新研究领域了。在这些领域工作的科学家和工程师不可避免地需要学习最新的固体物理学知识。[89]

由物理学家本杰明·拉克斯（Benjamin Lax）所领导的林肯实验室同时向米莉和吉恩发出了邀请，提供了林肯实验室固体物理部的研究职位。除了允许他们在同一实验室密切合作这一好处，这次邀请还提供了特别的福利：在对林肯实验室其他需要的人讲授国防工作所需的凝聚态物理学知识之后，德雷斯尔豪斯夫妇可以自由选择将剩余的时间用在几乎任何他们喜欢的高水平基础科学研究的领域。[90] 在 2007 年麻省理工学院的口述史采访中，米莉发出感叹：“还有什么能比这个条件更好呢？这是一份开放式的工作，这类工作今天已经不复存在了。”[91] 经过深思熟虑后，米莉和吉恩决定选择林肯实验室。剩下的就是找个地方安顿下来，为他们不断壮大的家庭找个落脚之地。

1960 年 9 月，德雷斯尔豪斯一家搬进了一栋两层的四居室房子里，在之后超过 55 年的时间里，这一直是他们的家。这栋房子位于林肯实验室和麻省理工学院坎布里奇校区之间，当时米莉已经在麻省理工学院坎布里奇校区进行实验了。2015 年，她在接受《阿灵顿公共新闻》（*Arlington Public News*）的采访时说："我们是步行过去的。这栋房子看起来非常好，价格也合适，邻居也热情，我们就搬过去了，就是这样！"[92]

大约 58 年后，在一个下着毛毛雨的 4 月午后，他们的女儿玛丽安娜在马萨诸塞州阿灵顿郊区、她父母的家中欢迎我的到来。作为 4 个孩子中的老大，她很像米莉和吉恩：灿烂的笑容、灵动的蓝眼睛，轻盈的卷发扎成了马尾。当我环顾四周，欣赏这栋德雷斯尔豪斯一家住了半个多世纪的房子时，感觉这里舒适且温馨。虽然小镇的这一隅令人向往（去坎布里奇和波士顿都很方便，还有一个约 14.5 万平方米、有着田园风光的公园紧邻他们家的后院），但对于一个六口之家（再加上一个白天在那看护孩子的长期保姆）来说，这所房子并不大。[93]

有关米莉和吉恩的纪念品比比皆是：他们与以前的同事和朋友的合影、印有科学会议标志的马克杯等。德雷斯尔豪斯一家对音乐的重视也随处可见：客厅里摆满了乐谱架和乐谱、举办宴会和感恩节晚宴留下的痕迹，以及他们接待过的无数音乐界的客人的照片，那时米莉拉小提琴或中提琴，吉恩则担任指挥。

我们不难想象任何科学巨擘能为自己建立起来的豪华居所，不过了解到米莉艰辛的童年和朴素的外表，我们发现这个富有魅力的家才是最“豪华”的。当她和吉恩在 1960 年选择搬进这里时，他们的研究生涯才刚刚开始。在接下来的几十年里，这里成为德雷斯尔豪斯夫妇生活中各个方面的孵化基地。它是一个放松的地方，一个养育子女的地方，当然，也是思想发展繁荣的地方。他们的学生和同事可以在这里交流彼此的见解，说说冷笑话。这里似乎还回荡着莫扎特、舒伯特和勃拉姆斯的音乐旋律。

Carbon Queen

第 5 章
石墨进行曲

点燃充满希望的新领域，持续进步，缓慢燃烧就算在还年轻的学生时代，有着灿烂笑容和标志性招风耳的物理学家本杰明·拉克斯也是一个深思熟虑的梦想家和卓有天赋的践行者。他是那种会着迷于自然理论，又热衷于对自己的假设进行实验验证，弄清假设是否立得住脚的科学家。他在麻省理工学院就读时撰写的博士论文研究的主题是磁场对等离子体的影响。等离子体就是一种带有过量带电粒子的气体，它作为物质的第四态，与固体、液体和气体并列。拉克斯的论文一部分是由理论构成的，一部分是实验验证，这预示着他将在自己多产的职业生涯中，同时承担并监督研究工作。[1]

在麻省理工学院林肯实验室成立之初，拉克斯就加入了该实验室，因承担新项目并确保其成功而很快积累了声望。

到了 1958 年，大约就是米莉离开芝加哥大学去往康奈尔大学时，他已经迅速晋升到了一个很有威望的管理岗位。作为实验室固体物理部的负责人，拉克斯和同事们专注于开发所谓的固体设备：如晶体管、集成电路、光伏太阳能电池等主要基于半导体材料的电子产品，这些半导体材料（如硅和砷化镓等）既可以是导体，也可以是不导电的绝缘体，具体取决于它们是如何制备的，以及它们所处的环境。[2]

为了更好地了解半导体及半金属（同时具有金属与非金属的某些特性的元素）的特征，在麻省理工学院坎布里奇校区东侧著名的基里安方庭（Killian Court）① 4 号楼的地下室里，拉克斯和固体物理部的其他研究人员度过了很长一段时光。其中有一个由麻省理工学院的物理学教授弗朗西斯·比特（Francis Bitter）所建立与管理的小型实验室，在那里研究人员可以通过高强度的电磁铁生成可控的磁场。比特实验室的电磁铁生成的磁场，比林肯实验室的设备所生成的磁场要强得多。通过这个设备，拉克斯和同事们可以进行实验，研究他们感兴趣的各种材料的电磁特性。[3]

然而，他们所能获得的磁场强度终究有限。拉克斯的期望是创建一个更大、更复杂的磁场实验室，磁场强度要达到

① 以麻省理工学院第 10 任校长詹姆斯·基里安（James Killian）的名字命名，周围建筑上镌刻着包括亚里士多德、牛顿、达尔文等在内的科学巨匠的名字。——译者注

现有磁场强度的两倍多。这个先进的设备不仅将服务于麻省理工学院和林肯实验室的研究团队，还将吸引来自世界各地的科学家和工程师。[4]

拉克斯是一个非常积极主动的践行者和推进者，他很快就成功地将自己的前瞻愿景变为了现实。他组建了一支包括比特在内的团队并担任领导者，他们从美国空军科学研究办公室拉来了必要的赞助，建立了美国国家强磁场实验室。1967 年比特去世后，这里改名为弗朗西斯·比特国家强磁场实验室。这是全世界第一个强磁场设施，也是所有需要利用强磁场来研究物质特性的实验所需的最佳设施。[5]

在米莉和吉恩因林肯实验室的工作与拉克斯进行联络时，美国国家强磁场实验室仍处于筹划阶段。因工作关系，拉克斯之前就与米莉和吉恩认识，他还与吉恩合作进行过与回旋共振有关的实验，引起了很大反响。回旋共振是磁场中的带电粒子暴露于外力中时产生的一种现象。[6]与那时许多其他的研究管理者不同，拉克斯很喜欢聘用女性。几年前，他就将一位物理学家劳拉·罗思（Laura M. Roth）招进了他的小组。据米莉说，在她加入后，拉克斯会告诉来访者他正同“全美最优秀的两位年轻的女物理学家”共事。[7]

德雷斯尔豪斯夫妇开始新工作后，他们获准的研究方向是相当开放的，只有一个关键的例外。后来受到米莉盛赞并给了她和吉恩很大研究自由的拉克斯认为超导性（也就是米莉的专业）作为一门科学学科，相关研究基本上已经完成了，尤其是在 1957 年 BCS 理论出炉后。[8] 在 2012 年的一次采访中，米莉回忆起他的前老板时提到："他更感兴趣的是利用刚刚发明的激微波和激光来研究半导体的特性。"[9] 那个时候，激光（即受激放大光辐射）以及相关的激微波（即受激放大微波辐射）都还是新兴技术，林肯实验室和其他各地的研究者都在忙着设想其新的应用。[10]

米莉在为员工的项目提供建议之外的工作由拉克斯提供指导，以便让她专注于超导体之外的任何领域。鉴于米莉是因为对超导性的出色研究才被招进林肯实验室的，她对于研究方向的改变感到沮丧是很自然的。但米莉典型的风格就是将转折点视为在另一个物理学领域继续学习的绝佳机会，这源于她小时候在纽约寻找机会时顺其自然的态度，以及在她读研时费米在她脑海里烙下的深刻教诲：**能够改变方向并对科学有广泛的理解，而不是成为一个短视与狭隘的人，这是到目前为止更有前途也更实际的道路。**[11] 在 2007 年的一次口述史采访中，米莉表示："这项任务对我的职业生涯产生了很大的积极影响，因为我在另一个领域学到了很多东西。"[12]

除了激光和激微波，拉克斯还对物理学子领域的“磁光学”产生了兴趣，磁光学从广义上来说就是研究光和材料在磁场中的相互作用。这个领域引起了米莉的兴趣，她认真做了细致的研究。米莉曾在超导体的研究中用过磁场，但增加一个光学元件就不同了，需要学习完全不同的实验技术，这意味着她需要投入相当多的时间和精力。[13]之后，她解释道：“我们的想法是创造一个磁场，然后用激光来观察电子在强磁场中的运行情况。”[14]

在接下来的大约6个月时间里，米莉学习了磁光学的细节知识。首先，她认真地研究了半导体，很多研究人员对半导体在计算方面的应用很感兴趣。半导体材料会根据具体情况来确定是否导电。事实上，米莉表示，当时她在固体物理部的大多数同事专注于研究半导体及其工作原理。那些专门研究磁光学的人希望更好地理解在固体半导体材料中，电子可以占据的能量范围或能带（energy bend）。这些知识将使研究人员对这些材料的电子特性有更稳妥的把握，从而可以将这些材料用于开发下一代电子产品。[15]

然而，米莉从未对半导体产生过浓厚的兴趣。起初她还是感兴趣的，但在尝试研究了几种半导体材料后，她的兴趣就减弱了。对于许多同事都在解决同一个普遍问题这件事，她也没多大兴趣。[16]米莉一直好奇心很重，她想研究一些特别的东西。因此，在磁光学的学习结束后，她决定将新学到的基础知识应用在其他元素，也就是半金属上，就从原子序数第 83 位的铋（Bi）开始。[17]

铋是一种密度极高、放射性极弱的元素，会自然形成彩虹色的梯状结晶，通常会形成迷幻彩色的氧化锈蚀，它的小块看起来就像是电影《欢乐糖果屋》中威利·旺克工厂里的巧克力。铋的电子特性引起了拉克斯小组研究员们的兴趣，当德雷斯尔豪斯夫妇到来时，探索铋的回旋共振的实验已经在进行中了。米莉和吉恩加入了这个项目。在实验需要利用比特的强磁场磁铁时，实验转到了麻省理工学院 4 号楼的地下室，这是米莉第一次感受麻省理工学院的校园氛围。[18]

这个项目取得了令人振奋的初步结果，但研究小组内部的冲突很快给米莉带来了挑战：一位她认为“性格难相处”的同事似乎不想跟她一起工作，可能因为她是女性，不过她也没法确定。[19]米莉最终决定退出这个项目，寻找新的项目。她后来解释说：“没人把这件事太当回事，我有太多事情要做，如果他不想跟我合作，我也很乐意做些别的。”[20]

为了再次寻找新的研究方向，米莉咨询了她不可或缺的科学顾问和合作伙伴吉恩。吉恩建议她研究碳元素，这是一种存在于无数化合物中的神奇元素。在之前的研究中，吉恩研究过碳的各种同素异形体，包括石墨。通过这项工作，他形成了一种观点，即碳元素隐藏着一些相当迷人的物理现象。没过多久，米莉也相信碳的电子特性隐含着独特的趣味，值得花时间对它进行更全面的研究。[21] 米莉在 2015 年的一次采访中指出：“这是一种具有类似半导体特性的材料，但它实际上根本不是半导体。”[22] 她对碳特有的且未得到充分探索的电子能带很感兴趣。[23] “我了解到的一点知识，让我想知道为什么没人对此感兴趣。”[24]

直到那个时候，米莉和吉恩的同事们都还回避研究类似碳的这类材料，其中一个原因是，他们认为这类材料的原子特性过于复杂，难以彻底研究，研究时也很难产生什么重要的结果。[25] 碳因具有 4 个不同的电子能带而闻名，甚至比半导体材料还多 2 个。在探究材料的电子特性时，多出来的能带会增加材料的复杂性。[26] 2002 年，米莉说道：“我在林肯实验室的导师们都对此持怀疑态度，他们表示并不指望我在这个项目上取得多大的进展。但我认为这是一个很好的挑战。”[27]

在吉恩的支持下，米莉逐渐发现了研究碳的诸多好处。从科学的角度来说，她意识到，碳的体系所具有的某些特性让它成为一个非常有吸引力的研究对象。一个特性是其电子的有效质量（即材料中的电子受外力时，所具有的质量）很小：电子的有效质量越小，研究材料中的电子就越容易；另一个特性是电子在碳原子中可以占据的能级间隔很远，对于研究来说，比起原子密集排列，原子的能级间隔远更方便感知。[28]

从个人原因来说，米莉也很愿意研究碳。首先，她认为这个项目几乎不存在竞争。在 2001 年的一次采访中，米莉这样解释道：“**我决定要做一些节奏比较慢的项目，只有我一个人在做的，我不想和全世界竞争。**”[29]

当然了，竞争较小也意味着米莉难以定期取得突破性成果。在她这个阶段的职业生涯中，这是一个巨大的附带好处。因为在 20 世纪 60 年代初的大部分时间里，她要么正怀孕，要么在照顾婴儿，要么兼而有之。2009 年，她这样说道：“在当时的社会中，人们认为女性应该在 35 岁之前生孩子。于是我赶着在 35 岁之前生完了所有孩子。”[30]

在 1959 年到 1964 年的 5 年间，米莉和吉恩共生育了 4 个孩子。他们的第二个孩子（也是长子）卡尔于 1961 年 1 月出生。2002 年，米莉表示：“我不知道自己什么时候能投入工作。所以我才想去研究一些足够困难的课题，那种没有太多人研究、对于多数人来说都不太有吸引力的课题。”[31]

在抚养孩子方面，米莉得到了敬业的保姆多萝西·特齐安（Dorothy Terzian）的很大帮助。她在米莉家工作了大约 30

年，负责照顾孩子、准备一家人的饭菜，并在米莉和吉恩不在家的时候料理家务。[32]

米莉的儿子保罗说："米莉总说雇用特齐安是她能全身心投入科研工作的原因。特齐安养育了她自己的5个孩子，她对我们家产生了巨大的影响。那时候，人们期望女性跟孩子一起待在家里。米莉说，一开始，她付给特齐安的薪酬比自己挣的还要多，但是对于她的事业发展来讲，这是必要的投资。"[33]

尽管特齐安提供了很大的帮助，但米莉承认，在平衡家庭与工作方面，刚有孩子的时候是最困难的。因此，研究几乎没有人关注的碳为她提供了一定的缓冲时间。[34]她在接受《纽约时报》的采访时这样解释道："如果某天，我不得不在家里照顾生病的孩子，那也不会是世界末日。"[35]

尽管如此，育儿假在当时还没有成为一项普遍的福利。在生完3个儿子之后，米莉一共只休了5天假。她后来提到过，其中一个儿子是下雪天出生的，还有一个是在一个长假结束前出生的。[36]1976年，她说道："我对我的工作非常感兴趣，根本割舍不下。所以在生孩子的时候，我甚至带着公文包去医院。"[37]尴尬的是，重返工作岗位一两天后，同事们有时候甚至没有意识到她刚生完孩子。"大家会问我：'你孩子什么时候生？’我会说：‘已经生了！我看起来难道没有变化吗？’”[38]

那时候，米莉和劳拉·罗思是林肯实验室雇用的唯二女科学家，其他大概 1 000 名科学家都是男性。当时麻省理工学院仅有 2% 的学生是女生。[39] 她在接受《纽约时报》的采访时说：“我们几乎是隐形的。”[40]

可以肯定的是，米莉知道对于任何人来说，建立一个新领域都“可能是一次孤独的冒险”[41]：相关论文可能很多年都不会有人读，甚至更糟，最终被丢进科学事业的垃圾桶中。帮助那些对新领域感兴趣的人进行联络、分享研究发现和集思广益的会议，那时还不存在。在这种不可避免地缺乏专业领域的科学家彼此联系和合作的情况下，还有一线希望，那就是对于那些在全新分支领域做出贡献的人来说，当该领域起飞后，会有巨大的机会影响未来几代的科学家。

对于米莉来说，她人生接下来的 50 年时光，证实了她和吉恩之前的决定是正确的。她在接受《纽约时报》的采访时说：“我刚开始我的研究时，关于碳的论文几乎没有，在我的整个学术生涯中，这个数量一直在不断上升。”[42] 此外，在 2007 年麻省理工学院的口述史采访中，她自豪地指出，这些基于碳的研究“被证明是非常重要的工作”。[43]

但是，除了她最终的历史遗泽，20 世纪 60 年代她所做的关于碳的研究成为她一直在寻找的火花，那是推动了一个领域持续进步的漫长而缓慢燃烧的火花。用吉恩的话说就是，对于一个如米莉充满般好奇心的人来说，这个领域充满了希望。

研究石墨，开始基于碳的研究

如果不是读过高中化学或者类似图书的话，或许你永远也无法意识到，钻石项链上那些光彩夺目的石头与日常所用的铅笔中的那些黑色物质在元素上是近亲，它们由基本相同的物质，即固体碳构成，但在外观和特性上却截然不同（见图 5-1）。

钻石这个词，源于希腊语中的 *adámas*（坚不可摧）一词。它由结晶碳构成，其中每个原子与另外 4 个碳原子共享电子。众所周知，像这种把晶格聚在一起的键很难断裂，因此钻石是地球上已知最坚硬的材料之一，常用于工业强度上的切割、钻孔与研磨机械。顺带一提，作为一种矿物质，钻石并非天生稀有。它昂贵的原因在于其供应受到了供应商的刻意控制。供应商主要是一家公司，正是这家公司成功设计了这种营销策略，制造了人们对闪闪发光的钻石的心理需求，即将其看作情感、财富或社会地位的象征。[44]

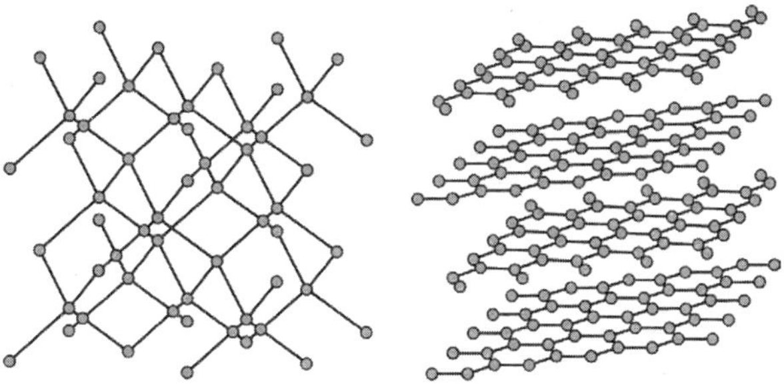

图 5-1　不同形态的固体碳

注：在钻石（a）中，每个碳原子都与其他 4 个碳原子紧密结合。在石墨（b）中，每个碳原子与其他3个碳原子在几乎二维的平面上紧密结合。一个平面内的化学键非常强，但不同平面间的化学键却很弱。

与此同时，铅笔芯（不要与重金属元素铅混淆）主要由石墨构成，而石墨是另一种天然存在的碳。与钻石的四面体晶格结构不同，软石墨中的碳原子呈蜂窝状晶格结构，排列在被称为石墨烯这样的单层二维薄片中。通过所谓的“范德华力”[①]（van der Waals force），这些薄片依靠微弱的力量结合在一起，形成了既坚韧又光滑的石墨。在石墨烯薄片内，将碳环连接在一起的平面键异常牢固，这是人类所发现的最牢固的键之一。

然而，你只要在纸上用铅笔涂抹，就可以打破石墨之间

① 学名是“范德瓦耳斯力”，指分子间非定向的、无饱和性的弱相互作用力。——编者注

的层间键。我喜欢将石墨的结构比作羊角包、酥皮点心和其他片状烘焙食品中的多层面团。比如，得名于希腊语中的叶子一词的妃乐酥皮（即像纸一样薄的酥皮），中东美食“巴克拉瓦”酥皮糕点就是由妃乐酥皮一层层构成的，就像大块石墨的结构一样。[45]

在铅笔中，将石墨与少量黏土混合在一起，经这样改造的工艺能使书写或绘制标记出现更明显的明暗差异。但铅笔并不是唯一应用石墨的东西。这种形式的碳同样存在于电池、核反应堆的部件、机器润滑油以及碳强化的塑料中，涵盖了从网球拍、自行车到飞机和跑车的面板。[46]

石墨是一种电导体，所以你可以用铅笔来实现电路连接。1 毫米厚的石墨样本（约与普通铅笔中的铅芯直径相同）含有大约 300 万层石墨烯。事实证明，这些石墨烯层很让人着迷。[47] 正如诺贝尔物理学奖委员会在 2010 年将奖项颁发给安德烈·海姆（Andre Geim）和康斯坦丁·诺沃肖洛夫（Konstantin Novoselov）时所描述的那样，奖励他们“针对二维材料石墨烯所做的开创性实验”。（石墨的层与层之间几乎是透明的，但由于密度太大，几乎没有气体原子可以通过石墨层。[48]）后文中我们会看到，米莉等人在几十年前就已经开展了对石墨烯的理论研究。

米莉想尽自己所能，了解碳的迷人特性，并梳理出这种元素的一些不同形态之间的差异。她刚开始做这件事的时候，正是麻省理工学院国家强磁场实验室开始建设的时候。该实验室的原址是一家面包店，起初，实验室创始人拉克斯希望将新的磁体实验室建在林肯实验室中，但最终选址定在了麻省理工学院坎布里奇校区，有一部分原因是许多研究型大学都在这附近。[49]

在这段时间里，米莉在林肯实验室花费差不多一半的工作时间完成咨询任务，并与包括吉恩在内的同事们就她自己的研究进展保持联络。另一半时间她花在了麻省理工学院，忙着在 4 号楼的地下室里摆弄磁铁。[50]

2013 年，米莉回忆道：“20 世纪 60 年代，我们都忙着将石墨作为一整块材料来研究，也就是当你将这些薄层自然堆放在一起时，那种最简单的形式。相关理论倒有一个，但验证该理论是否正确的实验少之又少……我们从各个角度写了很多论文，阐述我们所能想到的石墨所可能具有的所有特性。”[51]

米莉最初的实验结果令人失望。那时候，军用以及其他政府应用（比如太空计划）方面的产业会产出各种各样的石墨样品，她一一试过。但由于这些石墨不够纯净，晶体结构中的缺陷会导致实验结果毫无用处。[52]

幸好，之后出现了一种极其纯净且没有缺陷的合成石墨，很快解决了米莉的问题。这种由帝国理工学院研发，由通用电气生产的所谓“高定向热解石墨”，开启了利用磁光技术进行碳研究的全新时代。[53] 米莉刚拿到这种样品时，就知道自己要成功了。她在 2001 年的时候说道：“我们第一次对它进行研究时，就发现它非常迷人。”[54]

在接下来的几年时间里，米莉收集了大量与合成石墨相关的实验数据。她的目标是将观测到的光谱转化为一个有意义的模型，而这个光谱蕴含了碳电子结构的详细信息。

对于米莉和吉恩来说，将他们在数据中观测到的信息诠释出来并不容易。当时，这条研究线代表着全然未知的领域，甚至可以说，在进行实验时，米莉和同事们将成为第一批使用激光来探测磁场下电子行为的科学家。[55]

德雷斯尔豪斯夫妇向米莉在芝加哥大学的一位老同学寻求线索，来理解米莉所观察到的现象。当时俄勒冈大学的物理学家乔尔·麦克卢尔（Joel W. McClure）一直在研究一种解释石墨能带结构的理论。[56] 2001 年，米莉这样说道：“从麦克卢尔那里我真的获得了许多开创性的想法，吉恩立刻明白了如何将麦克卢尔正在做的研究应用到我正在做的实验中。”[57]

多亏了这些交流，科学家们能够围绕石墨的电子结构梳理出一些早期的细节信息。在 1964 年 7 月的《IBM 研究与发展杂志》(*IBM Journal of Research and Development*) 上，米莉和麦克卢尔都发表了这一领域相关的研究结果。米莉研究的主题是关于所谓的“石墨的费米面”，这是一种描述电子在固体材料中可能具有的能量的概念，而麦克卢尔研究的则是石墨的能带结构。[58]

对于米莉来说，这项工作代表了在一个发展过程相对缓慢、如今已蓬勃发展的领域所做的早期工作。如今，了解石墨烯这样一个单层、独立的石墨层如何有效地引导电子已经成为材料科学和工程学领域最紧迫的问题之一。但当米莉在林肯实验室研究石墨时，她和吉恩还只是为数不多全天研究各种形式的碳的其中两名研究人员。在《麻省理工科技评论》(*MIT Technology Review*) 中，米莉曾经指出:“全世界每年有三篇相关的论文发表，我想这几乎都是我写的。”[59]

事实上，米莉在这个领域所做的一些早期工作极富创新性，一开始这些工作并未得到认可甚至一直被忽视，直到 10 多年后其他人重新得出同样的结论时，这些工作才获得了社会意义上的认可。

2002 年，米莉提到："我们当时做这些研究时，大家并不理解我们在做什么。我在投稿早期的一篇论文时还很年轻，审阅者并不欣赏。我也没有努力争取发表，只是说，好吧，如果论文不够好的话，就不发了吧……最后许多研究成果确实以各种方式发表了，只不过可能不是按我最开始预期的方式。"[60]

虽然过了很多年大众才对碳科学产生兴趣，但米莉和吉恩在这个领域所做的早期探险为这项已经改变了世界的技术奠定了基础，比如，改进了从航空业到体育运动业等多个行业的碳纤维复合材料。他们的工作也为正在彻底改变未来科技的新科学与新工程学奠定了基础，包括可折叠电子显示屏、量子计算机等。

确定石墨的电子结构，一个有趣的问题

让我们先来了解一下，为什么确定石墨的电子结构对米莉和吉恩来说是一个如此有趣的问题。他们早期在对碳进行研究时，聚集的核心问题是：对于一种物质来说，作为绝缘体、半导体、半金属或者金属意味着什么，换句话说，它是如何处理电荷的。在单个原子内，电子围绕原子核在特定的轨道范围内运行。每个轨道都有自己的能级，而特定原子的电子会以可预测的方式一步步填充不同的能级（见图 5-2）。[61]

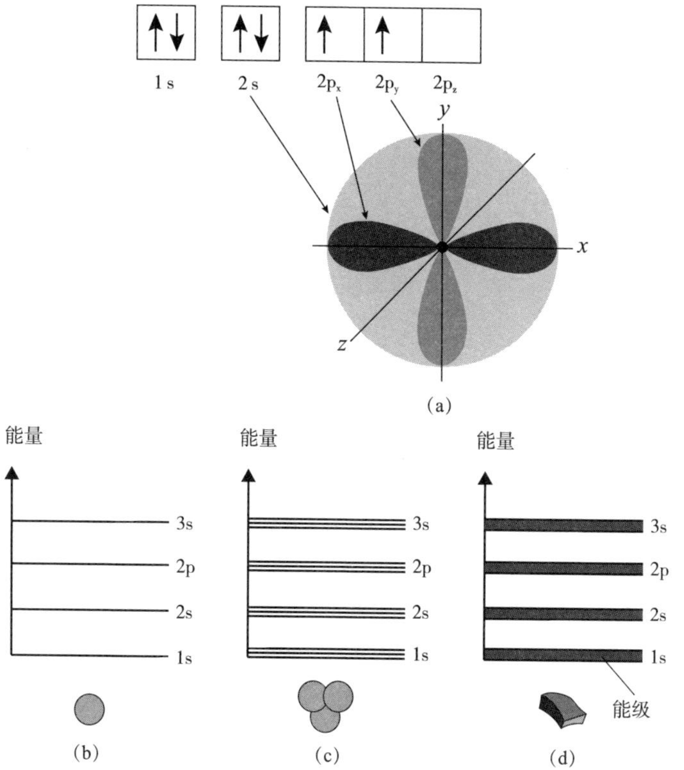

图 5-2　电子逐步填充原子轨道

注：图（a）显示的是，轨道即围绕着原子核的空间区域，原子很可能存在其中。在这个简化的图形中，我们看到了碳的基态，其中包含 6 个原子。每条轨道仅能容纳 2 个电子。被视为中心点的第 1 条轨道（1s）已放大，以便我们能看清。一般来讲，电子会根据轨道的能级，逐步填充原子轨道。图（b）和图（c）分别表示单个原子和多个原子具有的能量。图（d）则表示来自多个原子的电子在离散的能级上重叠时形成能带。

在固体材料样本中，数万亿个原子可能会相互作用，共享电子。当固体材料内的单个原子互相结合时，其原子能级重叠会形成一系列分子能级，也就是我们熟知的能带。在这些能带内，电子基本上可以随意移动。[62]

一种材料可以有很多能带，但对于理解材料的电子结构以及导电性而言，其中两条能带尤其重要，它们分别是价带和导带，正是它们的间距决定了材料是否导电以及如何导电（见图 5-3）。[63]

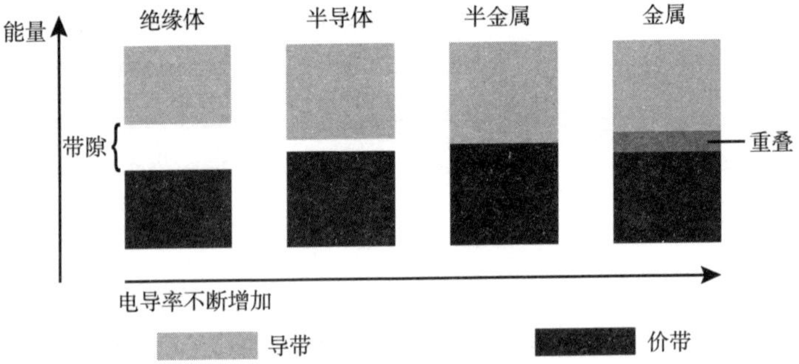

图 5-3　价带和导带

注：材料的电导率取决于其能带间的间距。在能带互相接触的情况下，如在金属和半金属中，能量流动畅通无阻。能带间距太大时，能量则无法流动，类似于绝缘体的情况。但在某些条件下，小的间距可以被攻克，比如在半导体中。此处展示的能量图是简化版本。

价带是指定原子中所存在电子的最外层电子轨道。同时，导带则是当电子被激发到足够程度时，它能够在其中移动的能带。在一些材料中，价带和导带之间存在能量差，我们称为“带隙”，带隙中的电子是无法流出的。但在适当的情况下，比如施加适当的光或热，电子就可以从价带跃迁到导带中。当这种情况发生时，就会产生电流，同时材料中的电子可以自由移动到其他原子中。[64]

你可以将这个能带系统想象成一个热门夜店里的场景。价带就是被精力充沛的夜店常客逐渐占满的人行道区域，他们在那里等待着，希望有机会入内一展身手。而导带则是夜店本身，带隙是负责放行的保镖。

在金属（也就是导体）中，价带和导带是互相重叠的，因此带际间的电子自由流动不存在问题。再以夜店为例，这里夜店的门大敞，不设保镖，人们可以按照自己的意愿径直进入。金属制的炊具与餐具、金属线与金属箔，所有这些物体都是良好的电导体，由电子能够自由出入的材料制成。[65]

与导体相对的则是绝缘体，比如塑料、木头以及橡胶，这些材料完全不能导电，原因在于其价带与导带之间存在着极大的能隙，从而限制了电子的流动。再回到夜店类比中，材料的带隙最大也就意味着……保镖也是最壮的！至少从历史上来看，壮实的保镖确实以更有效地阻拦热情的夜店常客而闻名。在我们的类比案例中，最壮实的保镖也是最好的谈判者（至少从夜店的角度而言），他们也许会放行一些电子，但也会说服那些即便是穿着、发型最为讲究且戴着一身珠宝的夜店常客在街上享受派对，即使会面临一些争议（以发热、发光、散发电荷或电场的形式）。[66]

说到发光，大多数钻石晶体有绝缘的特性。我们在前文提到过，钻石是碳原子的三维晶格。当钻石的价带轨道被完全填满时，其价带和导带之间会存在很大的能隙。即便在高温之下（也就是在加热的条件下），也不存在足够的能量帮助电子规律地穿过带隙，进入导带，因此电流无法穿过钻石。[67]

半导体的导电性能介于导体与绝缘体之间。与绝缘体一样，一旦电子填满了半导体的价带，在考虑跃迁至导带并产生电流之前，电子必须先攻克带隙问题。但是在半导体（包括硅和锗）中，带隙（即夜店保镖）要小得多，因此也更容易被攻克。此外，在施加了热量、光照、电荷或电场之后（当夜店保镖站在你和你的夜生活之间时，谁能不跟保镖聊上几句呢？），电子就更加容易进入导带，从而产生电流。[68]

现在我们来谈谈半金属。包括石墨在内的一系列材料，其性质通常介于金属与非金属之间。20 世纪 60 年代，当米莉和吉恩刚开始对这些物质进行研究时，人们对它们所知甚少，因为这些物质无法完全被归入金属、半导体或绝缘体这些类型中。

在之后的章节里，我们会对德雷斯尔豪斯夫妇所得出的某些研究发现进行更深入的探索，不过目前我们可以说，类似碳的石墨形态这样的半金属，其价带与导带之间的重叠非常轻微，也就是说，没有带隙需要跨越，即夜店没有保镖可供攀谈了。但与金属不同，半金属的总电导率较低，也就是说，对于半金属“夜店”来讲，你必须知道那扇隐秘之门在哪里，你才能进得去。这意味着，与半导体不同，半金属的电导率总是非零的，石墨和石墨烯中的电子总是能轻松地在舞池里起舞。但这些半金属材料与其他半金属材料之间的差异仍需时间梳理。[69]

麻省理工学院，辉煌职业生涯的开始

在对石墨和半金属（包括铋和锑）所做的创新性工作之外，20 世纪 60 年代中期，随着家庭成员的增加，米莉和吉恩的个人生活也变得异常忙碌。1963 年 1 月，他们的第三个孩子，同时也是第二个儿子保罗出生了。第二年，也就是米莉 33 岁的时候，这对夫妇的第四个孩子艾略特也在 7 月出生了。[70]

在那时候的美国，家里有 4 个孩子的情况比如今更普遍。总的来说，吉恩确实是个称职的父亲。然而，在 1964 年生了艾略特之后，作为一名母亲，同时也是一名在职的科学家，抱着想要平衡事业和家庭这样不切实际的期望的米莉开始感到有压力。[71] 在《电气与电子工程师学会综览》（*IEEE Spectrum*）2015 年的一期概要中，米莉在林肯实验室的前同事尤金・斯坦利（Eugene Stanley）这样回忆道："她大概在中午或者下午 1 点把孩子也带到实验室，但因为林肯实验室是一个国家级实验室，想进入要么有许可，要么有徽章。他们不会让孩子进去的。她发火了！我之前没见过她那么频繁地发火，但那天我看到她真的生气了。"[72]

这个时期，米莉在麻省理工学院也投入了大量时间做科研，也是由于 1965 年，她的前老板拉克斯辞去了在林肯实验室的职务以便能在美国国家强磁场实验室全职工作。他领导了该实验室的建设，并协助将实验室转到麻省理工学院坎布里奇校区。随着实验室的开放，米莉用上了全新的高强度磁铁和强磁场，从而能够设计和完成无数关于石墨和其他材料的实验。在这几年里，她也出于个人意愿指导了几个研究生，第一个就是塞缪尔・威廉姆森（Samuel Williamson）。威廉姆森后来成了一名成功的生物物理学家，同时也是利用磁场检测大脑活动的先驱。[73]

位于纽约布鲁克林市老桑兹街的车站楼（照片上方）附近，是斯皮瓦克家族曾经生活和工作的地方，当时米莉还是个孩子。米莉父母的故居就在桑兹街 45 号，位于这片街区的北边，也就是照片的右侧。照片摄于布鲁克林高地的布鲁克林市中心与丹波区的交会地带，如今照片中的这些建筑都已经消失了，从这个视角看起来也完全不同了。

父亲迈耶带着婴儿时期的米莉在纽约市散步。照片摄于 1931 年，由德雷斯尔豪斯家族提供。

米莉（位于中排最中间）与中学同学的合影。照片摄于 1945 年，纽约州布朗克斯市，由德雷斯尔豪斯家族提供。

HELEN SCHWARTZMAN
When through *Annals* we do thumb
And to Helen's picture come,
We shall remember that this belle
Wrote verses of this kind so well.

CATHERINE SMITH
Catherine is a quiet miss,
No sound from her is heard,
Yet fruitful search unearthed a voice
As lovely as a bird's.

DOROTHY SILVERMAN
Novel ideas in every way—
That's the Dorothy of today.
Will she change or stay as now?
That she'll be someone we'll avow.

GLORIA SOLORZANO
Adviser, counselor,
Funster, friend—
In Glory you'll find
The perfect blend.

LUCILLE SIMON
In choosing a gift for Lucy
We must consider these:
A palette, a brush, a set of paints,
And a group of beautiful trees.

MILDRED SPIEWAK
Any equation she can solve;
Every problem she can resolve.
Mildred equals brains plus fun,
In math and science she's second to none.

LEILA SINGH
Leila's vibrant nature,
We know where it lies—
In her smooth, black hair
And in her sparkling eyes.

PATRICIA STARK
Here's a girl we want to toast,
Of her the Senior Class can boast.
We admire her, we'd like to say,
Because she's sweet in every way.

米莉的高中年报照片，其中对米莉的描述暗示了她非凡的未来。图片来自亨特学院附属高中记录，摄于 1948 年 1 月。由亨特学院附属高中图书馆提供。

1958 年夏天，吉恩和米莉在蜜月的徒步旅行中。照片由德雷斯尔豪斯家族提供。

吉恩和米莉在康奈尔大学野餐。图片由德雷斯尔豪斯家族提供。

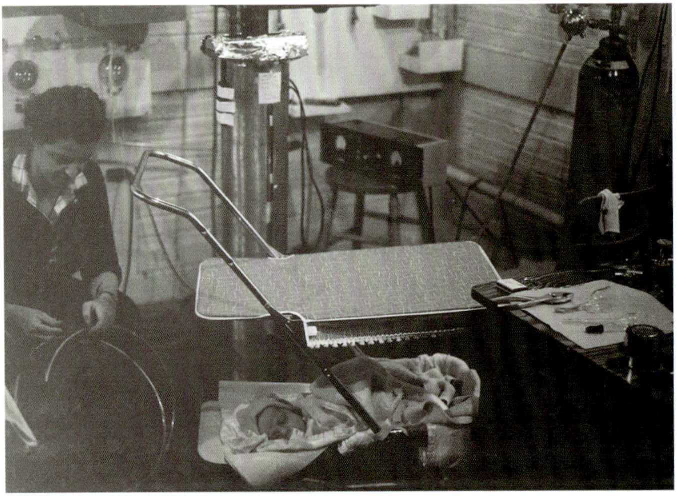

米莉和吉恩的女儿，当时还是婴儿的玛丽安娜就被带到米莉工作的实验室。照片由德雷斯尔豪斯家族提供。

1965 年，德雷斯尔豪斯一家在康涅狄格州郊游。从左至右分别是：卡尔、保罗、艾略特、米莉和玛丽安娜。照片由德雷斯尔豪斯家族提供。

米莉的父母埃塞尔和迈耶探望德雷斯尔豪斯一家。照片由德雷斯尔豪斯家族提供。

米莉和孩子们在黄石公园度过了一天的快乐时光。照片由德雷斯尔豪斯家族提供。

米莉指导儿子保罗练习小提琴。图片由德雷斯尔豪斯家族提供。

米莉正在麻省理工学院授课。图片由麻省理工学院博物馆提供。

在麻省理工学院工作的米莉。图片由麻省理工学院新闻办公室的马戈·富特（Margo Foote）摄于 1973 年，由麻省理工学院博物馆提供。

米莉与麻省理工学院电气工程系的研究生一起表演五重奏。照片从左至右分别是：贝恩德·纽曼（Bernd Neumann）、米莉、斯蒂芬·乌曼斯（Stephen D. Umans）、安德鲁·戈德斯坦（Andrew C. Goldstein）以及艾伦·格罗津斯基（Alan J. Grodzinsky）。照片由麻省理工学院博物馆提供。

1975 年，米莉（位于照片中间）与吉恩在家里举办了一场非正式的学生聚会。照片由德雷斯尔豪斯家族提供。

米莉祝贺女儿玛丽安娜从麻省理工学院毕业。照片摄于 1981 年，由德雷斯尔豪斯家族提供。

美国总统乔治 · H.W. 布什在白宫举行的颁奖典礼上将美国国家科学与技术奖颁给米莉。照片摄于 1990 年，由乔治 · H.W. 布什总统图书馆和博物馆提供。

米莉探望她的导师、诺贝尔奖得主、医学物理学家罗莎琳·苏斯曼·雅洛。照片摄于 1991 年，由德雷斯尔豪斯家族提供。

2000 年，在吉恩的陪伴下，米莉宣誓就职美国能源部科学办公室主任。右边坐着的是麻省理工学院长期教授、奥巴马总统任期时的能源部部长欧内斯特·莫尼兹（Ernest Moniz）。照片由麻省理工学院的唐娜·科文尼（Donna Coveney）拍摄。

米莉和孙女伊丽莎白一起演奏小提琴。照片由伊丽莎白提供。

美国前总统奥巴马在白宫迎接 2012 年的恩里科 · 费米奖得主米莉（与她的丈夫吉恩一起）和伯顿 · 里克特（Burton Richter）（与他的妻子劳罗斯一起）。照片由皮特 · 苏扎（Pete Souza）拍摄。

2012年在挪威奥斯陆，米莉站在台上接受著名的科维理纳米科学奖。照片由 AAS、ERLEND/AFP/Getty 图片库提供。

在担任麻省理工学院名誉教授期间，米莉仍是一名活跃的研究员和导师。照片由布赖斯·维克马克（Bryce Vickmark）拍摄。

在办公室里，米莉举着一个由本书作者马娅·温斯托克专门设计的小人。照片由本书作者马娅·温斯托克拍摄。

2014 年，米莉获得由美国时任总统奥巴马颁发的美国总统自由勋章。照片由美联社的巴勃罗 · 马丁内斯 · 蒙西瓦伊斯（Pablo Martinez Monsivais）拍摄。

米莉和孙女肖什一起拜访米莉祖母的墓地。照片摄于 2016 年，由德雷斯尔豪斯家族提供。

科学作家特雷莎·麦克赫默（Theresa Machemer）以物理学家雪莉·安·杰克逊（左）和米莉的形象所制作的钩针玩偶，专为2017年本书作者马娅·温斯托克在麻省理工学院教授的一门关于女性在STEM领域的历史的课程所制作。照片由麦克赫默拍摄。

《米尔德里德·“米莉”·德雷斯尔豪斯与富勒烯》。照片由本书作者马娅·温斯托克摄于2014年。

《物理学家米尔德里德·“米莉”·德雷斯尔豪斯，碳纳米科学的女王》。图为艺术家埃莱·威洛比（Ele Willoughby）于2019年绘制的版画。

《米尔德里德·德雷斯尔豪斯》。图为艺术家吉莉恩·德雷尔（Gillian Dreher）于2017年绘制的数字肖像画。

在麻省理工学院，作为在职科学家，同时也是年轻孩子们的妈妈，米莉拥有了更多的自由。2020 年出版的口述史收录了已于 2015 年逝世的拉克斯的回忆：“一天，米莉正在做实验，她叫我进去，给我展示什么东西。其中一个空房间里，我看到了她的一个小宝宝，很显然他们把那里做成了育儿室。在磁铁移动的时候，她就可以照顾孩子……我认为这非常符合美国国家强磁场实验室盛行的风格，一种非常自由的精神和积极合作的精神。”[74]

20 世纪 60 年代中期，林肯实验室的一次行政变动，使米莉继续全职担任研究员同时负责照顾 4 个幼儿的能力遭到了很大的质疑。米莉解释过，那个时候所有科研人员每天早上 8 点都必须准时打卡。“在孩子们还小的时候，早上 8 点就到实验室对我来说很困难。”[75] 在 2002 年的采访中米莉这样说道。[76] 可以肯定的是，她的实际工作从未受到指摘，而且她每天傍晚也会花费大量时间在家工作。有时，吉恩会开车送她去实验室，所以他们俩都会迟到，但只有米莉会因此感到烦恼。[77] “我在林肯实验室的主管总是对我不停地抱怨，我听烦了那些抱怨，因为我在工作中已经尽了自己最大的努力，”她说着，刻薄地加了一句，“那些指摘我的人全都是单身汉。”[78]

米莉的同事劳拉·罗思也遇到了相同的问题。她最后离开了林肯实验室，去了塔夫茨大学，而米莉则开始向朋友和同情她的同事们吐露她的困境。除了时间上难以兼顾，她还发现，与 20 世纪 60 年代初，即“斯普特尼克危机”①之后的时期相比，当时为基础研究申请国家资助变得更加困难。新的问责规则出台，迫使研究人员要以冗长乏味的方式来证明其工作的正当性，这开始扼杀研究人员的创造力。[79] 2009 年，米莉承认：“我想让大家知道那段时间真的非常艰难，我不知道该如何继续我的事业。”[80]

米莉的一个朋友，也是她在林肯实验室的前同事乔治·普拉特（George Pratt）那阵子刚转到麻省理工学院任教，他想要帮米莉。普拉特是一名电气工程学教授，之前曾邀请米莉出席自己的几节课，担任客座讲师。他知道米莉既是一位杰出的科学家，也是一位杰出的教育家。[81] 2007 年，在一次聚会上，米莉这样解释道：“他很同情我。他说，‘你的工作如此富有成效，这个规则对你来说太荒谬了。为什么你必须早上 8 点开始工作？也许在你的孩子还那么小的时候，他们可以为你破例一次。’但他们没有为我破例。”[82]

一天下午，米莉正在校园里忙于工作，午餐时，普拉特提出了一个想法，希望她能成为电气工程系里一名优秀的客座教授，问她是否感兴趣。“当然了！”她微笑着脱口而出，

---

① 斯普特尼克危机从 1957 年 10 月 4 日苏联成功发射斯普特尼克 1 号开始，是冷战的转折点。

“如果你能给我一份工作，我就来这里待一年。”[83]

普拉特听说麻省理工学院有一项特殊的捐赠基金，是为女性客座教授提供支持的，他认为这对米莉来说再合适不过了。科学历史学家玛格丽特·罗西特（Margaret Rossiter）在自己的三部曲系列《美国女性科学家》（*Women Scientists of America*）中这样描述道：这是当时在布朗大学、哈佛大学、密歇根大学等研究机构中推行的几项“强制性慈善”的举措之一，旨在提高全美大学教师中女性的占比与地位。

麻省理工学院的捐赠基金是由艾比·洛克菲勒·莫泽（Abby Rockefeller Mauze）发起并冠名的，她是慈善家小约翰·洛克菲勒（John D. Rockefeller J.）和艾比·阿尔德里奇（Abigail G. Aldrich）6 个孩子中的长女。该基金会于 1963 年成立，第一笔捐赠来自劳伦斯·洛克菲勒（Laurence Rockefeller）① 和洛克菲勒兄弟基金会所捐赠的 40 万美金。艾比·洛克菲勒·莫泽基金会资助的第一位教授是英国著名的 X 射线晶体学家、诺贝尔奖得主多萝西·霍奇金（Dorothy Hodgkin），1965 年她在麻省理工学院待了一周，就自己的工作发表演讲，并与学生和教师会面。[84]

① 小约翰·洛克菲勒的 6 个孩子中的老四。——编者注

潜在的资金来源就位，只差正式委任，于是普拉特和麻省理工学院当时的电气工程系系主任路易斯·斯穆林（Louis Smullin）任命米莉担任一年客座教授。同时，米莉也向艾比·洛克菲勒·莫泽基金会提出了申请，并很快获得了一笔资金。之后她将继续为林肯实验室的一些特殊项目提供为期 5 年的协助工作。从她同意担任麻省理工学院的一名客座教授开始，这里便成为她余生辉煌的职业生涯中的学术家园。[85]

最终，在吉恩的全力协助下，米莉在林肯实验室度过了 7 年辉煌的岁月，对石墨与许多其他半金属的磁光性能进行了量化。吉恩一直待在林肯实验室，直到 20 世纪 70 年代中期才与米莉在麻省理工学院再度相逢。在此期间，他们继续合作了一些研究项目，当然了，也合作当好了玛丽安娜、卡尔、保罗和艾略特慈爱的父母。[86]

Carbon Queen

第 6 章

女性圆舞曲

与科学共舞，女性必须相互帮助

1967 年 10 月 8 日的《波士顿环球报》头版的左边是一幅印有 5 名戴着头冠的选美冠军计划参加“哥伦布日”① 游行的海报照片，右边是一篇谈论由于学生们支持波士顿红袜队在世界大赛中的亮相而犯了“小错误”这样半开玩笑的文章，中间是 37 岁的米莉笑容满面地宣布进入世界领先的高等学府的消息。公告上这样写着：“林肯实验室的米尔德里德 · 德雷斯尔豪斯博士曾在固体物理学领域取得了非凡的成就，现于麻省理工学院担任艾比 · 洛克菲勒 · 莫泽基金会资助的客座教授。”[1]

1967 年秋，米莉接受了麻省理工学院的邀请，这可不

① 又称哥伦比亚日，是纪念哥伦布于 1492 年首次登上美洲大陆举行的节日，时间是 10 月 12 日或 10 月的第二个星期一。——编者注

是一份普通的工作邀请。尽管只是客座教授，但米莉创造了历史，成为麻省理工学院电气工程系的第一位女教授，也是整个麻省理工学院的第二位女教授。[2]

这在当时是很不寻常的任职，因为她没有正式的工科背景。然而，20 世纪 60 年代，麻省理工学院的物理系主要集中在粒子物理学（即高能物理学）这个研究方向上。这个子领域主要是研究单个原子及其组成部分的行为，而非物质的总体性质。此外，对于电子设备的创新设计来说，研究人员对材料的理解变得越来越重要，因此，电气工程系的领导者希望确保该系的学生们得到最恰当的科学教育。[3] 2012 年，米莉指出：“这是半导体研究的全盛时期，这个行业发展迅速，没有人能预料到我们的学生需要何种技术才能发明下一代半导体设备，因此宽泛的学术背景……是急需具备的。”[4]

米莉的主要职责之一是为麻省理工学院优秀的电气工程系学生讲授物理学。根据科学历史学家约瑟夫·马丁（Joseph Martin）的说法，这项任命满足了麻省理工学院的迫切需求，虽然该校的固体物理学研究很强，但在这个快速发展的领域所开设的课程却很有限。马丁在 2019 年写道：“米莉在阐述固体理论领域的前沿研究时，注重理论知识与实际应用相结合，让那些倾向于应用和实践的物理学家和工程师们看到这些理论的实际价值，这满足了麻省理工学院的学生们对这门课程的巨大需求。”[5]

对米莉来说，这项任务就像是她的第二天性般让她习以为常。除了她在教学方面拥有的丰富资历，她此前的研究也为她在跨学科的环境中工作提供了宝贵的经验。在芝加哥大学学习时，由于没有合适的导师，她组织了来自不同学科背景的人，帮助她设计实验；在林肯实验室时，她与来自不同领域的科学家合作研究。2001 年，她这样说道：“我很喜欢与人交流，并为他们讲解物理学原理。”[6] 她开发那些吸引各个学科领域的学生的课程所付出的努力很快取得了成功。事实上，她早期在麻省理工学院开设的两门课程——固体物理学与固体应用，至今仍在麻省理工学院的课程表上。[7]

上过米莉在麻省理工学院教授的第一门固体物理学课程的学生、物理学家阿维娃·布雷彻（Aviva Brecher）在 2017 年的纪念活动致敬文中写道：“她给我们分发清晰完整的手写课堂笔记，要求我们认真听课、理解所学内容，并通过提问积极参与课堂学习，就像费米在芝加哥大学教她时那样。她是我们遇到的最好、讲课最清晰、最关心我们的老师。”[8]

除了增加的教学工作，米莉在麻省理工学院的工作与她在林肯实验室时的工作基本没有变化。她的研究工作基本上没有受到干扰，因为她在美国国家强磁场实验室已经完成了大量工作。在林肯实验室工作时，她就曾指导麻省理工学院的学生，现在只不过有更多的学生在她的羽翼之下，以更正式的身份得到她的学术指导。她每周依然有一两天会在林肯实验室继续工作。[9]

还有一项新活动与此前她参加过的所有活动都不同。米莉很清楚，她担任客座教授的机会直接来自艾比·洛克菲勒·莫泽，这位女性和她的兄弟们在科研院校设立基金的目的，是鼓励和支持学术界的女性们。米莉觉得自己需要回馈一些什么，来践行基金设立的使命。因此，从 1967 年秋开始，她向埃米莉·威克（Emily Wick）寻求帮助。威克是一位食品科学家、学生处副教导主任，也是麻省理工学院第一位获得终身教职的女性。在威克的支持下，米莉决定每周花一两个小时的时间，与麻省理工学院的年轻女性会面，为帮助她们克服面临的挫折提供鼓励、建议与意见。[10]

这个时期的麻省理工学院仅有 5% 的本科生是女生（如今约为 47%），女教师的比例则更低一些。20 世纪 60 年代和 70 年代，全美范围内，女性在科学领域，尤其是工科领域的参与机会远远不足。除此之外，一些新的法案，比如 1964 年的《民权法案》，就规定了在职场中基于种族、性别、宗教或国籍的歧视是非法的；1972 年的《教育修正案》第九条为接受联邦资助的教育项目或活动提供了新的保护，防止性别歧视。[11] 在一次采访中，米莉说道："我们的女生需要榜样，所以我努力为她们提供力所能及的帮助。"[12]

在米莉看来，很明显，如果女生遇到了麻烦，很大程度上是因为她们的人数远远不及男生。最初，她并不确定自己能做些什么来缓和这个局面，但在担任客座教授几个月后，她对当时的情况有了更深入的了解，这也让她对未来实施积极变革的方向有了些想法。正如我们将看到的，米莉注定在她之后的职业生涯中，在支持女性和其他缺乏参与科研工作机会的学生方面起到重要的作用，无论是在麻省理工学院还是在其他地方。[13]

没过多久，米莉的同事们就意识到，对于电气工程系乃至整个麻省理工学院来说，米莉都是无价之宝。在作为客座教授来到这里不久以后，米莉就收到了一封终身教授的聘书。在 2009 年的一次采访中，她回忆道："这真是太让我惊讶了！"[14]

这种职业上的飞跃在今天看来显然非比寻常，怎么说都不为过。即便是最有才华、最有前途的年轻教授，在有资格获得终身教职之前，也必须走完终身教职评定的所有步骤，包括几次关键的考核和晋升。同样值得一提的是，20 世纪 60 年代末，美国各地的许多著名大学甚至不会录取女生。1968 年，包括耶鲁大学、杜克大学、布朗大学、约翰斯·霍普金斯大学和哈佛大学在内的这些名校，都不接收女性申请入学的请求，而米莉却在麻省理工学院获得了终身教职。[15] 那时，麻省理工学院开放录取少数女生的通道已有将近 100 年，但聘用一位女性工科正教授，并且未跨越常规门槛就授予她终身教职这一行为，还是非同寻常的。

米莉的同事们显然希望她能够加入他们的团队。为了吸引她留在麻省理工学院，他们愿意为她的未来下个大注。米莉后来称赞电气工程系系主任斯穆林，认为他看到了她的潜力，尽管当时很少有人对她所研究的领域感兴趣，并且为她提供了巨大的机遇，来改变整个世界对碳的看法。但促成米莉转变的真正跳板，是米莉支持过的那些学生。[16] 2017 年，米莉的学生布雷彻说："米莉是一位很出色的老师……她的课是我在麻省理工学院上过的最好的物理课，她提高了教学的阈值。她的教学技巧给我们留下了深刻的印象……于是我们请求电气工程系系主任斯穆林延长米莉的客座教授身份，他也真的这么做了。"[17]

米莉很快接受了这份邀请。这样一来，她再次创造了历史，成为麻省理工学院电气工程系第一位获得终身教职的女性，也是整个麻省理工学院首批获得终身教职的两位女性正教授之一（另一位正是埃米莉·威克，在米莉开始担任正教授的同一天，威克也被提拔为正教授）。这是一场持续了 50 年的强强联合。诚如麻省理工学院的校训所言："理论与实践并重（mens et manus）"，这所院校为米莉提供了追求学术事业的家园，任她发挥扎实的科研实力，对工程学应用展开新的探索。[18]

她的职位也给予了她更多的自信，使她确信自己在做真正想做的事情。在加入麻省理工学院几年以后，米莉公开透露，尽管她表面上很自信，但在很多情况下，她也怀疑过自己是否能继续研究之旅。这主要是因为她的女性身份，当时女性科学家和工程师还都很少见。当然，一路走来，包括雅洛、费米和吉恩等人都给了她无限的支持和鼓励，但那些打击人的话语和行为往往令米莉感到难过，产生焦虑和自我怀疑。米莉读博时的导师对她的轻蔑态度困扰了她很长时间——尽管后来他道歉了，也获得了米莉的原谅。在 1976 年接受《时尚》杂志的采访时，她说："我那时相信了他的判断。"由于相信了导师对科学领域的女性持有的观点，她承认："**我对自己的期望很低。直到成为著名的麻省理工学院电气工程系的正教授，我才开始认真对待自己的事业。**"[19]

幸好，其他很多人已经开始认真对待她了。她加入麻省理工学院时最有力的支持者之一是该校的物理学家阿瑟·冯希佩尔（Arthur von Hippel）。两人初次见面是在冯希佩尔的弦乐四重奏乐团招募一名中提琴手时。这个乐团当时在电气工程系内部招人，米莉去应聘了。冯希佩尔比米莉年长 30 岁左右，他在德国出生，为了躲避纳粹迫害逃到了美国，后来在麻省理工学院领导与雷达研发相关的材料科学研究。冯希佩尔后来成为米莉一生的导师和朋友，他被米莉的工作所吸引，为她在各种材料电子特性方面的探索提供支持，也在许多情况下对米莉发挥了榜样作用，包括倡导跨学科研究和对具有不同背景和水平的学生与合作者给予鼓励。[20] 在 2014 年的回忆录中米莉写道："冯希佩尔教授总是告诉我，新鲜有趣、影响深远的想法最有可能来自富有冒险精神的年轻人。他对这些具有革新性和创新性思想的欣赏，是他对我和我这个年龄段的其他人产生的深远影响之一。"[21]

因此，在正式转到麻省理工学院之后，米莉发现这个地方让她感觉很自在，研究重点很明确，有来自资助机构和同事的支持，还有快乐又充满活力的学生，更有照顾家庭所需的灵活的工作时间和地点。关于她在科学领域的前途问题，她几乎都得到了解答，所以是时候开始工作了。

颠覆长期公认的科学概念

对于像米莉这样科研生涯漫长且成就卓越的人来说，肯定有一些论文已被遗忘。这些论文可能只取得了有限的成果，或者只需相对较少的努力或投入（例如与他人合著，作为论文的第二作者）。反之，总有一些出色的论文令人难以忘怀，或是因为这些论文的科学影响力，或是因为恰逢论文作者职业生涯中尤其难忘的时期，或只是因为其中的实验过程非常独特或非常艰辛。

获得麻省理工学院的终身教职后，米莉的第一份研究成果就属于出色的那一类。在回忆自己的职业生涯时，她一次又一次地提起这篇论文，称之为“科学史上一个有趣的故事”。[22]

这个故事开始于米莉与伊朗裔美国物理学家阿里·贾范（Ali Javan）的一次合作。贾范出生于伊朗，父母都是阿塞拜疆人。他是一位才华横溢的科学家，一位屡获殊荣的工程师，因发明氦氖激光器而闻名。在贝尔实验室时，他与那时的同事小威廉·贝内特（William Bennett Jr.）一起，发明了氦氖激光器。这项发明推动了20世纪后期许多重要技术的发展。这些技术包括CD、DVD播放器、条形码扫描系统和现代光纤技术等。[23]

在发表了几篇描述她早期对石墨电子结构的磁光学研究的论文之后，米莉想做更深入的研究，贾范想加入。两人是在米莉还在林肯实验室工作时认识的，米莉是贾范的忠实粉丝，曾称他为“天才”和“极富创造力和才华的科学家”。[24]

米莉新的工作目标是研究石墨的价带和导带中的磁能水平。为此，她和贾范带着研究生保罗·施罗德（Paul Schroeder），运用氦氖激光器对石墨样品进行研究。氦氖激光器可以发射出一个小光点，是专门为实验而制造的。他们的实验进行了好几年才有结果。在研究到一半的时候，米莉就从林肯实验室转到了麻省理工学院。[25]

就算实验并没有取得什么新发现，只是团队已知的一些东西，这个实验也可以算是开创性的了，因为这属于科学家们用激光器来研究磁场中电子行为的第一批实验。

然而，实验结果并不寻常。[26] 在米莉与她的合作者开始实验 3 年后，他们发现，根据数据似乎可以推测出一些不可能的事情：石墨的价带与导带之间存在的能级间距与他们的预期完全不同。就像 20 年后在麻省理工学院，米莉向台下全神贯注的观众们所解释的那样，这意味着“到当时为止大家所使用的带际结构肯定是不对的，必须纠正”。[27]

换句话说，米莉和她的同事们即将推翻一个公认的科学规则——这是人们能够得出的更加令人兴奋、更为重要的科学发现。就像1957年吴健雄发表的里程碑式研究成果一样，米莉推翻了一个长期公认的粒子物理学概念，即粒子宇称守恒定律①。颠覆一个已经建立起来的科学概念，需要高度的精确性，以及对实验结果的自信，而米莉和她的团队两者兼具。[28]

他们的数据表明，之前人们对石墨电子结构中被称为“载流子”的物质微粒位置的认识是错误的，实际上位置是相反的。载流子从本质上来说，就是一些可以搭载电荷的东西。它们允许能量流经导电材料，比如石墨，并且对于由能量流所驱动的电子设备的正常运转至关重要。[29]

电子是一种广为人知的载流子，这些亚原子微粒在移动时搭载着负电荷。当电子从晶格中的一个原子移动到另一个原子中时，我们可以观察到另一种类型的载流子，这个过程同时会产生一些同样携带电荷的空位，每个空位与电子大小相仿，但携带的电荷相反。这种本质上属于电子空位并携带正电荷的东西被称为“空穴”（见图6-1）。[30]

米莉、贾范和施罗德发现，在此前公认的石墨结构中，科学家弄错了空穴和电子的位置：他们在本该存在空穴的地

① 宇称守恒定律是指在任何情况下，任何粒子的镜像与该粒子除自旋方向外，具有完全相同的性质。——译者注

方发现了电子，又在本该存在电子的地方发现了空穴。在2001 年的一次口述史采访中，米莉说："这太疯狂了。我们发现，此前关于石墨中电子结构的研究全部被推翻了。"[31]

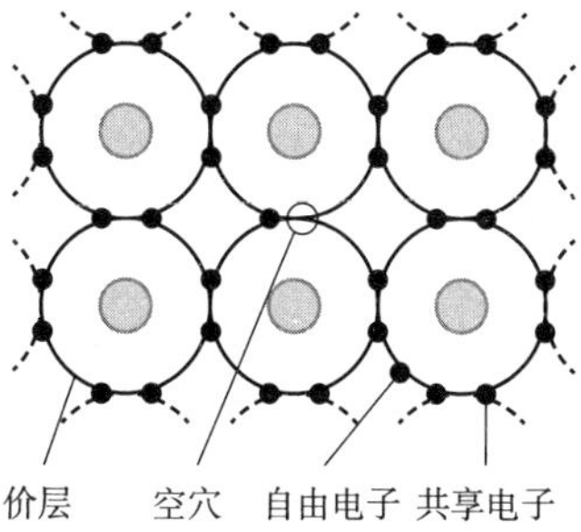

图 6-1　空穴

注：在这张简化图里，电子（以黑点表示）围绕着晶格中的原子核。在某些情况下，电子可以脱离晶格，留下一个携带正电荷的空点或空穴。电子和空穴都可以移动，从而影响材料内部的导电性。

正如许多其他颠覆传统观点的发现一样，人们并没有立即接受这项新发现，杂志拒绝发表米莉和她的合作者们提交的论文。在回顾这段经历时，米莉经常会提起，她的朋友兼同事，同时也是杂志评审之一的乔尔·麦克卢尔（Joel McClure）曾私下跟她透露他的评审身份，并希望说服她，让她明白自己实际上错得离谱。在 2001 年的一次采访中，米莉回忆道："他说，你不会想发表这篇论文的，我们都知道电子和空穴位于哪里，你怎么能说它们的位置是反过来的呢？”[32] 但是，就像所有优秀的科学家一样，米莉和同事们反复验证了他们的实验结果，并对结果的准确性充满信心。于是，在感谢了麦克卢尔之后，米莉告诉他，他们坚信自己是正确的。1987 年，米莉回忆道：“我们想要发表，而且我们……愿意冒着毁掉自己事业的风险去发表。”[33]

尽管充满疑虑，尽管这篇论文的结论中确定的石墨结构与既定的石墨结构完全不同，麦克卢尔和其他同行评审还是同意了发表这篇论文。之后有趣的事情出现了：看到这些结论发表出来，一些研究人员带着之前收集的数据出现了，而这些数据只有在电子和空穴互换位置的情况下才有意义。2001 年，米莉表示：“有大量的研究成果得以发表或出版，证实我们之前无法解释的研究发现。”[34]

如今研究石墨电子结构的人，都是在了解载流子位置的情况下进行研究的，而有关载流子位置的研究结果正是由米莉、贾范和施罗德三人收集整理的。他们最后根据小组的研究结果撰写了一篇相当出色的论文。对于米莉这个在进入麻省理工学院第一年就发表了这篇论文的人来说，这个实验迅速巩固了她作为麻省理工学院杰出研究员的地位。虽然那时，她还没有做出那些之后在科学领域引起世人关注的很多贡献，但这项早期的发现就足以令她终生为之感到自豪了。[35]

为麻省理工学院的女性做出贡献

麻省理工学院的玛格丽特 · 切尼室（Margaret Cheney Room）是在 1884 年创建的，自创建之初它就是一个特殊的“避难所”，因为它专为该校的女性设计。它的历史比麻省理工学院坎布里奇校区还要早。它最初设立在位于波士顿科普利广场区域的麻省理工学院原校区，该校区就在博伊尔斯顿街和克拉伦登街的交会处——当时那里是波士顿最繁忙的区域之一。今天该区域大部分已被办公楼宇所占据，特别是新英格兰地区最高的楼宇约翰 · 汉考克大厦（John Hancock Tower）。

玛格丽特 · 切尼室是以玛格丽特 · 斯旺 · 切尼（Margaret Swan Cheney）的名字命名的，她是麻省理工学院 1882 级学生，也是先驱化学家艾伦 · 斯瓦罗 · 理查兹（Ellen Swallow Richards）的弟子之一。理查兹是麻省理工学院的第一位女学生和女讲师，在该校成立最初的那几年，她一直是女性权益的捍卫者。切尼是一名热爱科学的学生，1882 年因一场急病去世。

在切尼病逝后，有人提议将麻省理工学院新沃克大楼的一个女性接待室以她的名字命名。切尼一家对此感到很高兴，为此捐赠了 500 美元，以促成第一个玛格丽特 · 切尼室的建立。

1916年，麻省理工学院迁址到查尔斯河沿岸的坎布里奇校区时，切尼室也随之迁移。如今，切尼室包括了可以俯瞰基里安方庭的几个小房间，是具有自我认同感的女性、非二元性别者和跨性别者的避难所。[36]

从1968年开始，在安全的切尼室里，麻省理工学院的女性们每两周就会聚一次，喝茶、吃点心、聊天。有些人是来发泄的，有些人只是想听听在科学和工程学领域的其他姐妹近期都在做些什么。他们也把自己视为以下社会现象的一部分：令人兴奋的20世纪60年代和70年代，麻省理工学院和全美各地的理工科领域都有大量女性涌入。随着民权和妇女运动在地方乃至全美轰轰烈烈地展开，人们迎来了一个巨变的时代。其中的大部分变化最终使得学术界变得更具包容性。但做出改变的过程往往非常艰难，麻省理工学院的女学生们就是那些感受到了成长之痛的人。[37]

当米莉和威克决定定期举办女生聚会的时候，学术界的女性仍被视为一种反常现象，尤其是在麻省理工学院这样的地方，女性经常面临着经典的“第二十二条军规”① 的困境。在学生报刊的漫画中，她们受到的批评是：过于女性化，比

① 出自美国作家约瑟夫·海勒的小说《第二十二条军规》。这条军规规定，只有疯子才能获准免于飞行，但必须由本人提出申请，而你一旦提出申请，恰好证明你是一个正常人，还是在劫难逃。——编者注

如无法在高领域科技和激烈的竞争下独当一面；又不够女性化，比如邋里邋遢、无趣、沉迷于学术研究。可以肯定的是，那些设法在高等学府里赢得一席之地的年轻女性，甚至没有资格获得被称为“女性”或“学生”的尊重。她们只会被称为“共校女生”①。共校女生是一个意味深长的词，实际上是在指责女性打破了界限，闯入了原本只有男性存在的领域。[38]

正如米莉在研究生和博士后学习期间亲身经历的那样，开先河闯入曾被男性占据的领域，是一件很棘手的事情。部分原因是，在这个时期，在男性师生中，对性别等因素持偏见态度的人不在少数。尽管麻省理工学院是美国第一批招收女生的院校，但在 20 世纪上半叶，该校对于女生招生政策的态度至多也就是放任自流。20 世纪 60 年代和 70 年代，随着女生的占比从个位数上涨到十位数，麻省理工学院却还在为是否招收、如何招收女生，以及在她们入学后如何提供支持而吵个不停。[39]

2017 年，麻省理工学院的航空航天学长聘教授希拉·威德纳尔（Sheila Widnall）回忆说：“麻省理工学院当时需要创建一个平台，为科学和工程学领域的女性学生和教

① 即在男女共校的学校中就读的女生。

师创造和提供机会，让她们能追求科研事业的成功。在这个平台的创建过程中，米莉发挥了至关重要的作用。”[40] 威德纳尔是 20 世纪 60 年代该校为数不多的女教师之一。

然而，尽管在教学方面经验丰富，但在指导和咨询方面，米莉还是个新手。因此，她早期对支持崭露头角的科学家和工程师们所做的努力是一次学习经历，拓宽了她对理工科领域女性地位的看法。[41] 对于她在早期聚会中看到的那些学生，米莉 2014 年向《科学》杂志说道：“她们提到的一件事就是，她们感觉自己是那么孤立无援……时常怀疑自己是否属于那里。”[42]

1976 年，在麻省理工学院的口述史采访中，米莉对切尼室聚会时引发的一些讨论做了更详细的描述，其中包括：许多学生承认，在面对偏见态度和普遍的排斥时，她们感到很痛苦。“本科生阶段，女生与男生之间存在很多问题，这是一个长期的话题。在技术课程中，男生的人数太多了……很多女生觉得自己没发挥出潜力，因为她们感觉太不自在了。教授们不知道该如何对待她们……我在这里学习，其他女生在这里学习，我们有机会讨论这些话题，这对与会者产生了巨大的影响，有时会使面临挑战的女生考虑是否继续留在麻省理工学院学习。”[43]

纽约市立学院的化学工程学教授、麻省理工学院 1976 届校友卡萝尔·施泰纳（Carol Steiner）在 2017 年的致敬活动中的讲话呼应了前文的说法：“作为一名本科生……当时的男女生比例是 10 ∶ 1，仅仅是知道米莉在那里，就给了我一些鼓舞和激励。”[44]

有色人种的女性想要在高等教育体系中拥有归属感尤其困难，特别是在麻省理工学院这样的理工科院校。她们都面临着典型的双重偏见，一方面是性别，另一方面是种族，两者都对她们很不利。[45]

第一位获得麻省理工学院博士学位的非裔美国女性、伦斯勒理工学院的校长雪莉·安·杰克逊（Shirley Ann Jackson）在 2017 年的纪念活动中表示：“我是班里两名非裔女生之一。其他同学并不欢迎我，一些教授也是这样。有段时间我想修习物理学专业，于是向一位杰出的教授征求意见，他的回答是‘有色人种的女孩该学一门手艺’。米莉给出的建议，毫无疑问完全不同。她对生活的看法更加全面，麻省理工学院幸亏有她……作为一名教师，米莉很有耐心，她不愿让有困难的学生退学，她为包括我在内的科学界的年轻女性打破制度障碍所做的努力，对于我们这些来自各个背景和出身、追随她也追寻发展机会的年轻人来说，是一次行动的召唤。”[46]

米莉与威克，再加上威克的助手多蒂·鲍威（Dottie Bowe）开始集思广益，寻找切实有效的办法，帮助麻省理工学院的女生获得认同感。这三人是当时为数不多的在高级管理层和其他领导职位上任职的女性，她们觉得自己有责任尽力对本科和研究生阶段的女生提供支持。在校园里，威克是众所周知的女性支持者。作为副教导主任，她将大部分精力都放在支持女性的工作上。[47]

在1976年的口述史采访中，米莉这样说道："当时，威克几乎将所有为麻省理工学院的女生做的工作都包揽了。"这些工作包括：管理各种针对女生的项目，阅读所有女性申请者的入学申请等。[48]

刚进入麻省理工学院的第一年，米莉和威克决定先熟悉一下招收女性本科生的流程。尽管从1870年开始，麻省理工学院就偶尔招收一些女生，但直到20世纪60年代初，女生的宿舍才开放，麻省理工学院的管理层才开始对招收和支持女性投以持续的关注。威克邀请米莉一同审阅由女性申请者提交的材料，截至60年代末，学校每年收到的材料数量为400份左右。米莉欣然同意，尽管这会给她原本就很繁重的工作和家庭生活增加很大的负担。[49]

对每份申请保持密切关注是一项卓有成效的工作，这会揭示几个关键问题，从而促使麻省理工学院的招生流程发生重大变化。在 2007 年的一次采访中，米莉这样说道："当时大家认为，招收女生是有风险的，因为她们在科研工作中表现不佳。但是在了解情况之后，我觉得这并非性别的问题，而是因为女生所处的环境导致了她们的表现未达标。"[50]

推动麻省理工学院的校风调整，使其对女性，尤其是有色人种的女性更友好，将是一个持续的项目。不过在当时，米莉认为确保一开始就有更多女性被招收进来，会带来积极的变化。她和威克关于招生政策最重要的发现在于，在录取男性与女性申请者时，学校所采用的标准完全不同。由于可供女性选择的住所很少，这会直接决定学校会招收多少女生，因此女性申请者之间的竞争更加激烈。这就意味着，为了被录取，女生的考试成绩要比男生的更高，推荐信也必须更有说服力。1976 年，米莉直言不讳道："进入麻省理工学院对女性来说，要比男性更加困难。"[51]

基于这些调查，威克向麻省理工学院的招生委员会提交了一份正式报告，包括了她们提供的一系列建议。其中最重要的一点是，取消那些针对女性的不公平的录取流程，以便所有的申请者基本上都能站在同一起跑线上。这份报告还提倡，在招收才华横溢的高中生时，采用更公平的招收政策，无论他们是男生还是女生，并制作更好的招生宣传材料，以展示麻省理工学院接受并支持女性的事实。同时她们还指出，招收更多女生有助于女性提高她们在之前陷入困境的领域中的表现，并提议建立一个包括教师意见在内的申请评估体系。[52]

她们的许多建议都以这样或那样的形式被采纳了。其结果是，在全美范围内的法律和社会压力下，麻省理工学院的女性师生比例显著上升（见图 6-2）。[53]

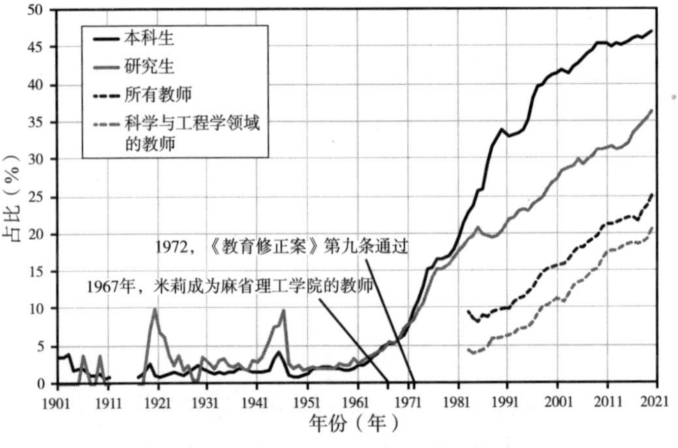

图 6-2　1901—2021 年麻省理工学院的女性师生比例

注：1983 年之前的教师数据不可考。

资料来源：MIT Office of the Provost / Institutional Research。

女性帮助女性

1971 年，威克辞去了副教导主任一职，重返教授岗位。麻省理工学院的管理层没有找人接替她，这让许多女生十分不满。她们已经开始依赖威克，将她视为她们在管理层内部的重要盟友。因此，1972 年 1 月，在正式离职之后不久，威克和米莉以及多蒂·鲍威在麻省理工学院的独立活动月（independent activities period，IAP）① 期间组织了一次公开会议，讨论麻省理工学院本科阶段的女生所面临的问题。到了那天，她们惊讶地发现，有 100 多名来自麻省理工学院各个专业的人挤在切尼室里，其中大多数是女生，也有几个男生。每个人都希望分享自己的问题、担忧以及对麻省理工学院女性的未来的建议。[54]

于是，麻省理工学院的女性论坛诞生了。论坛成员会定期举办校园聚会，为麻省理工学院的女性们提供了一个审视自己困境的空间。在接下来的几周内，参会者的目标是说服学校管理层，系统地对女性感受到的政策及待遇方面的不公进行审查，包括从小孩照顾到学术研究，再到经济援助的方方面面。校方听取了建议，成立了一个由米莉和大四学生保

① 独立活动月是麻省理工学院一个介于秋季学期结束和春季学期开始时的小学期。在此期间，教师和学生可以从严格的常规课程中解放出来，进行灵活的教学以及独立学习和研究。——译者注

拉·斯通（Paula Stone）所主持的委员会，负责对这些问题还有其他各种问题进行仔细的研究。[55]

大约在同一时间段，米莉被任命为电气工程系的副主任，直属领导是系主任斯穆林。这一重要的领导职位预示了一个重大的变化：米莉不仅是麻省理工学院最大的院系中唯一的女教师，也是全校第一位担任这么高的管理职位的女性。1972年2月，美联社发表了一篇关于米莉就任新职位的文章，这意味着她升职的消息在全国性的报纸上公开了。[56]

米莉的升职除了具有历史意义，还将使她已经排得满满当当的日程表增添许多新的待办事项。这次任职促使米莉正式结束了在林肯实验室的工作，也使她在女性论坛中担任的角色变得更加正式和权威。值得一提的是，1972年6月所通过的《美国民权法》第九条也在这个时候诞生。该法案禁止国家资助的教育项目中存在性别歧视。[57]

由于参与者的个性多种多样，以及这些小组在全校推进的任务不同，女性论坛将承担各种各样的项目，比如在校园里建立一个女性售货亭，组织一场女权领袖格洛丽亚·斯泰纳姆（Gloria Steinem）的演讲等。这个论坛还基于麻省理工学院的女性境况，撰写了至少两份具有影响力的报告。[58]为此，米莉获得了时任麻省理工学院校长的杰罗姆·威斯纳（Jerome Wiesner）给出的关键建议。总体来说，威斯纳是支持论坛的，但他一开始也对第一份报告的初稿提出了批评。在 1997 年一次关于该校女性历史的圆桌会议上，米莉表示："他是我在科学政策方面的第一位导师，也是最严厉的导师。他曾说，你必须像对待自己的研究工作一样，对待包括麻省理工学院在内的全国各个地方的科学政策和服务……你必须按照麻省理工学院对学术著作那样的要求，来撰写所有提案和记录你的问题。我一直牢记这些话，这是非常好的建议。"[59]

在 1972 年提交给麻省理工学院管理层的报告中，负责女生职责的特设委员会最终描述了一系列针对女生的恶劣的态度和行为，从歧视到轻度冒犯，再到彻底的敌意。[60] 由米莉和斯通所主持的委员会指出："首先我们要承认，对于学校的女生来说，我们之中有很多人在校园里的生活无论是过去还是现在都很开心。但同样很明显的是，有些针对女性的态度和政策应当而且也能够获得改善。"[61] 这份报告接着列出了委员会认为能够改善女生待遇的 11 个领域，从招生录取到整体的学术环境，再到学生活动、住宿与医疗待遇。这份报告指出：

> 在美国的大学中，人们对针对女性的歧视态度已习以为常，这导致许多造成这些歧视的人甚至都

> 没意识到这一点。
>
> 如果学院中的许多人（教授、行政人员、男生）坚持认为，女性会危害麻省理工学院的教育质量，认为女性不属于传统意义上由男性主导的工程和管理领域，认为女性无法认真追求科学研究，认为女性缺乏学术动机，认为女性只会导致他人在课堂上分心，那么麻省理工学院永远不会也不可能成为一个男女同校的院校，无法为所有成员提供平等的机会……
>
> 尽管我们意识到，大多数歧视并非有意为之，但它们确实存在。其结果导致麻省理工学院的一些女生感觉自己没有被认真对待，没有享受到与男生相同的待遇，在教育上受到了不公平的对待。[62]

正如历史学家埃米·苏·毕克斯（Amy Sue Bix）在《科技女孩翻转未来！》（*Girls Coming to Tech!*）一书中提到的那样，这份报告“代表了一种自我导向的战斗口号，告诉麻省理工学院的女性们，只有女性师生一起组织起来要求改善这一切时，才能改变性别歧视的境况”。[63] 毕克斯也承认，这份报告中提出的一些建议实际上不大可能在短期内得到推行，但它确实在麻省理工学院和同侪院校中引起了很大反响。这直接导致校方任命玛丽·罗（Mary Rowe）作为维护女生权益的新高层倡导者。最初，玛丽·罗被委任负责女性和其他工作事务的校长特别助理，后来她成为一名监察员，为所有求助者提供中立、保密的建议，以及冲突管理方面的帮助，无论求助者是男性还是女性。在玛丽·罗开始工作大约一年后，麻省理工学院设立了一个类似的职位，负责对有色人种学生提供支持。负责少数种族事务的校长特别助理和负责人克拉伦斯·威廉姆斯（Clarence Williams）后来继续与玛丽·罗一起担任监察员，并成为城市研究与规划方面的副教授。[64]

在努力为麻省理工学院的女性提供支持后，米莉开始对教育和职场中的平等，特别是对理工科领域的平等有了不同的思考。尽管她并不认同当时在美国兴起的激进女权主义思想，但她也不禁被许多女性受到偏见和歧视待遇后产生的抱怨所触动。她开始认识到，从内心的自信、面对困难时坚持不懈的毅力，到她在个人生活和工作中接触到的有影响力的人对她的支持，这些都让她受益匪浅。然而，面对歧视态度，由于缺乏米莉所拥有的这种重要的支持，一些非常有能力的女性和其他少数种族的学生才会长期遭受不平等的对待。[65]

纽约州立大学布法罗分校的生理学教授苏珊·乌丁（Susan Udin）写道："我发现米莉开始回忆往事……那些她之前设法忽略的事情，改变了她的看法。我认为这种程度上的无知，在她事业的最初阶段起到了积极的作用。”乌丁是麻省理工学院的毕业生，也是2017年女性论坛的参与者。[66]

20世纪70年代末，米莉承认：“在特设委员会提交报告和女性论坛创建之前，我一直觉得女性自身的处境并没有什么问题。在某种程度上，我忽略了自己一路走来获得的所有帮助，并没有真正意识到女性必须互相帮助……现在，该由我来帮助其他人了。”[67]

与同在物理学研究领域的人建立新的关系

20世纪70年代初的夏季，米莉和吉恩有机会带着孩子们一起去其他国家旅行。这既方便了他们带孩子们度假，又可以帮助他们建立研究领域的人脉关系，还可以让他们有机会参加课外教学。这些工作假期让米莉和吉恩得以与国际上的同事们保持联系，其中一些人与麻省理工学院也有渊源，这也让他们能够与异国他乡同在物理学研究领域的人们建立新的关系。

第一次全家旅行是1971年的访问巴西之旅。米莉和吉恩就在一众受邀为当地教授讲授强化课程的专家名单中。这次活动是全巴西范围内启动固体物理学研究的一种举措。这一次及之后的专家访问活动助力巴西成为这一研究领域的主要贡献者。[68]

夫妇两人接受成为当地学校客座教授的要求是，确保他们的孩子也能同去，并且他们有足够的时间带着玛丽安娜、卡尔、保罗和艾略特一起放松和探索。[69] 在 2017 年的纪念活动中，她的儿子保罗说："带着 4 个小孩周游半个世界，对米莉来说不是问题……我们都不是很乖的孩子，所以我也不知道她是怎么做到的。但是……她就这么做到了。她不接受任何阻碍旅行的事情发生。"[70]

吉恩和米莉白天要上课，当时年龄在 7 ～ 11 岁的孩子们就在各种各样的当地活动中自娱自乐。尽管当孩子们住在一个大型农场时，有个名义上的保姆照顾着他们，但米莉和吉恩鼓励孩子们去动物园和其他有趣的地方自由地探索，由最年长的女儿玛丽安娜负责照顾弟弟们。[71] 艾略特说："玛丽安娜就像母亲一样，她负责照顾我们这几个弟弟。"[72]

1972 年的夏天，在忙了一个学期的教学、研究和女性论坛活动之后，米莉和吉恩带着孩子们去了以色列，她在以色列理工学院担任客座教授。在随后的几年里，他们夫妇俩还相继访问了日本和委内瑞拉，所有这些访问都促成了重要的研究合作。[73] 保罗说："跟着米莉和她的学生们以及博士后和合作者，我总是能收获国际交流的经验。”[74]

这些旅行不但促进了家人之间以及与同事之间的关系，也是很好的让人放松的时间，因为20世纪70年代中期，对于回到马萨诸塞州工作的米莉和吉恩来说，是非常重要和非常忙碌的几年。除了要养育4个正在成长的孩子，米莉还要继续担任学术方面的领导职位，以及领导麻省理工学院女性权益的新项目，这些都需要她做大量的工作。同时，她的研究也在以惊人的速度推进：**她和吉恩一同花费了将近20年的时间，协助建立了一个全新的研究领域，即凝聚态物理学，使人们对于碳作为一种有用的材料产生了全新的理解。**[75]

Carbon Queen

第 7 章

伙伴协奏曲

进入纳米世界，演绎对科学热爱的二重奏

这一年，“罗诉韦德案”① 发生了；第一部手持电话的出现，预示着我们将会进入一个时时在线的世界；比莉·简·金（Billie Jean King）在著名的网球“性别大战”中战胜了男网球选手鲍比·里格斯（Bobby Riggs）；DJ 库尔·赫克（Kool Herc）等人使嘻哈乐成为一种独特的音乐类型。这一年就是 1973 年，也正是在这一年，米莉在科研工作上开始发力。[1]

经历了一年半的持续输出后，米莉决定辞去她在麻省理

① 1972 年，美国两个年轻的女权律师试图挑战当时的堕胎政策，她们选中了一名希望堕胎的 21 岁女子，将当地检察官亨利·韦德告上法庭，要求得克萨斯州取消堕胎禁令。几经周折，1973 年美国联邦最高法院确认妇女决定是否堕胎的权利受到宪法保护。这项裁决于 2022 年 6 月被推翻。——编者注

工学院女性论坛的领导职务，此时校园里梧桐树的叶子才刚开始变黄。不过有一点没变，她在支持女性方面的倡导工作不会结束，只是发生了一些小变动。[2]

事实上，米莉几乎在同一时间获得了卡耐基基金会所颁发的一项卓有声望的奖学金。这项奖学金只对美国少数几所大学的女性提供。她一分钟都没浪费，立刻招募了麻省理工学院的教授威德纳尔，她们一起把这个机会变成了针对大一和大二本科生所开设的一门全新课程。这门课程名为“工程学是什么”，课程目标是为学生们提供学术指导，让女生赶上她们的男同学。因为男生在开始上大学课程之前，很有可能从童年和青少年时期开始，要么是在学校里正规学习，要么是从亲戚朋友或者其他人那里，就接触过工程学科和项目。事实上，早在“性别差距”这个术语出现之前，这门课程就试图通过向所有人展示工程学学习带来的挑战与机遇来创造公平的竞争环境。[3]

2017 年，威德纳尔在回忆时指出：“我们在每周的课上都会介绍与工程学专业对口的工作信息，还有波士顿地区的在职工程师现身说法，发表了很多演讲。”根据威德纳尔的说法，这门课以实验室为特色，为学生们提供电子、焊接与模型构建方面的实践机会。“我们原本希望每学期招收 15 名学生，但最终来了 100 多人，其中一半是男生。很多麻省理工学院的女生还有少数族裔的学生选修了这门课程，其中有不少人决定主修工程学专业。”[4]

“我们开设这门课的目的，是让女生了解工程学院的情况，并让她们知道工程学领域有她们的一席之地。”米莉向麻省理工学院城市研究与规划系已退休被返聘的教授克拉伦斯·威廉姆斯解释道，后者正在为撰写《技术与梦想》（*Technology and the Dream*）一书收集素材。米莉还补充道：“我认为这门课也对少数族裔的学生选择工程学院的专业产生了重大影响，或者至少促使他们选择了辅修一些工程学专业的课程。”[5]

大约在同一时期，米莉很荣幸地担任艾比·洛克菲勒·莫泽基金会资助设立的新的教职。这个非永久性的教职是通过与她 1967 年担任客座教授的同一笔捐赠基金设立的，米莉是第一个以非客座教授的身份担任此教职的人。[6]

在麻省理工学院支持女性的另一项举措中，米莉再次与威德纳尔合作，组织了第一届属于女性教师的午餐会，其花费最初来自她从卡耐基基金会申请的奖学金，之后来自艾比·洛克菲勒·莫泽基金会的资助。[7] 2007 年，米莉回忆称，她和威德纳尔自发承担了指导麻省理工学院为数不多的女教师的职责：“因为她们在各个不同的院系工作，其中很多院系没有女性。她们就是第一批女教师，许多男教师在指导她们应当怎么做才能促进她们的职业发展时，会感到为难。”[8]

在 2017 年的回忆录中，威德纳尔补充道：“我们讨论了获得终身教职的过程，如何申请补助，对女生的指导问题，其他不平等现象以及如何解决这些问题。我们获得了来自麻省理工学院高级管理层的大力支持。通常情况下，我们会邀请校长或教务长出席这些午餐会，与女教师们交谈。”[9]

开启持续近 20 年的碳研究

20 世纪 70 年代初，就在米莉全力以赴，致力于使麻省理工学院中那些被忽略的学生和教师的处境变得更顺利时，她在一项新的研究项目上花费的时间甚至更多，这个项目持续了近 20 年，并最终形成她在科研领域做出的伟大贡献。[10]

让我们回顾一下，石墨是由光滑的薄片组成的，也就是单原子薄的碳薄片——石墨烯，这些薄片结合在一起形成了一种碳化合物。1973 年，米莉开始实验一种新的组合：在石墨中嵌入其他元素的碎片。这种带有外部添加物的石墨烯层被称为“嵌层”，由此产生的碳层与所谓客体物质的混合物被称为“石墨嵌层化合物”。这些合成的化合物各式各样。由于在碳层之间嵌入了大量的原子与分子，对石墨“烘焙物”进行观察，会发现它们具有数百种嵌层变体，显示出与纯石墨截然不同的性质。[11]

值得一提的是，早在米莉和吉恩开始研究之前，科学家们就已经知道石墨烯了。例如，加拿大物理学家菲利普·华莱士（Philip Wallace）于 1947 年发表的一篇论文就首次对早期的能带结构进行了描绘，并为未来人们对单层碳进行深入了解提供了蓝图。但在 20 世纪 60 年代中期，在米莉和吉恩进入这个领域时，仅有少数几名研究人员从事该领域的研究。一天，其中两名研究人员——新泽西州贝尔实验室的西奥多·吉布尔（Theodore H. Geballe）和布鲁斯·海内（Bruce Hannay），在米莉演讲完之后找到她。在此前的工作中，吉布尔和海内等人得出了一个很吸引人的发现：当他们将碱金属，如钠或钾，嵌入石墨层时，整个系统就会具有超导性，也就是说，石墨中的所有电阻都消失了。组成最终化合物的各个部分自身都不具有超导性，这有点儿像是小猎犬与斑点狗杂交后生了只狐狸，简直让人不可思议。[12]

了解了米莉在磁光学方面所做的研究，吉布尔和海内提议，邀请她对令他们感到非常困扰的超导化合物做一些深入研究。米莉当然很感兴趣，在她早期针对石墨作为整块材料所做的一些研究工作后，她开始好奇，想知道如果将单独的石墨烯层分开，会发生什么。贝尔实验室提出了一个相关的基本研究课题：如果将单独的石墨烯层与不同的材料相结合，石墨的电子特性会发生什么变化？[13]

这个研究课题为米莉未来 15 年在实验室所做的研究，以及 20 多篇相关论文的发表奠定了基础。米莉和同事、学生们一起，将石墨与其他数十种原子和分子相结合，研究了他们所能想到的每一种特性——磁性、超导性等。最终，这项研究推动工程学领域出现了新的、改进的应用，比如手机中的可充电锂离子电池。[14]

但是米莉花了好几年时间，才将求知的渴望转化为积极的科研。正如她在 2001 年的一次采访中回忆的那样，她一开始就被如何设计初期实验难住了："我不知道该做哪些实验，所以……我把它抛诸脑后了。"[15]后来，一位同事发表的论文为她继续研究石墨嵌层提供了新的思路。1973 年，米莉和她的学生钟端玲终于一起开始了实验。钟端玲后来成了纽约州立大学布法罗分校的一位成就斐然的材料科学与工程学教授。她们的第一批实验是从溴嵌层的石墨化合物开始的，由于担任艾比·洛克菲勒·莫泽基金会资助的教授职位，米莉可以从中为学术研究申请一小笔资金。[16]

如今，尽管在大规模生产高质量样品的道路上仍存在许多挑战，分离石墨烯已是一个相当常规的操作过程。制造石墨烯薄片的常用方法之一是化学气相沉积（chemical vapor deposition，CVD）。这种方法需要将基础材料暴露在气体中，令薄膜在基础材料的表面生成。以石墨烯为例，我们首先将含碳材料加热到极高的温度，以使材料分解并释放出碳原子。这个过程要在金属（通常是铜）的表面完成，以防止碳原子以煤烟的形式分离出去。铜被用作催化剂，诱导松散的碳原子一起反应，并在金属的表面形成一层石墨烯。最后，我们必须小心地将石墨烯从金属的表面剥离出去。[17]

然而，20 世纪 70 年代，使用嵌层是将石墨层互相分离开的唯一可行的方法，主要使用的是 X 射线衍射技术，这也是英国晶体学家罗莎琳·富兰克林（Rosalind Franklin）用来研究 DNA 结构的方式。对于相关研究人员来说，这项对在石墨中加入物质时发生的变化进行的研究，成果颇丰。[18]

例如，米莉等人发现，调整石墨层的间距可以产生大量的特殊效果，包括电子效果和其他效果。在 1984 年《今日物理》上的一篇文章中，米莉写道："通过调整嵌层的种类和含量，我们可以制造出大量具有不同特性的化合物。"[19]

一些石墨嵌层的样品呈现出一一分层的效果。每个碳层都具有一层"客体"材料或嵌层物质（见图 7-1）。这类化合物被称为一阶化合物。同样也存在客体材料嵌层之间有两个、三个、四个或者更多碳层的样品。从 1973 年到大约 1990 年，米莉的团队一直在研究嵌层化合物的性质，一直研究到十一阶化合物，即每个嵌层之间存在 11 个碳层的化合物。十一阶化合物类似于一块相当厚的酥皮石墨点心。[20]

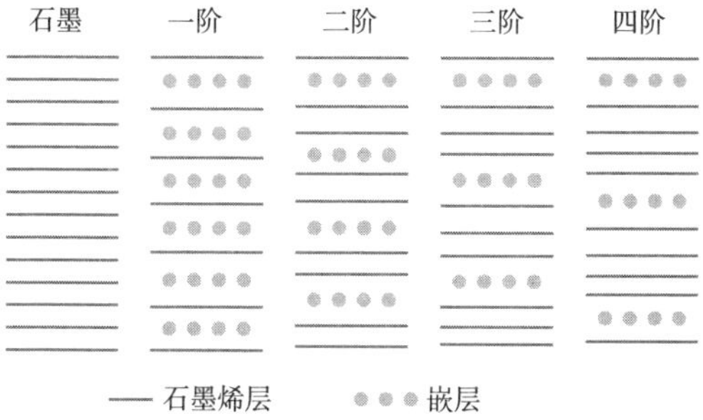

图 7-1　石墨嵌层

注：在石墨嵌层化合物中，碳原子层与其他元素交织在一起。

最初，米莉的团队专注于研究各种石墨嵌层化合物的电子结构。但是很快，他们就将精力投入到石墨基质层的研究中，研究方向从磁性、电子特性到超导性，无所不包。[21]

由于涉及的二维材料仅有一个原子那么薄，米莉常说，她对石墨嵌层的研究代表着她首次直接闯入了纳米世界。单个碳原子仅有 0.1 纳米宽。为了让你对这个尺度有一个更清晰的概念，我们来换算一下：红细胞的平均直径约为 7 微米，相当于 7 000 纳米；人类头发的直径约为 100 微米，相当于 10 万纳米。在过去的几十年里，着眼于纳米尺度大小的科研项目（也就是研究 1 ～ 100 纳米大小的物质）出现了爆炸性的增长，但在 20 世纪 70 年代，研究这类微小物质的科学家却并不多，米莉就是其中之一。[22]

1987 年，物理学家上村洸在一篇关于日本石墨嵌层研究的评论文章中写道：“在 1970 年之前，针对石墨嵌层化合物的研究主要是由化学家和物理化学家主导的。”上村洸指出，20 世纪 70 年代，物理学家和工程师们在选择感兴趣的研究课题时，依据之一就是许多发达国家都面临的能源危机。由于石油短缺，许多国家的公民开始思考节约能源的办法。[23] 2013 年，米莉说道：“我们有来自 5 个不同学术部门的人在研究这类问题，这也是这个领域具有多样性的另一个方面。”[24]

既是夫妻，更是伙伴

随着对嵌层研究的深入，新的机遇陆续出现在米莉人生中的其他领域。1974 年，在系主任斯穆林的任期结束后，米莉也辞去了自己在麻省理工学院电气工程系和计算机科学系的副主任职务。在她任职期间，该系增加了一个计算机科学专业，延续至今。不过米莉的工作仍在其他地方持续着。就在那一年，她因“对金属和半金属的实验研究以及在教育方面所做的突出贡献”，入选了美国国家工程院院士。继 1965 年人因工程师莉莲·吉尔布雷斯（Lillian Gilbreth）和 1973 年计算机科学家格蕾丝·霍珀（Grace Hopper）之后，米莉是第三位获此殊荣的女性。身为美国国家工程院的成员，米莉主动贡献了自己的时间，担任美国国家标准局（如今被称为美国国家标准与技术研究院）评估委员会的主席职位。[25]

到了 20 世纪 70 年代中期，米莉因为她在科研事业中取得的显著成就和突破，开始受到公众广泛的关注。1976 年 6 月，伍斯特理工学院（Worcester Polytechnic Institute）授予米莉荣誉学位，这是她获得的将近 40 多个荣誉学位中的第一个。伍斯特理工学院就在麻省理工学院坎布里奇校区的西面，距离坎布里奇校区只有大约一小时的车程。[26] 在此两个月前，一篇刊登在《时尚》杂志上的文章为其主要的年轻读者和女性读者群详细介绍了米莉的生活和研究工作，同时也介绍了另外两名工程学领域的女性。文章发问道：“你是否一直觉得工程学属于男性从事的职业领域？”就米莉而言，她在试图消除社会对职业女性的刻板印象：“职业女性属于正常现象。我们和其他人一样，也想要享受人生的乐趣。”[27]

米莉在接受《时尚》杂志的采访时说道:“我认为经营家庭也是一项事业。”[28]她让自己的孩子们融入实验室的环境，在这方面，米莉做得远比大多数人强。这样的做法不仅让她在未来与学生们的互动中更游刃有余，同时也影响了高等教育体系中的物理教学方法。她的两个儿子当时还不到13岁，她就带着他们进入了她的研究领域，将他们介绍给自己的研究生，让他们跟着打打杂，也包括完成一些与研究相关的任务。在2007年的一次口述史采访中，米莉提到:“那段经历让我意识到，早期的研究机会对甚至还未上大学的学生所产生的影响……这是一种培养动手能力的系统的方式。对于研究生来说，有年轻的伙伴们监督和督促着，对他们而言也是有好处的。这是良好的家庭式科研模式。”[29]后来，米莉开始与学生们定期举行家庭聚餐式的聚会，如今这已是常见的做法，不过在20世纪70年代这还是很新奇的。[30]

总体来说，正如米莉在一次采访中叙述的那样，她认为在追寻科学事业的同时抚养孩子对她来说并不是一件难事[31]，不过需要重申的是，她时常将这一切归功于她雇用的保姆和她丈夫的大力支持。吉恩对米莉的支持包含了他在家务与养育孩子方面所分担的那一半责任，以及他对妻子在工作中“开始成为更重要的那个人”这一事实感到开心这一点。[32]

“在生活的各个方面，米莉和吉恩都携手共进，”他们的儿子保罗断言，“在家时，吉恩帮忙分担了很多家务活，在他们那一代男人中，这种事很少见……而在他们一起共事的大部分时间里，吉恩会负责理论方面的研究工作，而米莉则负责实验方面，并将理论与实验相结合。米莉最强的能力就是将有才能的人组织起来组成一支团队，而吉恩一直是米莉的副手。”[33]

当然，米莉和吉恩这样一个强大的联盟也影响了他们的孩子成长过程中的每一步。在 2002 年的一次采访中，米莉承认，也许她和吉恩把工作带回家的次数太频繁了。她说道：“当我们的孩子还小时，他们就会使用从我们那里听到的科学术语来交流了，尽管他们并不知道这些术语是什么意思。”[34] 在物理学方面有一番成就的保罗证实了这一点：“从很小的时候起，我就能听到有关‘费米面’和‘费米能’的对话。我从没想过要进入父母所从事的领域，但在接触了这么多后，我进入物理学领域也就成了一件自然而然的事。”[35]

米莉尤其难以抑制自己的积极主动性，有时她的孩子们会因此感觉很有压力。她的儿子、计算机科学家艾略特就说过：“当她的儿女很难。她是个很坚强的人，不是面对困难的那种坚强，而是……如果我今天很累，我会不想做任何事，但她从不会这样。好吧，也许她也有过这种情况，但她真的太有动力了。”[36]

1977 年，米莉被委任了一个新的领导职务，让她得以发挥自己已然相当强大的管理能力，不过这次是以完全专注于研究的方式来实现的。作为麻省理工学院材料科学与工程中心的主任，米莉最初是临危受命，要让这个研究中心逃过被解散的命运。根据米莉的说法，美国国家科学基金会对这个项目表示担忧，威胁要终止对该项目的资助。一旦终止资助，这个项目就真的不复存在了。或许是之前将孩子们带到实验室，让他们与学生们一起工作的经历让米莉受到了影响，她立即意识到了其他人都没意识到的问题：这个研究中心几乎没什么晋升机会，也没给年轻人提供什么培训，这导致年长一些的领导者最终离开时，就使前途光明的研究者和研究中心本身面临很多问题。[37] 在 2007 年的一次采访中，米莉说："我的想法是对研究中心进行重建，让它处于健康的运行状态，并培养可以在其他管理岗位上工作的新人才。"[38]

米莉的策略奏效了。她很快扭转了局面，并且在之后的 6 年里继续担任该研究中心的主任。在之后的 40 年里，该研究中心继续承担跨学科材料的研究工作，直到 2017 年与一个相关的研究中心合并，组成了麻省理工学院材料研究实验室。[39]

米莉在担任材料科学与工程中心的主任时，恰逢人生中的另一个重要变化时期。1976 年，吉恩决定离开林肯实验室，接受麻省理工学院的一项研究职务。在此前的 10 年里，米莉与吉恩大部分时间没能在一起。吉恩在列克星敦，而米莉身处坎布里奇，虽然他们之间的研究合作仍在继续，但非常有限。现在，一系列事件使得他们夫妇俩在专业领域有更直接的接触。这一切发生的其中一个原因非常简单，在林肯实验室待了 16 年之后，吉恩想要换个环境。更紧迫的原因在于，米莉真的需要他的帮助。除了其他工作，她刚被任命为材料科学与工程中心主任，这显然是她在常规研究项目之外要承担的一项艰巨任务。考虑到自己将要承担的工作量，她感觉压力有点大。于是吉恩加入了米莉的小组，尽管他从未担任过米莉的直接下属。[40] 在 2002 年的一次采访中，米莉解释道："他的正式上级另有他人。我们之间的关系是，他总能选择自己想要研究的任何课题。"[41]

就这样，吉恩和米莉成了材料科学领域一对很有影响力的夫妇。尽管在吉恩的工作变动之前，他们已在研究方面有所合作，但是在麻省理工学院的重新聚首，让他们各自的研究项目得到了进一步强化，在之后的职业生涯里他们的合作更加频繁。就像最佳投手和其最信任的接球手一样，这对搭档在各个方面相互扶持，度过了大量的合作时光：米莉是实验家，吉恩是理论家；米莉是一个合群的领袖和教育家，吉恩则担任幕后的主力与啦啦队队长；米莉是一位多产的写作者，吉恩是一位坚定的编辑与参谋。在 2002 年的口述史采访中，米莉打趣道：“**如果身边的人能理解你的疯狂，那你就快乐多了。我们对科学的热爱是一种疯狂**。”[42]

让我们先来看一下夫妇两人在同步追求各自的事业时最终发生的角色逆转。吉恩在康奈尔大学担任助教时，以及他和米莉刚去林肯实验室时，是那时最杰出的物理学家。但到了 20 世纪 70 年代，一直持续到 20 世纪与 21 世纪之交，米莉已经成了凝聚态物理学领域著名的面孔之一，尽管她与吉恩共同撰写了许多论文与著作。20 世纪 50 年代末至 60 年代初，即他们刚开启职业生涯时，许多男性科学家会因为妻子在工作方面更加出色而感到羞辱。但据说，吉恩的态度始终如一。他一直是米莉的头号粉丝，一心只想让她获得最好的一切。[43]

他们的孙女伊丽莎白说：“显然，对于某些没把米莉当回事的科学家，特别是一开始的那些，吉恩直接表达了他的厌恶。他一直待在米莉的团队里，每天跟她和他们的研究生一起工作。”[44]

可以肯定的是，米莉的名声很大一部分是通过与成千上万的人交流互动而获得的。换言之，米莉获得了很高的知名度，这不只是通过她的研究工作，还通过她的管理与宣传工作。尽管米莉和吉恩作为搭档一起在麻省理工学院工作了40年，但是作为一对不寻常的科学家夫妇，吉恩在荣誉和社会认可方面没有什么可展示的。截至我撰写此书时，吉恩甚至都没有自己的维基百科词条。2002年，米莉指出：“**我们一起做了很多事情，人们将荣耀更多归功于我。我认为这并不公平。如果没有他，我现在所做的一切都无法完成。**”[45]

不同寻常的起点

小镇中心矗立着一座醒目的石头城堡，无数的码头停泊着闪闪发光的白色快艇和其他帆船。这里是位于戛纳西南部蓝色海岸的法国城市曼德琉－拉纳普勒（Mandelieu-La Napoule），似乎是一个不同寻常的科学运动的起点。但在1977年，世界各地一直在研究石墨嵌层化合物的研究者们决定将第一次会议地址定在此处，讨论工作进展、难点与新的工作方向。这次会议将是之后在全球各个城市举办的诸多石墨嵌层化合物会议中的第一次。[46]

这次会议的大多数参会者是刚进入该领域的新人，因此这次会议对于探讨与嵌层有关的化学与物理学领域的最新进展具有重大意义。米莉和吉恩等人认为，这次会议给了他们很大的启迪，促使他们以此为基础撰写了一篇长达176页的综述，文中回顾了该领域已有的研究发现。这篇论文综述引起了巨大的反响。在 2002 年的一次采访中，米莉把它描述为“一本小书，就像一部‘中篇小说’”。[47] 这次会议还激发了新的国际合作研究的火花。这次会议以及之后的那些会议将米莉的团队和世界各地的研究团队紧密联系在一起。[48]

最终，在经历了 15 年的研究之后，米莉、吉恩与他们或远或近的学生、同事们一起，得出了关于石墨嵌层化合物的许多重要结论。比如，他们了解到，与原始石墨相比，石墨嵌层通常会导致可用电子浓度发生很大的变化，而这一点反过来又会影响流往受影响化合物的电流。嵌层也会极大地改变石墨的磁性，其改变方式取决于原客体材料本身是否具有磁性。另外，与西奥多·吉布尔和布鲁斯·海内最初关于超导性的发现相呼应，嵌层化合物被证实显示出了不同寻常的超导性。[49]

米莉的团队收获的最重要的发现，就是确定了一阶化合物（即两侧都有嵌层原子的单石墨烯层）在导电性上是独一无二的，与更高阶的任何化合物都不同。但是对单一化合物的研究，他们也取得了全新的发现，比如某些化合物的作用就像催化剂，可以催生化学反应。而其他化合物则具有像米莉所说的“准二维”结构与特性，鉴于这类化合物具有无限小的横截面，它们在功能上起到了二维表面的作用。[50]

总之，如今人们认为在需要高效导电的应用方面，比如可以从氢中提取电力的燃料电池、在能量密度方面具有巨大冲击力的锂电子电池、能够存储能量的高容量装置超级电容器（绝不能与《回到未来》系列中的德罗宁时光机所采用的中央运行装置相混淆），石墨烯是一种应用前景很广的材料，而这些迹象在当年的研究结果中早有端倪。[51] 2013 年，IBM 的凝聚态物理学家费顿·艾文瑞斯（Phaedon Avouris）在《麻省理工科技评论》的一篇文章中指出：**“米莉早期关于石墨的研究涵盖了如今研究人员从石墨烯研究中获得的新发现的大部分内容。”**[52]

大约直到 1990 年，米莉一直专注于研究嵌层化合物，不过在这期间，其他课题也吸引了她的兴趣，最终发展成她最广为人知的研究方向。当她在职业生涯即将结束、回顾自己一生在碳和其他半金属方面的研究工作时，她经常会以一张图开始，详细说明在自己 50 多年的职业生涯里所发表的论文中，与碳相关的内容的受欢迎程度。石墨嵌层化合物是早期的一个分支研究领域，其发展势头缓慢而平稳，但正如我们将要看到的那样，许多碳的同素异形体很快就吸引了米莉以及来自世界各地的物理学家、化学家、材料科学家和工程师们的关注。他们的狂热推动了相关科研成果的急剧增长，成果包括数百篇与新发现的碳形式相关的研究论文和专利。[53]

Carbon Queen

第 8 章

职业狂想曲

开启全新的碳科学，将 90% 的努力
投注未知的新乐章

柔韧且薄如蝉翼、可以贴着任何表面弯曲的可穿戴电子设备；可以大大提高电池与超级电容器等设备效率的能量存储系统；有助于实现从盐水中获取饮用水的改进的过滤膜；使飞机、运动器材等各种产品更轻盈、更耐破坏的下一代复合材料；将能够抵抗高速子弹的超级英雄套装变为现实的未来防弹衣……

20 世纪 80 年代和 90 年代，大量的新型碳结构不断涌现，将一份似乎无穷无尽的发明清单带到我们眼前，这些发明承诺将科幻小说中的材料带入我们的日常生活。其中一些想法已经开花结果，并在现实世界中得到了应用。其他想法仍然激励着许多科学家和工程师，他们正致力于揭开碳的新的奥秘，想办法将其做成下一代神奇的材料。

对于米莉这位永不满足的科学探索者而言，只要她的学生们仍然有兴趣，她就会继续对石墨嵌层化合物进行研究。不过，从 20 世纪 80 年代开始，那些新颖、看似神奇的碳形态激发了她的想象力，并最终吸引了她和吉恩，以及她的学生们开启全新的探索旅程。[1]

其中一种材料就是碳纤维，这是一种超强的轻质细丝。对于许多人来说，碳纤维已经成为日常生活中不可或缺的一部分。我们乘坐飞机时，就会受益于碳纤维的耐用性。几十年来，碳纤维一直被用于制造航空航天工业中的轻质部件。如果你是一名运动员，无论你是打网球、打高尔夫、骑行、滑雪、钓鱼还是骑摩托车，你使用的装备都可能是用一种被称为“碳纤维增强聚合物”的塑料或简单的碳复合材料加固过的。

在特定的结构材料中，我们也能找到碳纤维。“模量”是衡量物体抗压能力（耐应力）的指标。轻质结构中所使用的典型商用碳纤维，其模量略高于钢。但就另一个指标“比模量”来说，即材料的模量与密度之比，碳纤维的比模量要比钢高得多，这使得碳纤维在用于轻质结构中非常有优势。在加固对轻量没有要求的大型结构时，由于过于昂贵，人们一般不会使用碳纤维。但由于具有导电性，将碳纤维加入混凝土之后，就可以感知混凝土的应变与破坏程度，这就是所谓的“智能混凝土”，1993 年由第一位在米莉指导下获得麻省理工学院博士学位的女性钟端玲发明。[2]

有关碳纤维的描述最早是在 19 世纪末出现的。当时有少数发明家将碳纤维用作早期白炽灯泡的灯丝。小时候，你也许了解的是美国发明家爱迪生发明了第一个白炽灯泡，实际上，英国发明家约瑟夫·斯万（Joseph Swan）或许更有资格获得这一殊荣，而爱迪生的贡献是发明了第一个实用的白炽灯泡。爱迪生获得这个成就的关键是利用了碳化过的棉花与桂竹纤维，这远比斯万所使用的粗碳棒可靠得多。然而，在碳纤维的制作上，还有一个人比斯万和爱迪生都更胜一筹，他就是 19 世纪少数几位重要的非裔美国发明家之一刘易斯·拉蒂默（Lewis Latimer）。1881 年在美国电力照明公司工作时，拉蒂默研发了一种更耐用的碳纤维，并申请了专利。这种碳纤维的使用寿命比爱迪生所使用的要长得多，这也直接让灯泡成了普通大众都负担得起的照明工具。尽管拉蒂默从未获得像他的前竞争对手（后来成了他的雇主）爱迪生那样的公众认可度，但他在 2006 年因发明了“电灯泡耐用碳丝”（美国专利号 252386 号）等而入选了美国国家发明家名人堂。[3]

不久，过渡金属钨即将取代碳，成为白炽灯泡灯丝的主要材料。但在 20 世纪五六十年代，全美的实验室都获得了大量资金，用于支持航空航天和其他行业方面潜在应用相关的基础材料研究，此时碳纤维再次成为热门课题。这股新浪潮大约是在 1958 年开始的，当时美国联合碳化物公司的物理学家罗杰·培根（Roger Bacon）开发了一种“胡须”形式的高性能碳纤维，即用石墨烯薄片卷成的小卷轴。他在两年之后的一篇极具影响力的论文中对此进行了描述。[4]

如今，碳纤维有各种各样的形式，具体取决于其生成的方式，以及它是由什么样的前驱体材料合成的。最常用于商业用途的是所谓的传统碳纤维，需要通过挤压有机树脂并使其通过一个微小的管口来制成，这个管口就像你能想到的最微小的牙膏管一样。前驱体包括人造丝（一种由纤维素纤维制成的聚合物）和聚丙烯腈（一种合成的聚合物树脂，即 PAN），将这些材料暴露在高温之下（通常是 1 000 ～ 2 500℃）能使其“碳化”。在这个过程中，前驱体中的电子经过反应大多或全部会碳化，有时会生成高度有序的类石墨层状结构，有时会生成杂乱无章的重叠层状结构。最终产物是一根直径 7 ～ 20 微米（7 000 ～ 20 000 纳米）的纤维。[5]

直径 0.01 ～ 15 微米（10 ～ 15 000 纳米）的气相生长碳纤维是通过与第 7 章所描述的过程相同的方式生成的，即化学气相沉积——将培养基暴露在碳原子自由漂浮的气体中来生成石墨烯。如果你非常努力地眯眼查看，也许不用显微镜，就能看到传统或气相生长的碳纤维，但是通过成像技术的协助，它们留下的影像会更加清晰（见图 8-1）。[6]

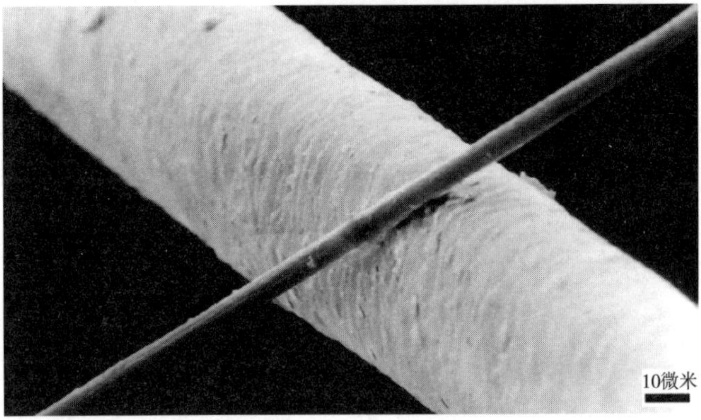

图 8-1　气相生长的碳纤维

注：上面是一根直径 6 微米的碳丝，下面是一根直径 50 微米的头发。
资料来源：Saperaud ~ commonswik / Wikimedia Commons。

碳纳米纤维的直径为 10 ～ 150 纳米（0.01 ～ 0.15 微米）。一些碳纳米纤维看起来像一堆堆微型咖啡过滤器，而另一些看起来像微型的熊猫牌甘草糖①。就像传统碳纤维一样，碳纳米纤维坚固而柔韧。在能量存储、材料加固甚至骨组织支

① 这款美国品牌的糖的造型酷似碳纳米纤维，柱状糖体的中间有多个中空的通道穿过。——编者注

架等领域中都有应用。[7]

1980 年 5 月，在遇到了一位一直在日本研究碳纤维的 35 岁日本研究员远藤守信之后，米莉和她的团队也进入了碳纤维的世界。那是在马萨诸塞州科德角举行的一次会议上，米莉听完远藤守信在介绍关于气相生长碳纤维的最新研究成果后，脑海里涌现出各种想法，包括我们现在所知的碳纳米纤维和碳纳米管。演讲结束后，米莉上前做了自我介绍，建议两个团队可以合作进行碳纤维嵌层的研究，并将研究结果与她之前对石墨嵌层的研究成果进行对比。[8] 在 2017 年的《今日物理》致敬会上，远藤守信提到了这次交流："我知道她已经是世界闻名的碳专家了，我一直憧憬能和她合作。"在米莉的余生里，他们在学术上的合作以及私下里的友谊都在不断发展，这份友谊持续了 30 多年，他们合作出版了 150 多本学术著作。[9]

随着远藤守信成为新的合作伙伴，米莉和吉恩开始对碳纤维和纳米纤维进行深入研究，之后成为这些材料制备和材料特性研究方面的专家。20 世纪 80 年代，这些材料迅速被包括航空工程公司在内的各行各业所采用，用途包括军用和民用。他们研究的特性包括纤维的复杂结构、原子晶格内的动力学特性、相较于重量而言惊人的强度、热性能与机械性能，以及纤维的电子结构（见图 8-2）。[10]

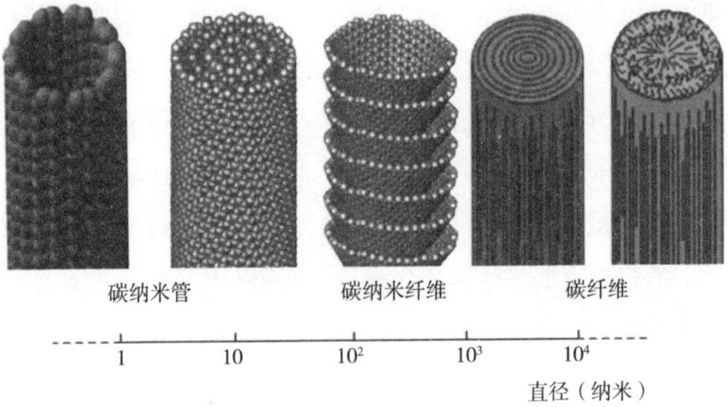

图 8-2　碳纤维和纳米纤维

注：米莉、吉恩和远藤守信一起，逐渐成为碳纤维、碳纳米纤维、碳纳米管研究方面的专家。

资料来源：Robert Vajtai, ed., *Springer Handbook of Nanomaterials*（Springer, 2013）。

就像他们发表的关于嵌层物理学的长篇评论文章那样，最终米莉和吉恩在 1988 年出版了一本关于碳纤维和碳丝的专著，让各个学科的学生、科学家和工程师，也就是所有需要碳纤维领域入门书的人，都得以受益。不过，在涉及碳的新变种时，碳纤维也只是科学冰山上的一角。此时，德雷斯尔豪斯夫妇也开始涉足更多不同的研究方向，研究更加神奇的碳形态，如巴基球、纳米管等。[11]

事实上，正是因为远藤守信，米莉才开始对碳纳米管有更深入的思考。这是一种令人激动的碳形态，样子就像一根无限小的细金属丝，由于其特性引人注目，在米莉后来的研究生涯里，它都一直保持着“有趣”——米莉最喜欢用“有趣”这个词来形容那些她认为值得研究的课题。1980 年，就在他们相遇不久之后，远藤守信将日本理论物理学家久保亮五在一个主要由日本研究者参与的小型会议上所提出的一系列问题转达给了米莉。2013 年，在一次材料研究学会的采访中，米莉回忆起了当时久保亮五的思想实验：“我们有没有可能制造出仅一层薄的碳纤维呢？这就是单壁纳米管的概念。这个概念似乎在我脑海里扎根了。”[12]

然而，纳米管并没有立刻成为米莉研究的重点。在继续研究嵌层、碳纤维和碳纳米纤维时，米莉开始了另一组实验，用激光照射碳样品（这个过程即烧蚀），然后记录溢出的东西。她在这组实验中得出的结果将促成一个全新的碳科学领域的出现，有三位化学家也因此获得了诺贝尔奖。[13]

第二位女性美国物理学会主席

20 世纪 80 年代，米莉在学术界如新星一般遽然升起，这在很大程度上是由于她在课堂上的高水平教学，以及她通过科研写作对全世界范围内的学生和同事们给予指导和激励。在学术成果、教学与指导方面，她已经成就非凡，成为麻省理工学院杰出的教授，在这 10 年间，她的地位也再次攀升，位列全校教师最高梯队之中。20 世纪 80 年代，她也有机会在全美范围内发展自己的科学领导力。在接下来的几十年中，这项活动也成为她的日常活动。

1982 年，米莉被授予了两个与美国主要物理组织相关的重要职位。其中一个是美国物理联合会，这是一个宣传与出版学会，其成员来自全美各个与物理学相关的学会，包括科学家、工程师和学生，如今已有 12 万人。米莉的职位是管理委员，她是那个时候美国物理联合会管理委员会中为数不多的女性之一，共任职三年，1985 年卸任。[14]

米莉还被提名并最终入选了美国物理学会的主席团，这是一个隶属于美国物理联合会的组织，当时的成员包括 3.5 万名物理学家（如今已增至 5.5 万名）。**在 3 年的任期里，由于责任逐年递增，最终在 1984 年达到顶点，米莉在这一年成为备受尊重的美国物理学会主席。这也是第二位受命担任这一重要职位的女性**（第一位是来自哥伦比亚大学的核物理学先驱吴健雄）。[15]

在《今日物理》的文章中，米莉这样总结了自己在美国物理学会的经历：“我几乎不敢相信自己真的成了候选人，我的领导向我保证，麻省理工学院能为科学领域的女性所做的最有价值的贡献，就是让我严肃对待这个提案。”[16]

这是一次改变人生的经历。除了拥有与众多物理学领域的从业者合作拓展思维的机会，在协助建立社区及处理其整体优先事项方面，米莉也起到了重要作用。她在自己的任期内，推进了她所谓的学会活动议程，活动中的这些项目呈现了当时她做出的一些最重要的贡献：为全美关注的问题提供基础科学方面的支持；为更多物理学家之间的国际合作提供支持；为年轻有前途的物理学家的未来发展提供支持；为确保改善公众的物理学与科学素养相关的项目提供支持。[17]

在担任美国物理学会主席的任期结束后，米莉又担任了一些辅助性的角色，包括美国物理学会中的物理学界女性地位委员会的主席。她在这个职位上协助成立了女性局势实地考察项目，这是一个持续性的项目，现在正联合美国物理学会中的物理学界少数种族群体委员会一起运行，旨在确保全美各地的大学物理系与独立实验室在支持那些缺少机会的学生与教师方面，采取与时俱进的措施。[18]

米莉在 20 世纪 80 年代初带的一名博士后，后来成为北卡罗来纳大学教授的劳里 · 麦克尼尔（Laurie McNeil），在美国物理学会中也一直很活跃。根据麦克尼尔的说法，这些实地考察“不仅对改变许多大学的局势很关键，考察项目本身也是一次很棒的学习体验……听米莉以可能会带来制度变革的方式，而不只是引发更多抱怨的方式，向系主任或部门主管提出难题，这很有指导意义”。[19] 麦克尼尔指出，这类巧妙传达信息的一个例子，便是鲍尔州立大学的名誉教授露丝·豪斯（Ruth Howes）记忆犹新的一次实地考察，当时米莉“因为系里对女性的业绩记录而对系里大发雷霆，当然，她采取了相对温和、礼貌的方式”。[20]

回到麻省理工学院以后，米莉和吉恩非常忙碌。当选全美顶尖的物理学组织领导者的米莉却并不是麻省理工学院物理系的一分子，这个尴尬的情况终于在 1983 年得以消除，米莉得到麻省理工学院物理系的联合聘任，并一直在该系以及她原本就职的电气工程系就职，直到她职业生涯的最后一刻。[21]

总的来说，20 世纪 80 年代对于德雷斯尔豪斯夫妇而言仍是一段繁忙的时期。此时，他们的孩子最小的都已经快 20 岁了，最大的已经二十出头。长女玛丽安娜此时正在麻省理工学院读本科，主修机械与核工程双学位。“不是因为我父母在那里，是我自己想去……麻省理工学院是个令人兴奋的地方！”[22] 保罗也成了麻省理工学院物理学和电气工程系的学生，而艾略特则在哈佛大学主修数学。[23]

助力富勒烯的发现

1982 年 10 月 1 日，一个足有 17 层的醒目的几何球体在一大片棕榈树间脱颖而出，后来成为世界上最著名的大型建筑物之一。那天是未来世界艾波卡特乐园（Epcot Center）的开幕式，这个主题乐园位于佛罗里达州湾湖市，大致基于企业家沃尔特・迪士尼对于“未来社区”的设想而建成，它将作为实践城市规划新想法的实验温床。在该乐园的中央，矗立着一艘“地球号太空船”（Spaceship Earth），其 11 324 个切面闪闪发光。太空船前方是一群穿着 20 世纪 80 年代风格的白色“太空探险”服的歌手、舞者和乐器演奏者，他们正作为迪士尼公司和佛罗里达州的代表，向第一批游客致意，同时通过电视直播向全世界展示其最新的设施。就在这个球体内部，有一个适合家庭游客游玩的游乐设施，它可以让到访的游客在 15 分钟内了解通信的历史——从穴居人的壁画到 1982 年常见的家用电脑。[24]

位于中心地带的艾波卡特乐园和地球号太空船都成了家庭游客的新宠。近几年，乐园每年接待的游客大约有 1 200 万人，但受疫情影响，参观人数急剧下滑。然而，现在很多人完全没有意识到，当初为中央这个巨大球体的建设提供灵感的，正是美国发明家与建筑师理查德・巴克敏斯特・富勒（Richard Buckminster Fuller）。[25]

富勒出生在19世纪90年代，曾连续两次被哈佛大学开除。富勒的远见卓识对于一些人来说过于离谱，但他从未真的在意别人对他的看法。

他忙着利用系统工程师的洞察力，以及数学家的设计感来重新设计建筑。他推广了许多概念，其中有许多是他自己发明的，如协同学（synergetics）、张拉整体结构（tensegrity）、戴玛西翁（dymaxion）、生存工具（livingry）和地球号太空船（Spaceship Earth）等。尽管这些概念听起来像是《美丽新世界》的作者阿道司·赫胥黎（Aldous Huxley）创作的小说中的东西——事实上，一些影响也许是双向的，因为这两人的确相识。

富勒在1968年发表的一篇文章《地球号太空船操作手册》中引用了“地球号太空船”一词，将地球比作一艘资源有限的太空船，预言了如果人类不再关爱地球的话会发生些什么。[26]

但富勒最知名的成就或许是“测地线圆顶”（又称“短程线圆顶”）。这种建筑的圆顶是基于具有重复的三角形边与切面的所谓的“短程线型多面体”几何结构建设起来的。

当迪士尼的“幻想工程师们”在为新主题乐园的标志性

景点设计建筑时，他们选择借鉴富勒这样的未来主义者提出的宇宙式设计理念，并且在为该建筑取名时，他们借用了富勒等人在提及未来这个很可能迎来巨大的技术突破，却也很可能导致宝贵的资源减少的新时代时用过的一个词。[27]

尽管这个球形几何结构并没有完全成为未来建筑的主流，但它成了富勒或者他更广为人知的外号“巴基”的代名词。因此，当艾波卡特乐园营业几年后，人们发现了一种截角二十面体形状的新的碳形态（由 60 个彼此无重叠的顶点，以及多个重叠的五边形和六边形所组成的足球形几何球体）时，科学家们立刻意识到，这是一个向一位伟大的思想家致敬的机会：这种新的碳形态以“巴基球”为名，它开启了之后数十年科学家对第六号元素碳的全新可能性的研究（见图 8-3）。[28]

就像科学发展中取得的无数进步那样，巴基球以及更大级别的空心球形分子富勒烯的发现是世界各地众多研究人员多年来工作的结晶。

美国莱斯大学的化学家理查德·斯莫利（Richard Smalley）在纪念研究人员发现巴基球的诺贝尔奖获奖演讲中指出：富勒烯的发现是“科学家数十年来的研究工作取得进展的成果，从研究第一个原子开始，到多分子原子，再到最后的纳米级聚合物”。[29]

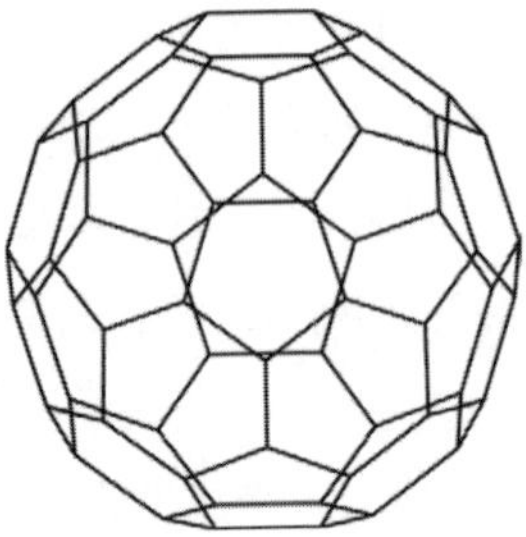

(a)

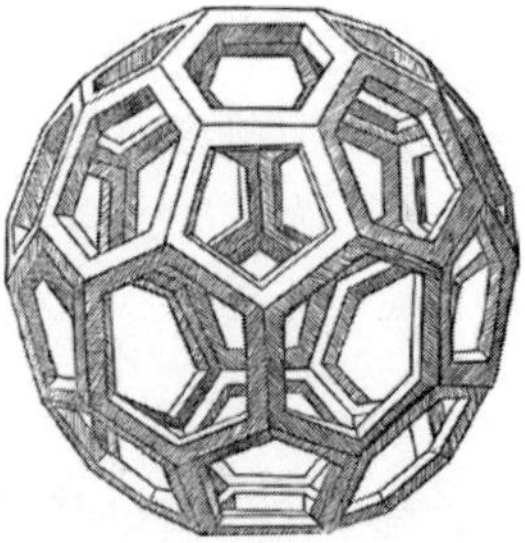

(b)

(c)

图 8-3 美丽的球体

注：富勒烯（a），C_{60}；阿基米德截角二十面体（b），1509 年出版，由达·芬奇绘制；未来世界艾波卡特乐园中的地球号太空船（c），灵感来自富勒的测地线圆顶。

资料来源：Chensiyuan / Wikimedia Commons。

从某些角度来说，这些基础图形可以追溯到几千年前。截角二十面体这个几何形状，长久以来一直与生活在公元前3 世纪的伟大数学家阿基米德联系在一起，15 世纪的学者皮耶罗·德拉·弗朗切斯卡（Piero della Francesca）和达·芬奇对这个概念也很了解。但直到几个世纪后，人们才发现这种结构的分子。1996 年由米莉、吉恩和彼得·埃克隆（Peter Eklund）撰写的历史记录显示，匈牙利科学家拉斯洛·蒂萨（László Tisza）是 20 世纪 30 年代初最早开始思考二十面体分子的人之一，他后来也成为麻省理工学院的教师。20 世纪 70 年代，日本与俄罗斯的研究人员开始思考这样的分子由碳构成的可能性，但他们的研究在当地的科研群体外并未引起重视。[30]

20 世纪 80 年代，有几个团队开始研究在惰性气体中发现的神秘的原子簇——用激光照射碳样本而生成。在研究这些原子簇的人当中，许多研究人员开始专注于那些只有少量原子构成的原子簇，但米莉等人通过推断得出了正确的结论：他们在这些激光研究中所观察到的大多数原子簇肯定比较大。她怀疑每个原子簇都包含数十个碳原子，甚至很可能超过 100 个。[31]“很多人对此嗤之以鼻，”在 2002 年的采访中米莉说道，“他们认为这是不可能的。”[32]

米莉等人观察到了什么别人没观察到的情况？其中一个

情况就是，当激光传输的能量相对适量时，许多石墨在实验过程中被消耗掉了。因此，米莉等人认为，那些大的原子簇肯定消失了。支持这一点的一个更明显的证据是：在实验中，研究人员的衣服会被厚厚的煤烟覆盖，这是一种在燃烧有机化合物时产生的黑色残留物，也是一种碳形态，成分包含我们现在所知的富勒烯。[33]

很快，隶属于跨国石油与天然气公司的研究机构埃克森研究与工程公司（Exxon Research and Engineering Company，后文简称埃克森）对米莉发出了邀请，希望她做一个关于碳原子簇的研究报告。当时，这家公司的科学家都是研究这类原子簇的世界知名的专家，他们正在寻找能源行业中的潜在应用。此前，他们也一直在研究相对较小的碳原子簇，仅包含 10 ～ 15 个原子。米莉到访后，她请求他们考虑研究更大一些的原子簇，即目前研究对象的三倍、四倍、五倍大，因为只有大一些的原子簇才能解释她的研究结果。[34]

这些科学家采纳了米莉的建议。在随后的实验中，埃克森的研究人员通过质谱法，即对载有电荷的粒子——离子按质荷比进行检测的方法，观察含有 100 个以上原子的碳原子簇，生成了一个极具影响力的质谱图。这项研究成果在 1984 年发表，他们的数据图就像古棘龙如波浪般起伏的脊椎那样，一个明显的峰值是在 60 个原子处，还有一个稍小的是在 70 个原子处。现在，我们都知道这些峰值分别代表 C_{60}——巴基球和 C_{70}（见图 8-4）。[35] 2002 年米莉指出：“我们每次取得的重大发现都会伴随诸多的小发现。”[36]

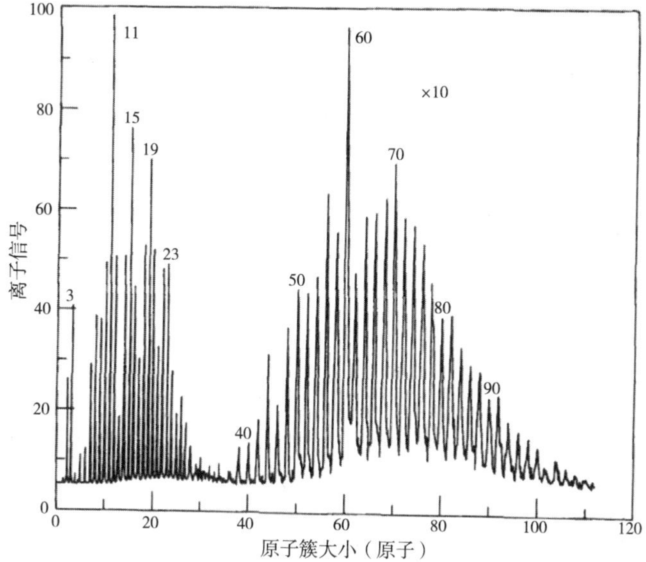

图 8-4 质谱图

注：就在米莉向埃克森的科学家们提出寻找大型碳原子簇的请求之后不久，他们发表了这个极具影响力的质谱图。几年后，60 个原子处的峰值被确认为 C_{60} 的信号，而 70 个原子处的峰值被确认为 C_{70} 发出的信号。

资料来源：Eric A. Rohlfing, D. M. Cox, and A. Kaldor, “Production and Characterization of Supersonic Carbon Cluster Beams,” *Journal of Chemical Physics* 81, 3322（1984）。

可以肯定的是，虽然这些神秘分子已经向研究人员发出明显的信号，但埃克森以及其他地方的研究人员还是忽略了富勒烯，没能真正看清它的本质。更确切地说，当科学家们在积极寻找一艘发出氖黄色灯光的船只时，富勒烯是那艘漂浮在湛蓝的海洋上的灰色的船只。[37]

尽管如此，这个领域的专家们还是能感受到正在发生的变化。20 世纪 80 年代中期，米莉将研究的重点转向了石墨嵌层、碳纤维和离子注入上。离子注入是指将载有电荷的离子注入固体材料中，以影响材料的性能。在米莉等人发现了由激光照射石墨棒所生成的大型原子簇后，其他人接手了后续的研究，并最终确定了其成分组成。不过在这段时间里，米莉并没有将球形分子抛诸脑后。就像她反复讲过很多次的那样，就在研究人员正式发现巴基球的前一年，米莉给自己班的学生留了一个特殊的问题：一个由 60 个氢原子构成的二十面体分子发生原子振动时是什么样的？而她的学生们对她很不满，因为她既没有将研究结果发表出去，也没有给他们留关于碳的问题。[38] 她后来对科维理研究所的人员说："当时富勒烯和纳米管的发现近在咫尺。"[39]

与此同时，斯莫利等人在莱斯大学忙着做他们的独立激光实验。当时，他们正专注于半导体材料的原子簇研究，起初他们并不想与埃克森的碳研究工作竞争。但是，当一直在研究恒星宇宙分子组成的英国物理学家哈罗德·克罗托（Harold Kroto）向他们提出请求，希望借用他们在莱斯大学建立的专用设备时，事情很快变得有趣了。[40]

克罗托一直在寻找能证明特定碳链存在的征兆，他猜想这种碳链可能形成于恒星内部。莱斯大学的研究团队由教授斯莫利、罗伯特·柯尔（Robert Curl），研究生詹姆斯·希斯（James Heath）、刘元（Yuan Liu，音译）和肖恩·奥布莱恩（Sean O'Brien）组成，他们的早期实验在 1985 年 9 月证实了这些碳链的存在。但是，后来被克罗托称为“不速之客”的东西打断了这些实验：这种由 60 个碳原子构成的稳定化学分子，在他们的数据里不断出现，就像一只一直在你家门口喵喵叫的流浪猫，等你有一天终于放它进了门。他们用高聚焦的实验装置所收集到的数据清晰表明，C_{60} 就是许多人所观察到的碳原子簇的主要来源，数据的峰值非常明显。这项研究最终成了发现富勒烯的分水岭。富勒烯是一种全新的碳的同素异形体，其性质很快就让化学家、物理学家和材料科学家们兴奋得好像过万圣节的孩子一样。[41]

起初，C_{60} 的结构并不明显，但在莱斯大学的研究团队提出一个由五边形和六边形交替组成的二十面体结构之后，这个结构逐渐明晰起来。C_{60} 最后得名于富勒和他的测地线圆顶。5 年后，当美国亚利桑那大学的唐纳德·赫夫曼

（Donald Huffman）等人，以及德国马克斯·普朗克核物理研究所的研究人员想出了一个办法，能够制造足够多的巴基球用于研究时，巴基球的存在得到了证实。6 年后，也就是在最初研究进行 11 年之后，柯尔、克罗托和斯莫利等人因发现富勒烯获得了 1996 年的诺贝尔化学奖。现在的富勒烯不仅包括类似巴基球这样的闭合碳分子，也包括像碳纳米管这样的开放性结构。[42]

米莉团队的前成员、巴西米纳斯吉拉斯联邦大学（Federal University of Minas Gerais）的物理学教授阿杜·佐里奥（Ado Jorio）在 2017 年提到蓬勃发展的碳纳米结构研究时指出：**“富勒烯是推动该研究领域普及的首批重要推动力之一。但重要的是要记住，如果没有米莉此前所做的所有研究，富勒烯的发现是不可能实现的。”**[43]

尽管巴基球一开始很有前景，但这种分子的应用一直不是很广泛。C_{60} 在生物医学领域的作用很有限，不过很多其他富有前景的应用尚未实现。然而，无论是过去还是现在，这种分子的发现仍然被视为一项重大突破。[44] 在某种程度上，它对纳米时代的开启起到了促进作用：它为物理学家理查德·费曼（Richard Feynman）在 1959 年提出的著名预言提供了可靠的论据支撑，即“底层还大有可为”，意思是无限小的物质微粒，甚至单个原子都可以作为基础，用以制造出具有理想内置性能的工具。[45] C_{60} 也为碳纳米管的发现打下了基础，后者迄今为止对全世界产生了巨大的影响，而我们也能看到，它也是米莉最后三分之一的人生里无数科研灵感的来源。[46]

当选美国国家科学院院士

并非每个从事科学研究的人都能保持快节奏的工作状态，以及长达数十年有所成就的职业生涯。对一些人来说，甚至在早期取得成功之后，他们的工作可能就陷入了死胡同，他们需要持续提升重塑自我的能力。而另一些人，包括很多在一二十年间都持续产出的人，最终随着年龄的增长，他们的产出和影响力也开始逐渐下降。还有一些魔法师级别的人物，他们将自己对研究的专注与热爱转化成了一个又一个的新项目，他们深耕研究领域长达 30 年、40 年甚至 50 年。他们付出的努力和获得的荣誉一开始有如涓涓细流，直到最终达到一个临界点，形成永无止境的研究和表彰的循环。

米莉就是这些“魔法师”中的一员。毫无疑问，从 1980 年到 1990 年的 10 年是她学术生涯中的临界点，从此一发不可收。1984 年，当她担任了美国物理学会的主席后，随着一篇又一篇关于碳和其他半金属特性的论文发表，米莉收获的奖项和荣誉也从小雨点汇聚成了一场不停歇的大雨，这标志着米莉成为她所在领域甚至最后发展到所有领域的杰出的科学家之一。

1985 年，55 岁的米莉当选了美国国家科学院院士，这是美国科学界最高荣誉之一。那一年的年底，还有第二年的春天，麻省理工学院授予米莉一系列荣誉，这让她成为该校获奖最多的教授。一开始学校授予她“学院教授”的荣誉，这是麻省理工学院的教师和管理者所能获得的最高荣誉；之后因她在教学方面的突出成就，学校授予她“基利安教师成就奖”。[47] 基利安委员会在向麻省理工学院的其他教师推荐米莉时，提到她将给大家带来一场获奖演讲时说道：“我们期待米莉告诉我们她是如何做到的，希望她的经验也能让其他人从中受益。”[48]

事实上，一直到 20 世纪 90 年代的这 10 年间，米莉一直勤恳地专注科研工作。她与学生、同事们一起，从 1985 年到 1990 年间发表了大约 175 篇论文，内容从聚合物和半金属的离子注入，到具有超导性的石墨嵌层化合物，无所不包。她还加入了博士委员会，并为无数的学生和博士后提供了支持。经过数年的筹备，1988 年，米莉、吉恩和他们的同事杉原子、伊恩·斯班（Ian Spain）、哈里斯·戈德堡（Harris Goldberg）合作出版了关于碳纤维和碳细丝的专著：

《碳纤维与碳细丝》(*Graphite Fibers and Filaments*)。这本书引起了很大反响。[49] 米莉不停地出差，参加各种研讨会、演讲与会议。她的助理道蒂说道：“每天，每小时她都有一堆工作要做，她不停地忙碌着。”[50]

与麻省理工学院的女性和其他边缘化群体相关的工作，她也抽出宝贵的时间继续处理其中的重要问题，并在这些群体追求平等的准入和待遇的过程中，向他们提供支持。正如科学历史学家玛格丽特·罗西特所指出的那样，20 世纪 80 年代，米莉与研究生丹尼斯·丹顿（Denice Denton）一起，报告了有更多女研究生进入电气工程系和计算机科学系的情况，以及当时未完成学位的男女研究生比例存在显著不平衡的现象：女生占 27.5%，男生占 11.9%。她也为女博士后挺身而出，于 1988 年首次成立了麻省理工学院女博士后协会。正如罗西特所说，米莉利用艾比·洛克菲勒·莫泽基金会赞助的款项，来支持女博士后协会的每月聚餐支出。这些会议不但促成了一份关于麻省理工学院女博士后的重要指南的制订，也提高了她们与管理者就健康福利和发生骚扰时的程序等问题进行谈判的能力。[51]

在这 10 年间，在麻省理工学院之外，米莉也参与了许多科学与工程学协会的服务项目。比如，她担任了美国国家工程院的理事会成员，以及美国国家科学院工程部主席。由她担任主席的美国国家科学和工程院女性学术委员会，在20世纪90年代发布了一份关于理工科领域女性人数增加的重要报告。[52] 美国橡树岭国家实验室（Oak Ridge National Laboratory）的科学与技术副主任米歇尔·布坎南（Michelle Buchanan）在2017年的致敬活动中指出："如果仔细看一下米莉的简历，你会发现她任职过的所有委员会名单长达七八页。**米莉是少有的那种体贴与无私的人。她能够走出自己的个人研究领域，以更好地为广泛的科学服务。并非所有精力充沛的研究型科学家都具有这个特点。"** [53]

获得美国国家科学奖章，对碳纳米管做出准确预测

和我们所有人一样，米莉的人生道路也不是一帆风顺的。1990年8月，她受到了非常沉重的打击，因为美国国家科学基金会决定从位于麻省理工学院的美国国家强磁场实验室撤资，转向投资位于佛罗里达州立大学的一个正在开发中的新设施。[54]

2013年在接受《麻省理工科技评论》的采访时，米莉将这次撤资声明比作"你乘坐的船，船底突然掉下去了"这种情况。[55] 无论是米莉，还是她的学生、博士后们，以及团队里的其他成员，他们都已经非常依赖美国国家强磁场实验室，因为他们针对碳还有其他材料的研究都需要使用强磁场

设备。但搬迁并非真正的问题。虽然计划中的强磁场实验室将会是一个宏伟先进的设施，但米莉不想把工作中心转移到佛罗里达州去。[56]

由于撤资势在必行，米莉不得不做出重大的方向性调整。回顾米莉的职业生涯，正如美国诗人罗伯特·弗罗斯特（Robert Frost）在《未选择的路》（*The Road Not Taken*）中写的那样，米莉现在正站在树林里那两条小路的分岔路口，她选择的路因为这样或那样的原因而受阻。正如她以往许多次经历的那样，她的导师曾经拒绝指导她的论文写作，要求她放弃自己的专业领域，在她需要弹性时间的时候她的工作时间受到了严格限制，米莉每次都顺利度过了这些艰难的转折。但犯愁可不是她的风格，这次撤资事件反而给了她一个机会，让她可以将导师费米的指导付诸实践。**"保持一定的已知知识作为基础，然后将 90% 的努力投入未知的新事物上去。"**她对《麻省理工科技评论》说。[57]

可以肯定的是，米莉并没打算放弃她对碳的关注。事实上，她关于碳和其他半金属的一些最有影响力的研究工作还在继续。但她需要对研究这些元素及其相互作用的实验方法做出一些调整。随着强磁场时代的结束，她将研究重心重新放在了碳的电子和声子①上，利用包括光谱学在内的其他

① 与单个原子的振动能量相关的热粒。

方法来研究，光谱学方法指的是描述物质与光之间的相互作用的方法。她也开始考虑投入那些研究成果颇丰的全新研究方向。[58]

在1990年的最后几个月里，米莉的生活渐渐明朗起来，有了很大的好转。11月13日，就在她60岁生日的两天之后，她和吉恩盛装打扮，准备出席一个特殊的场合：米莉与全美其他19位科学家、工程师和数学家一起被授予美国国家科学奖章，这是授予美国公民的最高荣誉之一。[59] 在白宫时，当时的美国总统乔治·H. W. 布什一下子就认出了她，因为“她在金属与半金属的电子特性方面所做的研究，以及她为提升物理学和工程学领域的女性地位做出了杰出贡献”。[60]

观看美国国家科学奖章的颁奖典礼是一件乐事。大多数获奖者相对来说是默默无闻的人。他们可能在各自的领域享有很高的声誉，但在大众层面他们并不算是家喻户晓的人。米莉并非第一位被授予美国国家科学奖章的女性，在她之前已有十几位女性获得该奖章，包括她本科时的导师雅洛。然而，米莉确实是第一位获得工程学奖项的女性，这是美国国家科学基金会认可的6个奖项类别之一。美国国家科学基金会正是直接向总统推荐候选人的组织。[61]

接下来的一个月，在华盛顿举行的一次会议上的交流预示着一个新的研究方向的兴起，而这个方向正是米莉在之后的职业生涯里一直沉迷的，也巩固了她作为固体物理学领域最重要的科学家之一的声誉。那是美国国防部举办的一个研讨会，米莉受邀就自己的碳纤维研究发表演讲。斯莫利也在现场，并就自己发现的富勒烯发表了演讲。某个时刻，米莉和斯莫利都在台上，有一名与会者上前询问两人的演讲内容之间的关系：碳纤维和富勒烯之间是否存在直接关系？[62]

这个问题让人回想起 10 年前久保亮五所提出的那个问题，他当时在思考只有一层薄的碳纤维是否可能存在。米莉和斯莫利对彼此的研究都很熟悉，于是他们开始了研究。如果给一个 C_{60} 的分子加上一个恰好含有 10 个碳原子的环，就会得到 C_{70} 和一个略呈椭圆形的富勒烯分子。在此基础上再加上一个含有 10 个碳原子的环，就会得到 C_{80}，再加就是 C_{90}，以此类推，到最后形成一个很长的碳细丝网管，管的顶部和底部各有一个巴基球。

米莉和斯莫利提出假设，这样的结构也许可能具有吸引人的特性。[63] 只有一个原子薄，于是他们给它取了好几个名字，“管状富勒烯”“石墨碳针”“基于 C_{60} 的碳小管”“石墨烯小管”，或者就像米莉最开始称呼的那样，叫作“巴基纤维”“巴基管”。[64] 如今，各地的科学家都称为“碳纳米管”。现在碳纳米管已经得到了大量应用（见图 8-5）。

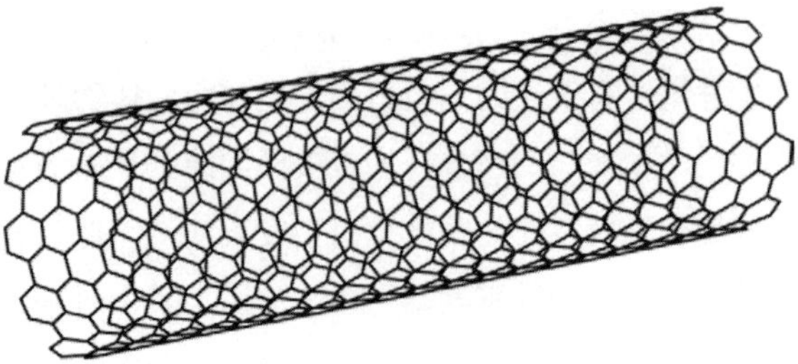

图 8-5　碳纳米管

注：碳纳米管本质上就是卷起来的石墨烯管。

米莉自此对纳米管产生了浓厚的兴趣。第二年夏天，另一场临时会议使她进一步深入到纳米管的理论研究中，并且还促成了她职业生涯中最重要的一篇科研论文的发表。那是一场在费城举行的关于富勒烯的会议，当时原演讲者未能出席，于是米莉临时被请了上去，用一场即兴演讲来填补空缺。她选择了讨论碳纳米管存在的可能性，并推测了它可能具有的特性，认为这些细长的纳米结构未来会变得非常重要。她的这次演讲给在场的人留下了深刻的印象。在她发言时，她的许多同事都在拼命做笔记。[65]

正如米莉预测的那样，碳纳米管的电子、机械、热能等特性使得它的应用范围非常广泛，比现有的材料要更好、更强、更高效。例如，碳纳米管在导电和导热方面的性能都非常好，而且具有很强的弹性与柔韧性，因此它可以在不损伤基础结构的情况下进行拉伸和弯曲。另外，由于碳纳米管具有很强大的化学键，它也非常坚固。[66]

就像前面章节提到的碳与酥皮点心的类比，最适合纳米管的类比或许是细长的蛋卷：一种卷成管状、管壁极薄的薄膜饼干。碳纳米管可以是单壁的，也可以是多壁的，多壁的碳纳米管是多个石墨烯管嵌套在一起的同心管。

如今，这种小细管可能被视为纳米技术中的“瑞士军刀”，因为其应用非常广泛。2018 年的一份报告显示，全球碳纳米管市场已经达到 45.5 亿美元，并预测 2023 年这个数字将翻一番，达到 98.4 亿美元。[67]

从已经付诸使用和新兴的那些碳纳米管应用样本来看，碳纳米管的重要性贯穿了多个领域，比如：用在汽车和卡车上的镜子外壳、燃料管道与过滤器；微电子中的电磁干扰屏蔽与晶片载体；环氧树脂；钢筋混凝土；体育器材；碳纤维前驱材料；用在涡轮叶片、船体与飞机结构中的增强复合材料；用在防弹衣中的纱线和层压片；阻燃塑料添加剂；防腐涂料；在柔性平板屏幕和光伏板上所使用的透明电子薄膜；用在窗户与人行道上的除霜剂；晶体管；OLED 显示屏；LCD 背光屏；RFID 标签（即射频识别标签）；芯片内存；广泛用于平板电脑和手机电池以提升互连性与使用寿命的一种粉末；燃料电池组件；水净化过滤器；增加吸声的涂层；检测气体与毒素的传感器；协助检测 DNA、蛋白质与激素水平的生物传感器；癌症治疗；用于组织再生的支架。[68]

尽管大多数人认为，米莉和斯莫利在 1990 年的会议上展开的那次讨论引发了之后单壁碳纳米管结构的发现，但是还需注意，关于碳纳米管的发现历程还是很复杂的。这或许是因为在 20 世纪 90 年代之前，有一些与他们合作的研究团队对于他们的具体研究内容并不清楚。其他一些早期的研究工作出于这样或那样的原因，在发表时并没有获得广泛的认可。[69]

例如，一些针对更大结构的研究，如研究碳纤维和碳晶须的研究者，或许在某些情况下观察到了纳米尺度的多壁碳纳米管，但没有留意，或许是因为当时的设备无法分辨纳米尺度下的细管。

1952 年由苏联研究者 L. V. 兰德科维奇（L. V. Radushkevich）和 V. M. 卢基扬诺维奇（V. M. Luckyanovich）合作发表的一篇论文应该是第一篇关于纳米级碳管的研究报告，但由于它是以俄语发表在一本相对不知名的苏联杂志上，并且是在冷战的核心时期发表的，这三重原因叠加，导致这篇论文无法获得国际层面的关注。尽管当时他们的研究没有获得广泛认可，但 1976 年由日本科学家远藤守信、小山恒雄和法国科学家艾格尼斯·奥柏林（Agnès Oberlin）一同发表的一系列论文中就有一幅图片，被现在许多人认为是第一次出现的单壁或双壁碳纳米管图片。米莉自己也说过，在 1980 年之前，需要国际旅行的科学会议并不常见，当然那时互联网也还没出现，因此，世界各地的科学研究都是独立进行、彼此有壁的，这也是导致一些研究得不到关注的另一个因素。[70]

然而，在碳科学界，有一件事是肯定的：1991 年年末，日本物理学家饭岛澄男投给《自然》的一篇报告，证实了多壁碳纳米管的存在，这被认为是碳科学史上的一个决定性的时刻。在这篇报告发表之后，在频繁的会议交流、成像设备的改进以及源源不断的新发现刺激下，关于碳纳米管的论文数量开始迅速增长。[71]

仅仅几个月后，1992 年，另一个决定性的时刻出现了。当时米莉和两位年轻的访问研究者发表了关于碳纳米管的重要论文，从此永远改变了科学家和工程师们对于这种小细管的看法。[72]

物理学家齐藤理一郎在 1991 年秋天从日本来到麻省理工学院，打算与他的东道主吉恩一起，度过关于碳纳米管研究的一整学年。33 岁的齐藤理一郎在 20 世纪 80 年代与德雷斯尔豪斯夫妇结识，他很期待能与这对当时在碳领域已经举世闻名的夫妇合作。[73] 齐藤理一郎在 2017 年的一次致敬活动上说："吉恩老师和米莉老师一直合作研究，也一直一起讨论。每天下午当我在回家前把日报递给吉恩老师后，第二天一早米莉老师总会知道所有情况，并且很乐于帮助我。"[74]

几乎是在同一时期，另一位年轻的日本物理学家藤田光孝也刚刚来到麻省理工学院，开始参加米莉的团队会议，并且对纳米管很感兴趣。米莉建议这两位访问研究者可以合作，尝试解决一些关于纳米管的疑问。因此，1992 年，藤田光孝、齐藤理一郎、吉恩和米莉最终合作发表了两篇论文，并对碳族群发表了非常有价值的洞见。[75]

要想了解他们的贡献，我们先来研究一下单壁碳纳米管的具体结构，看看它们是如何卷起来的。单壁碳纳米管有两种类型，在原子的几何形状上略有不同（见图 8-6）。第一种是所谓的扶手椅形结构，纳米管的六个碳原子组成的六边形，其底部和顶部彼此平行，且沿着纳米管的长轴线上下堆叠。顺着能量流从一个六边形到另一个六边形，这个路径你可以辨认出就像一把扶手椅（认不出来的话就眯起眼睛）。第二种纳米管结构是手性，特征是六边形以轻微的角度围绕着纳米管。第三种形态是锯齿形，同样具有垂直形态的六边形，但不再是沿着纳米管的长轴线上下堆叠了，而是像一个环一样，环绕在纳米管上。[76]

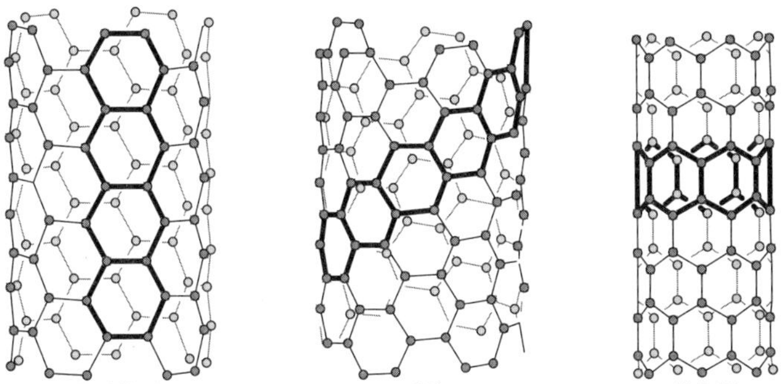

图 8-6　三种类型的碳纳米管

注：米莉和她的同事们指出，碳纳米管会由于其原子结构的不同而产生不同的表现。

在公认是第一个关于单壁碳纳米管电子特性的理论预测中，米莉、吉恩、藤田光孝、齐藤理一郎指出，纳米管的表现会因其直径和碳六边形的方向不同而不同，也就是说，他们所讨论的纳米管有扶手椅形、锯齿形和手性三种。他们认为，在扶手椅形碳纳米管中，其允许电流通过的容易程度接近金属，而锯齿形和手性则类似于半导体，只有在系统中加入额外能量时才允许电流通过。[77] 正如以色列化学家雷谢夫·滕内（Reshef Tenne）在 2018 年的致敬活动中说的那样，这项研究"立即激起了全世界研究人员对碳纳米管的兴趣"。[78]

但纳米管原子方向的微小差异会带来如此截然不同的性质这一观点，并不为所有物理学家所接受。事实上，这个观点引起了相当大的争议，直到许多年后才被麻省理工学院的研究团队证实。2007 年，米莉说道："研究界总是非常保守，他们倾向于相信之前的才是正确的。如果你得出一些革命性的新结论，他们并不会接纳……当然，等你有了确凿的证据，一切就尘埃落定了。"[79]

1993 年，位于美国新泽西州的 NEC 实验室和加利福尼亚州的 IBM 研究中心的团队分别成功观察到了单壁碳纳米管，让这一切尘埃落定。NEC 研究团队是由饭岛澄男领导的，他在两年前发表过一篇关于多壁碳纳米管的文章，开创了这个领域的先河；而 IBM 研究团队是由物理学家唐纳德·贝休恩（Donald Bethune）领导的，他之前曾协助确认了富勒烯 C_{60} 和 C_{70} 的结构。在这两个研究团队正式发现单壁碳纳米管之后，世界各地的科学家开始测试物理学家曾对它做出的理论推测，并证实了米莉、吉恩、藤田光孝和齐藤理一郎的早期计算是正确的。当然，米莉和吉恩也在努力验证他们的推测。1997 年，他们通过专门的质谱法分离出了几乎纯净的单壁碳纳米管样本，并提交了报告。[80]

有关碳纳米管的发现很快在无数领域中得到了应用。如今，纳米管在我们的生活中已有广泛应用，但科学家和工程师们仍在继续研究它的性质，并以其适用于工艺和产品的形式改进它的生产方式（见图 8-7 和图 8-8）。

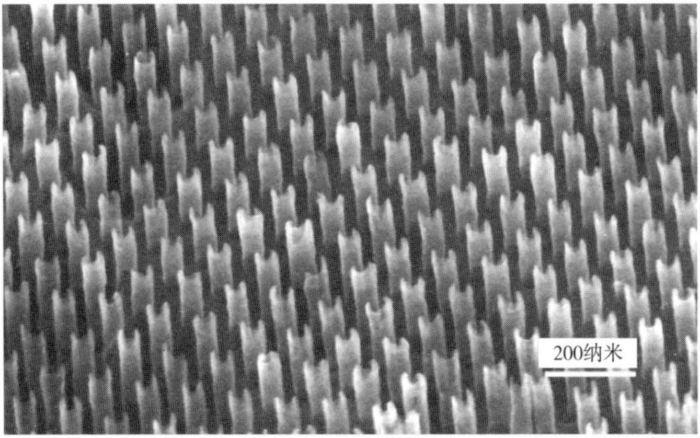

图 8-7 碳纳米管

注：碳纳米管生长在“森林”中。

资料来源：J. Li, C. Papadopoulos, and J. M. Xu, "Highly-Ordered Carbon Nanotube Arrays for Electronics Applications, " *Applied Physics Letters* 75, no. 367（1999）。

20 世纪 90 年代，米莉和吉恩再次提笔启发他人，这次是通过一本富有影响力的书。这本书是关于富勒烯和碳纳米管的，是与他们团队的长期合作伙伴彼得·埃克隆合作撰写的。不过，他们对这些材料的迷恋并未随着写作的完成而终结。对米莉和吉恩来说，碳纳米管仍是他们非常感兴趣的课题，也是为了平衡职业生涯的研究工作。[81] 正如2014年米莉所说："现在，我们已经有许多关于纳米管的工作可做了，这是我以前无法想象的。"[82]

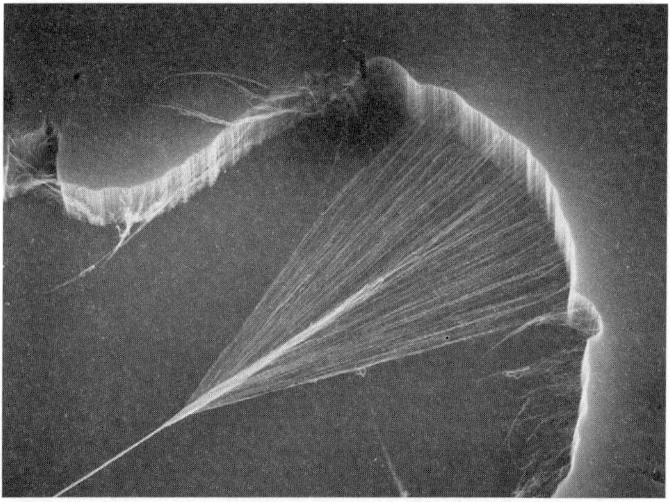

图 8-8　纳米管被纺成一种超级强度的"纱线"

资料来源：Commonwealth Scientific and Industrial Research Organization。

Carbon Queen

第 9 章

科学回旋曲

在自己的领域中独奏，加冕闪耀的碳女王

马茜·布莱克（Marcie Black）陷入了困境。这位麻省理工学院电气工程学与计算机科学专业的毕业生刚刚返回学校继续攻读博士，寻求一份能为能源危机提供新的解决方案的工作。当科学家们确信化石燃料的消耗正对环境造成严重危害时，全世界对能源的需求迅速增长。1997 年，全世界的发达国家聚在一起，正式通过了《京都议定书》。这是一项开创性的国际条约，对各个国家的温室气体排放做出了具有约束力的限制。[1]

7 年前，布莱克很幸运地获得了米莉的指导——学校分配米莉担任她的本科指导老师。[2] 她后来回忆说："我当时不知道她有多出名。对我来说，她是一位了解麻省理工学院、关心我在麻省理工学院取得的成绩，并在课上给我提供建议的老师。”[3]现在，对自己的职业方向有了更清晰的认识的布莱克也顺道拜访了她之前的指导老师，这位老师的研究工作令她着迷。

当时，全球的科学家和工程师们都在积极研究未来如何用氢取代化石能源，制造一种清洁能源，研究的重点主要集中在传输方面。其中最大的挑战就是，如何以低廉的价格且安全高效地把氢作为燃料储存。因此，在 20 世纪 90 年代碳纳米管出现以后，米莉抓住了这个机会，思考它是否能够应用在能量存储领域。米莉的研究表明，纳米管很有希望成为氢原子的载体。布莱克受到了米莉的研究的启发，并希望加入米莉的团队，完成博士阶段的研究工作。[4]如今，布莱克已经是一位成功的首席执行官和企业家了。多年后，她在一次采访中回忆道：“能够利用纳米技术来拓展材料科学家们现有的工具，并用它来解决世界上存在的一些问题，对我来说很有吸引力。”[5]

米莉十分热情，她推荐布莱克阅读一系列文章，以熟悉米莉的团队正在进行的研究工作。但是看完那些文章后，布莱克心底一沉。她后来回忆道：“没有扎实的物理学科背景，90% 的内容我都看不懂。”[6]布莱克在读工程学时，关注的重点是器件物理学、电路、编程和计算机架构。她担心这些课程的学习无法帮助自己从事像碳纳米管储存氢这种复杂的物理学研究。出乎意料的是，米莉没有拒绝她。她让布莱克放宽心，表示没有哪位研究生或博士后在刚加入时就具备成为团队一员所需的所有背景知识，并说她会帮忙解决问题的。[7]

很快，布莱克就发现米莉是多么认真地想让她跟上进度。尽管付出了相当大的努力，布莱克在米莉的高级固体物理学课程上的学习还是很吃力，她报名上这门课就是为了赶上研究进度。听不懂的时候，布莱克会在课堂上举手提问，课后也会寻求帮助。她最后得出结论，除非出现奇迹，否则她有很大的掉队风险。[8]

米莉能看到布莱克的热情与才华，还有她的步履维艰。她做了一件事，永远地改变了布莱克的人生。一天早上，她对全班宣布，会为这门课增加一节选修的复习课，时间安排在大多数学生会觉得荒唐的时刻——早上 8 点。“我记得她在说这句话的时候正看着我。”布莱克回忆道。米莉已经承诺，基于布莱克需要额外辅导的知识，为这学期增加一节额外的课程，她每周都会抽出时间来上这节课。布莱克补充道：“我很确信她是专门为了我才开设了这节课。”她发现自己是唯一一个每周会准时来上这节课的学生。因此，经过几个月的一对一指导，布莱克终于对固体物理学开窍了：她具有了与米莉、吉恩和其他团队成员一同从事研究工作所需要的直觉和技巧。[9]

这只是米莉作为一名教育工作者展现其真实的一面的无数个片段之一。她把支持所有学生作为自己的使命，即便是在（或者说尤其是在）他们取得成功的可能性很小的时候。多年以后，在布莱克的博士学位研究项目再次遇到困难时，米莉又一次伸出援手，流露了自己的恻隐之心。布莱克说："那时我哥哥去世了，有好几个月米莉在团队会议上询问大家的进展时，都会跳过我。她知道我当时太过难受，什么工作都没有做。她给我时间恢复，使我不必担心工作的压力。"[10]

对于很多她的学生和同事来说，米莉远不只是一位老师或同事，她还是他们的知己、家庭成员和终生好友。事实上，对她指导过的 60 多个博士生来说，她既是导师，一位给他们提供指导和帮助的富有影响力的人物，也是支持者，积极鼓励她的学生，努力发声推荐他们，花时间为他们创造新的机会。[11] 她的儿子艾略特这样说："我妈妈确实喜欢当导师，但我认为实际上是因为她具有强烈的责任感，要鼓励并将东西教给下一代。"[12]

当然，在布莱克第一次以一名好奇的本科生的身份走进米莉的办公室之前，米莉已经为自己的学生和麻省理工学院的其他人提供了数十年的支持。她最早也最知名的学生是受人尊重的物理学家雪莉·安·杰克逊——这名学生后来的职业生涯可圈可点，跨越了工业界、政界和学术界，如今又担任了美国伦斯勒理工学院校长。正如本书第 6 章所述，杰克逊是 20 世纪 60 年代麻省理工学院为数不多的黑人女学生之一。她是一名才华横溢的学生，却难以在科研领域找到属于自己的位置。正如米莉在职业生涯早期发现的那样，那个时代的女性（尤其是有色人种的女性）想要在科学和工程学领域得到认可，就必须逆流而上。

在米莉成为麻省理工学院的教师之后不久，她与杰克逊就认识了。当时杰克逊上了米莉的一门关于材料电子性能的课。杰克逊在 2017 年发表在《今日物理》上的文章中写道："我发现米莉很聪明，同时也很鼓舞人心。她的工作质量、她的气质，以及她真的很喜欢与年轻人一起工作，这些都让我感到敬佩。"[13] 很快，米莉成了杰克逊的导师。她为杰克逊提供建议，并为她开启了一扇门。

在克拉伦斯·威廉姆斯的《技术与梦想》一书中，对于杰克逊，米莉这样回忆道："她是个很了不起的人，我还记得当时所有的少数族裔学生都对她报以极大的尊重。当时的女性在麻省理工学院的日子不太好……杰克逊因为生来的肤色而背负着额外的压力。对她来说，获得认可更加困难。"[14]

尽管杰克逊适应得很辛苦，但她在学业上表现很出色，还成为麻省理工学院迅速壮大的黑人学生群体的领导者，帮助学校成立黑人学生会，并协助学校招收了更多的黑人本科生。[15] 当时，杰克逊的一位授课老师极力劝阻她，让她不要攻读物理学，但米莉一直支持她，给她鼓励。后来杰克逊这样评价她的导师："她理解所有的努力拼搏和各种各样的人。她当然明白，有些人看低女性或家境不够富裕的人，公然反抗那些人意味着什么。" [16]

1973 年，杰克逊获得了核物理学博士学位，成为第一位从麻省理工学院毕业并获得博士学位的非裔美国女性。她从学校毕业后，一开始去了 AT&T 贝尔实验室从事研究工作，然后在罗格斯大学担任物理学教授，之后当上了美国核管理委员会主席，最后成为伦斯勒理工学院校长。这一路的奋斗历程让她和米莉的关系更加密切，因为她们的职业生涯如此相仿。[17] 后来在《技术与梦想》一书中，米莉这样形容她的明星学生：**"我很肯定现在我从她身上学到的，要比她从我身上学到的多。"** [18]

在 2017 年的一次致敬活动上，杰克逊表示，米莉已经成为她一生的挚友和热心的支持者。"她从容的适应能力与乐观的态度为我树立了一个重要的榜样。当我在工业界、学术界与政界工作时，这个榜样让我遇到并抓住了意想不到的机遇。我永远感激米莉，她带给我的温暖，还有她对我发挥的榜样作用。" [19]

米莉就是“绝地武士”的“尤达”

如果我们穿在身上的衣服能够自动降温，从而我们不再需要耗能的空调，那会怎么样？如果我们能将交通工具的引擎中所排出的热量转化为电能，从而减少能量消耗，又会怎么样？如果我们可以制造出能够自我冷却的元件，让电子设备中造成浪费的过热现象不再出现，又会如何？

随着单壁和多壁碳纳米管得到确认，20 世纪 90 年代对米莉来说是变革的 10 年，因为有关纳米管的科研进展引发了无数个需要解决的问题，提供了无数个可能的应用方向。科学家和工程师们尝试利用热电效应这一物理学原理来开发新的节能设备。由于在该领域的复兴中占据了举足轻重的位置，这几年对米莉的事业而言，也是非常重要的。

18世纪末，意大利物理学家亚历山德罗·伏特（Alissandro Volta）首先发现了热电效应。到了 19 世纪，爱沙尼亚物理学家托马斯·塞贝克（Thomas Seebeck），丹麦物理学家汉斯·奥斯特（Hans Ørsted），法国物理学家让·珀耳帖（Jean Peltier）和爱尔兰物理学家、开尔文勋爵威廉·汤姆森（William Thomson）等人随后描述了这种现象。他们认为热电效应包括两个独立的作用：材料两侧的温差自发转化为电流的趋势，以及与之相反的情形，即在不移动任何部件的情况下，通过材料传递电流来加热或冷却（见图 9-1）。[20]

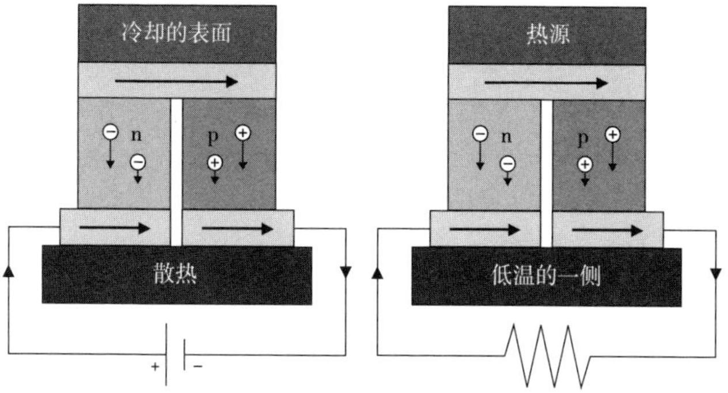

图 9-1　热电冷却器和热电发生器的工作原理

注：当材料两侧的温度不同时，热电装置就会产生电压。在这里，由两种半导体材料（分别由 n 和 p 代表）组成的热电电路经过配置，成为热电冷却器（左）和热电发生器（右）。

20 世纪 50 年代和 60 年代，研究人员开始正式研究利用热电效应的工程产品。包括美国无线电公司、3M 公司和德州仪器等在内的公司开始投入一定的精力到热电装置上，比如航空器上的发电机、红外传感器上的冷却器等。但是到了 70 年代，整个领域陷入了困境，热电学的研究也停滞不前。[21] 专注于热电学领域的工程师约翰·斯德哥尔摩（John G. Stockholm）这样评价道："从 20 世纪 50 年代末开始，唯一的热电学材料只剩下碲化铋、碲化铅，有时我们还会用到硅锗合金……所有大学的研究人员都对热电学应用的新材料不感兴趣，他们也无法获得任何基础资助。”[22]

这是怎么回事呢？困扰热电学研究的核心物理学和工程学难题在于，热电学研究所需的关键材料必须是极好的电导体，同时它的热传导性有限。但对于大多数的材料，增强它的导电性必然会增加它的导热性，反之亦然，因为每个电荷都携带了大量的热量。事实证明，将电流与热量分开是相当困难的，就算工程师们能解决这个问题，不可逆转的热损耗也是难以避免的，这使研究效率非常低。因此，热电技术根本无法与传统的加热与冷却技术竞争。[23]

纳米时代的到来让科学家和工程师们重新审视了其中的一些问题，而米莉则是这个领域复兴的重要发起者。大约在 1990 年，法国海军和美国海军都找到了米莉，想要她开发应用于潜艇的热电装置。他们特别期待米莉能提供一种办法，让潜艇在不产生明显影响（不产生噪音、气泡和废气排放）的情况下发电，使得潜艇在国际水域中航行时不被发现。[24] 在 2007 年的口述史采访中，米莉表示：“他们问我有没有办法。我说，有办法了，现在有这些新材料了——纳米材料。这可能会让一切变得很有趣。”[25]

事实上，确实如此。差不多在同一时间，麻省理工学院的研究生林登·希克斯（Lyndon Hicks）为了一个研究课题找到了米莉，米莉提议他们可以一起研究热电学。1993 年，他们发表的几篇论文促成了纳米热电学这个子领域的开启，即在纳米尺度的分子中通过量子力学效应来提高它的导电性，同时减少热损耗。他们特别关注了“低维”系统，这意味着他们对设计旨在中断热流的二维尺度晶格，以及各种类型的一维纳米线做出了预测。例如，他们可以在现有的纳米结构中增加微粒，从而在物理意义上中断热流，同时又不会阻碍电流流动。[26]

这些研究成果产生了很大的影响。除此之外，米莉等人证明了纳米线和超晶格具有被用于更加高效的热电装置的潜力。[27] 在那之后，由于对热电学的持续研究，有关材料性能方面的研究也取得了很大进展，但其潜力仍未被充分挖掘。2013 年的一篇文章回顾了在米莉和希克斯发表第一篇论文之后 20 年的情况，米莉等人思考了这个问题：为什么高效的热电学材料仍未出现？他们指出，政府对这方面研究提供的资助很少。以恰当的规模生产可行的材料，也“带来了技术与成本方面的挑战”。[28]

但是，研究人员还在努力，他们希望未来热电学能有新的应用，比如微芯片的冷却系统、能够重复利用所产生热量的汽车引擎、利用发电厂排放的热量发电等。这些或许都有助于缓解气候的变迁。[29]

许多年来，米莉一直与麻省理工学院机械工程系的教授陈刚合作，尝试提升用于以上提到的用途的热电学材料的效能。当陈刚还是美国杜克大学一名年轻的教授时，就开始与米莉接触了。陈刚后来去了加州大学洛杉矶分校，每次米莉在自己担任董事的加州理工学院开完会之后，他们就会讨论热电学。陈刚会送米莉去洛杉矶机场，然后米莉从那里搭乘午夜航班返回波士顿。[30] 陈刚说："她的行李总是那么重！"负重主要都是那些论文造成的。在互联网还没出现的日子里，米莉会请朋友和同事们将其中一些文件传真给吉恩等人，这样这些文件就能赶在米莉之前回到坎布里奇校区了。[31]

陈刚在麻省理工学院定居后，他们也会时常见面交流。她和陈刚是 5 项美国专利的共同发明者，这几项专利大都是关于制造纳米结构热电学材料的方法。[32] 陈刚说："**我认为米莉对这个领域最大的贡献就是让大家开始重新思考了。在她之前，关于这个领域的资助很少，研究质量也很低。她所做的工作确实让大家的视野开阔了，并让大家意识到'原来还有其他办法！**'"[33]

尽管他们在不同的系工作，陈刚和米莉都是每天第一批到学校的人，他们经常会在早上 6 点甚至更早见面。在他们的相处中，米莉一直担任着导师的角色，特别是在 2013 年到 2018 年间，陈刚在承担系主任的职责和研究工作之间努力寻找平衡时。他也很喜欢前往吉恩和米莉在阿灵顿的住处做客，并在附近的公园里散步。[34]

“麻省理工学院有很多‘绝地武士’，但米莉是我们的‘尤达’①，”在写给《麻省理工科技评论》的一封信里，陈刚这样写道，“学生和其他教师都会就研究中和个人生活中遇到的各类问题向米莉求教，询问她的建议和意见。她热情又开朗，总是乐于倾听，随时准备为大家提供帮助。”[35]

在美国能源部任职，为科学家提供坚定的支持

米莉在她的专业领域总是乐于向他人提供热情的帮助，但这并不限于麻省理工学院内，还深入到公共领域。从 20 世纪 90 年代到 21 世纪初，她参与了科学家和工程师所能承担的一些最富影响力和最具声望的国家级服务项目，为项目提供了大量的科学服务。

参与这些项目对米莉来说很有意义：她强烈感觉到，从她在纽约格林尼治音乐学院学习的那些日子开始，她就一

① 绝地武士和尤达均为美国科幻系列电影《星球大战》中的重要角色。尤达曾担任绝地武士团最高大师。——编者注

直在接受无数由政府或私人机构提供的机会，从而能在教育和科学方面不断取得进步，因此她认为自己有义务回馈社会。[36] 这是她从母校亨特学院学到的，因为那里的学费几乎是全免的——每学期只收 5 美元，大约相当于今天的 50 美元。[37] 在玛莎·科特（Martha Cotter）和玛丽·哈特曼（Mary Hartman）为撰写《畅谈领导力：与杰出女性的对话》（*Talking Leadership: Conversations With Powerful Women*）一书采访米莉时，米莉说道："我记得很清楚的一句话，也是我职业生涯的一抹亮色，就是'这种免费的教育并不免费，我们希望你以终生为社会服务作为回馈'。我认为对于大家来说，我们都能从这样的合作中受益！"[38]

1996 年 2 月，米莉当选美国科学促进会候选主席。美国科学促进会是世界上最大的非营利性国际科技组织，当时拥有 14 万名成员。第二年，她开始担任副主席，并于 1998 年担任主席，成为美国科学促进会自 1848 年成立以来的第 9 位女性主席。美国科学促进会的第一位女性主席是 1971 年当选的数学家米娜·里斯，她曾在米莉的亨特学院毕业典礼上致辞，并鼓励米莉继续数学和科学方面的学业。[39]

在米莉担任主席的那年，她将重点放在了一些关键领域上，比如教科学家们了解预算问题，这样他们就能最大限度地利用有限的资金；促进成员间的公共科学交流；促进更广泛的科学学科的成员参与美国科学促进会的活动；吸引并鼓励下一代科学家们。不过，或许她最引以为豪的成就是邀请当时的美国总统比尔·克林顿在 1998 年美国科学促进会成立 150 周年的全国大会上发表演讲。她认为，这次经历使克林顿总统从一个对科学和技术不怎么感兴趣的人，成了一个在他后来的任期内大力支持科学与技术发展的人。[40]

演讲中，克林顿提到了许多问题。这些问题涉及癌症研究和减少青少年吸烟的重要性，人类基因组计划和围绕人类克隆的伦理问题，可替代能源的发展，科学教育和多样性，以及即将到来的信息时代（他颇有先见之明地预言道：未来社会的人们很快就能轻松接触到“人类有史以来写过的每一本书，画过的每一幅画，谱过的每一首交响乐”）。在振奋人心的结束语中，克林顿对科学和社会的未来发展做出了充满希望的预测：

> 到你们的 200 周年纪念大会时，世界将不再有气候问题；抗击癌症和艾滋病的战争早已取得胜利；也不再有强权国家、无良恐怖分子或毒贩用具有破坏性力量的生化武器威胁人们；所有孩子，不分种族和背景，都能追求和发展崇高的科学事业；科学发展带来的好处，无论是发达国家还是落后国家都能惠及。这就是我祈祷的 50 年后的样子。那

> 时我的继任者将站在你们的继任者面前，评估我们在这段时间做得如何。[41]

两年后，也就是2000年1月，克林顿宣布了一项新的重大政府项目：美国国家纳米技术启动计划。这项政策涉及的范围很广，重点在于加强与纳米尺度的物质相关的基础科学研究，开发跨行业的新应用，并且为专注于纳米尺度的科学和工程学领域的劳动者提供支持。政府将为该计划的第一个10年计划的研究和开发提供120亿美元的资金，在民用科技的支出方面，仅次于美国国家航空航天局。[42]

2000年春天，克林顿还授予了米莉一项荣誉，提名她担任政府内的一个重要职位，虽然这项任命在几个月后才获得参议院的确认。欧文·古德温（Irwin Goodwin）于2000年6月发表在《今日物理》上的一篇文章很好地总结了大众对米莉这个新职位的看法：

> 1801年就任总统之初，托马斯·杰斐逊写道："我最担心的是提名，因为我意识到，一个政府的功绩和声誉不仅取决于其施行的措施，还取决于它所提名的人员。"几个世纪以来，在杰斐逊的标准多次达成之后，当2000年4月13日克林顿总统提名米莉时，这个标准再次达成了。这位麻省理工学

> 院杰出的固体物理学家，被任命为下一任美国能源部科学办公室主任。[43]

米莉知道，这会是一次短暂的任命：那年已经是克林顿总统任期的最后一年了，在新一届总统上台后，采用原班人马是很少见的。不过她充分利用了在华盛顿的时间，为此从麻省理工学院请了假，来监督美国政府这个全国最大的基础科学赞助者之一，当时政府给出的预算为 28 亿美元。然而，以米莉一贯的风格，她每个周末都会回到麻省理工学院为她的学生们提供支持。[44]

在美国能源部任职期间，米莉管理着很多与政府资助的能源研究与开发项目、科学教育相关的实验室及活动。她所做的种种努力包括：致力于扭转物理学预算的下滑趋势，耗费时间开发了一个评估资助项目的系统，为年轻的科学家和未来的科学家提供坚定的支持。2000 年 9 月，米莉访问了费米实验室这个以她的导师的名字命名的高能粒子物理实验室。在这次访问中她展示了自己务实且直言不讳的一面，同时也展示了自己作为鼓舞人心的领导者的一面。[45] 在总结这次访问时，费米实验室的通讯提到她的主张：对于当时高能物理学面临的预算困境，我们“不应该发牢骚和抱怨”，同时还引用了米莉支持过的一名研究生的话，来鼓励实验室的年轻人：“与德雷斯尔豪斯博士的会面就像在做集体疗愈……来这里做研究我真的很开心。”[46]

2000年12月，美国最高法院宣布乔治·H. W. 布什在经过11月的总统大选重新计票后，成为美国第43任总统。随着政府班子临近换届，米莉离开了首都华盛顿，回到了马萨诸塞州，并返回了麻省理工学院。

成为碳女王，新一代的科学榜样

对于大多数学者来说，由高等教育机构所授予的一个名誉博士学位，就是对终生在一个研究领域做出贡献者的最高认可了。但是，对于像米莉这样的开创性学者来说，由于贡献是没有边界的，名誉学位往往也会叠成一摞。米莉获得的这类认可差不多有近40个，从2001年到2010年，平均每年获得一个，之后几年获得的就更多了。但是，她不是简单地参加完颁奖典礼就回家了，而是利用这样的机会，与主办院校或研究所的科学家以及其他学者建立联系，鼓励下一代的物理学家、化学家、材料科学家和工程师。这些互动的形式多种多样，包括精心准备的演讲、面对面的讨论等。[47]

米莉最初的形象标志是一个永远盘起来的高髻，在20世纪50年代末出现，就在她加入林肯实验室之前。她的家人告诉我，这种发型受一种奥地利发型的启发，以确保她在实验室时保持整洁、不妨碍工作。而在 21 世纪初，米莉又展示出了两个新标志。第一个新标志是她穿的斯堪的纳维亚风格的针织毛衣，在她生命的最后 10 年里，她经常穿着这款毛衣。2004 年，她买了第一件挪威品牌的毛衣，这很快就成了米莉独特的标志，无论在会议上、在机场，还是在颁奖典礼上，通过她穿的毛衣，远远地你就能一眼认出米莉来。她最常穿的两件开襟羊毛衫，颜色较鲜艳的是一件编织工艺复杂的红色毛衣，上面有深紫色与黑色的点缀，以及银色的搭扣；另一件是黑白相间的雪鸮毛衫，中间有花卉图案和圆点点缀。[48]

另一个新标志是她逐渐知名的新绰号——“碳女王”或“碳科学女王”。确切来源无从考证，不过到了 21 世纪前 10 年中期，这似乎已经成为她公认的绰号。米莉自己曾声称，这个绰号来自瑞典电视台的记者。不过据她的家人说，她以前可能就听过这个绰号，是她的学生和同事们给她起的。她的女儿说：“起初，米莉真的不喜欢这个绰号，并表示了拒绝。”[49] 她的孙女肖什补充道：“米莉不想被当作王室成员来对待。她想要的是享受科学研究，而不是显得难以接近。”[50]

但她的女儿玛丽安娜后来向她指出，这个绰号实际上非常合适：**米莉的希伯来语名字是 Malka Sheindel，大意就是“女王的宝藏”**。自那之后，米莉对此就没那么抗拒了。根据她的孙女莱奥拉·德雷斯尔豪斯－马雷（Leora Dresselhaus-Marais）的说法，这个绰号也可以让她更容易接近新一代那些视她为榜样，并从中受益的女性和女孩们。[51]

“科学的循环”：回到石墨烯

到了新千年，米莉、吉恩以及他们的学生和同事继续在各个方向上全速前进。21 世纪初，米莉有大量的合著论文发表，并受邀参加了多场演讲，这展示了她感兴趣的学术领域：他们关注的主要方向包括碳纳米管科学、纳米尺度的碳拉曼光谱、热电学需要的铋纳米线，以及科学政策和实践。**2003 年，她再次被委任了一个国家级的重要职务：美国物理联合会管理委员会主席。她是第一位也是迄今为止唯一一位担任这个职务的女性。**同一年，她还主持了美国能源部主办的关于未来氢经济需求研究的研讨会。[52]

21 世纪前 10 年中期，一个重大的变革出现了。一个多世纪以来，英国曼彻斯特大学的一个物理学家团队终于取得了突破，他们开发出了一种相对简单的方法，可以分离出单层或单原子薄的石墨烯片。

理论上，自 20 世纪中期以来，石墨的主要成分早已为人所知，石墨烯甚至更早。1856 年，英国化学家本杰明·布罗迪（Benjamin Brodie）就观察到了我们现在所知的氧化石墨烯，也就是覆盖了额外的有机材料的石墨烯薄片。在约90 年之后，也就是 1947 年，菲利普·华莱士研究并发表了描述石墨烯电子结构的重要理论著作。不过，整个物理学界几乎都没人留意他的研究，因为当时大家对于纳米级的碳并不感兴趣。[53]

20 世纪 60 年代，研究石墨烯的步伐加快了。正如第 5 章所述，就在米莉开始投入碳科学研究的时候，高质量的合成石墨才刚出现。当时，他们几个初涉足这个新兴领域的新人开始运用一种新技术来移除石墨样本上的小薄片：将样本粘在透明胶带上。这个想法本意是将石墨准备好，以研究它的各种特性。不过值得注意的是，米莉没有尝试从粘在胶带上的样本中分离出单层的石墨烯层，而是将它们全都丢进了垃圾桶。[54] 在 2011 年的一篇文章中，米莉写道："当时，石墨烯被视为一种智能原型的模型系统……这个小众的研究课题在研究圈子里引发的关注寥寥无几。"[55]

1962 年，德国化学家汉斯－彼得·贝姆（Hanns-Peter Boehm）及他的 3 位同事宣告了单层和少数几层石墨烯合成成功，但同样没有引发物理学界的广泛关注。当时科学界的主流观点是，二维的石墨烯几乎不可能单独稳定存在，其他基于石墨烯的曲状结构物质（如碳纳米管）同样如此。[56]

2009年在接受《麻省理工科技谈话》的采访时，米莉表示："这个观点引发了很多争议，很多人对此持怀疑态度。"[57]当时用于探测石墨烯样本的工具，相比今天的那些来说也相当简陋。纯石墨烯是一种几乎透明的材料，因此研究人员很难确切地知道从石墨样本上分离的石墨烯层数具体有多少。[58]

21世纪初，荷兰物理学家瓦尔特·德赫尔（Walt de Heer）、日本物理学家远藤利明以及韩裔美国物理学家菲利普·金（Philip Kim）等人研发了新的石墨烯制备方法。不过直到2004年，针对石墨烯的研究才真正开始了一场名副其实的"淘金热"。那年，一支由英国曼彻斯特大学的安德烈·海姆和康斯坦丁·诺沃肖洛夫领导的8名物理学家团队将他们制备单层和少数几层石墨烯的方法发表在了《科学》上（如今这个方法已经很知名了）。这个方法的核心就是使用透明胶带，跟米莉等人几十年前用的方法一样，但是海姆的团队，包括海姆的妻子、二维材料方面的专家伊琳娜·格里戈里耶娃（Irina Grigorieva）在内，找到了一种方法，可以分离出只有单个原子薄的石墨烯，最重要的是，他们确定已经做到了。[59]

他们的实验的巧妙之处在于程序：用胶带将石墨烯薄片从石墨样品上取下后，再将所得到的碳置于硅氧化物台上。这样做会影响硅氧化物所呈现的颜色，这意味着科学家可以根据其颜色来确定石墨烯的厚度。只要不超过 10 层，就可以被认定是“少数几层”的石墨烯（而不是更大一些的石墨烯“薄膜”），它在光学显微镜下会呈现粉红色，而只有一层薄的单层石墨烯，则呈现非常浅的粉红色。[60]

2004 年发表的这篇论文很快引起了轰动，不仅因为它清晰地展示了石墨烯的分离方法，还因为它证实了新的物理学现象，尤其是尽管这种材料只有一个原子薄，却能作为高质量的电导体。那些已经对碳纳米结构燃起兴趣的物理学家，还有许多受到吸引，重新开始关注它的物理学家，都开始研究这种前景光明的新材料。正如米莉在各处演讲中经常提到的那样，与石墨烯相关的研究论文数量激增。其中一些新的研究工作，侧重于各种应用所需的高质量石墨烯的合成方法，而另一些则侧重于对石墨烯物理性质层面的新理解。[61]

基于数十年针对石墨及石墨烯的理论研究（见图 9–2），科学家和工程师们知道，如果能证明石墨烯材料足够稳定，相关的应用就有可能在许多重要的领域引发革命性的变化，从下一代晶体管和柔性电子器件、量子计算机，到改进的复合材料，再到各种医疗应用方面的生物薄膜。就像三星先进技术研究院的执行副总裁吉永俊在 2014 年接受《纽约客》的采访时说的那样：“这一切就好像科幻小说变成了现实。”[62]可以肯定的是，很多研究者也对那些甚至还无法想象的潜在应用感到兴奋。麻省理工学院的教授托马斯·帕拉西奥斯（Tomás Palacios）2009 年在接受《麻省理工新闻》的采访时说道："这会是你所能想象到的性质极为罕见的材料。"[63]

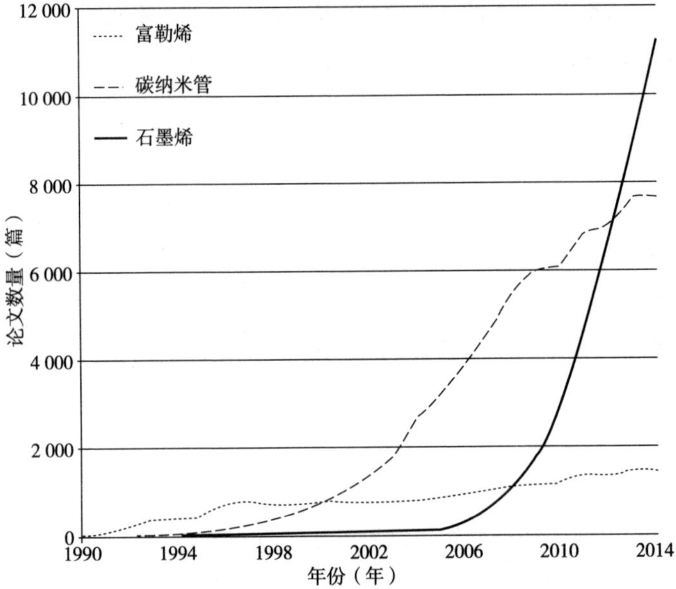

图 9-2　1990—2014 年富勒烯、碳纳米管与石墨烯相关学术引文数量对比

注：对富勒烯、碳纳米管和石墨烯相关学术引文的定量分析表明，自 2004 年分离出石墨烯以来，关于石墨烯的研究数量急剧上升。

资料来源：E. M. Pellegrino, L. Cerruti, and E. M. Ghibaudi, "Realizing the Promise—The Development of Research on Carbon Nanotubes," *Chemistry: A European Journal* 22, no. 13（2016）: 4330。

只有一个原子薄的石墨烯是可能存在的材料中最薄的，而且非常轻。此外，由于连接其中碳原子的共价键很强，石墨烯和纳米管一样，都非常坚硬，硬度远甚于钢。石墨烯也是一种优良的电导体，电子穿过其中碳原子晶格的速度大约是光速的百分之一，因此在制造更高效的新设备时，它可以与竞争对手硅一较高下。[64] 对于这样一种物质，谁不想投入时间去研究呢？

就米莉来说，虽然她继续在碳纳米管和热电学方面从事着一些重要的研究工作，但从 21 世纪前几年开始，她也重新关注石墨烯，并且她对石墨烯的研究也一直持续到她职业生涯的尽头。与纳米科学领域的所有研究人员一样，她的学生们也对这种新材料充满了好奇心，而米莉也同样对此感到非常兴奋。她很高兴有机会能进一步探索自己在职业生涯早期提出的一些想法。在 2007 年的一次采访中，米莉指出，许多研究人员一直在重复她数十年前做过的一些实验，当然，他们的相关背景知识增加了，设备也改进了。她说："这就像科学领域的循环。"[65]

在接下来的 10 年间，米莉与他人共同发表了数十篇关于石墨烯的论文。她的研究重心也从对石墨烯的一般光谱研究（包括其电学和热学特性），转到了石墨烯的纳米带详细属性（石墨烯的纳米带宽度不超过 50 纳米），以及当石墨烯受损或与其他元素掺杂后会如何，还有石墨烯边缘的形态和表征（两者都受其六边形排列方式的影响）。她感兴趣的内容还包括，寻找合成相对较大的高质量石墨烯片（以及其他二维材料）的方法，这将促进相关材料的制造，以及推动进一步的研究工作。[66] 2009 年，她提到："我们不能永远都依靠胶带。"[67]

三次助力诺贝尔奖，希望科学有进一步的发展

2004 年，米莉多了一位新同事——来自中国的研究者孔静。孔静本来是研究碳纳米管的，她前往美国是为了继续学习化学知识。她是麻省理工学院新聘任的一位年轻的助理教授，后来和米莉也成了朋友。米莉对孔静表达了自己的欢迎，她不仅在孔静还没有独立的办公室的时候，与她分享了自己的办公空间，还为孔静提供了与她的学生们一起工作的机会——以帮助孔静更快地融入米莉的世界。孔静带着崇敬之情说道："我认为，米莉也很愿意成为我的导师。"[68]

最终，孔静在距离米莉不远处安顿了下来。对于这位年轻的教授来说，米莉的指导令她受益良多。两人之后成了长期的合作伙伴。在 10 多年里，她们共同指导了很多学生，并共同发表了 60 多篇研究论文。[69]

米莉建议孔静研究的第一个课题就是石墨烯的合成。在读了海姆和诺沃肖洛夫等人发表在《科学》上的那篇重要的论文之后，米莉询问孔静是否有兴趣研究系统地合成石墨烯的方法。孔静回忆道："这确实引发了我的思考。石墨烯和碳纳米管非常类似，我们用类似的方法来生成石墨烯。这使我开始了对二维材料的研究。"[70]

米莉和孔静合作的研究课题还包括：通过化学气相沉积生成的石墨烯的特性、碳纳米管的缺陷，以及安全地将石墨烯片转移到各种材料表面的方法。她们的学生常常会参加同样的团队会议，也会从米莉众多的国际同事那里受益，这些同事会利用各种机会访问麻省理工学院，并与米莉和吉恩一起进行研究。[71]

不过，孔静和米莉之间也不是只有工作。在校园之外，两人也有很多时间待在一起，特别是在米莉生命的最后几年里。同在麻省理工学院的大部分时间里，吉恩每天会开车将米莉从位于阿灵顿的家送去学校。不过在 21 世纪 10 年代初，吉恩的身体出现了健康问题，并在 2013 年正式退休了，这也改变了米莉的通勤方式。在那之后，会有其他人捎她一程，其中就包括经常开车送米莉回家的孔静。[72]

就像米莉和她的导师费米那样，当时他们曾一起从芝加哥大学物理系步行前往校园，现在米莉和孔静也因为一起上下班，还有对科学事业同样的热爱而建立了相同的羁绊。孔静说：“米莉给我讲了很多故事，她总是会充分利用所有机会。每次搭车，她都会带着一个话题来讨论，有关于研究的，有关于生活的……”从坎布里奇校区到阿灵顿的一路上，两人经常会讨论工作，包括交换对学生的意见，为那些可能遇到困难的学生出主意。不过她们也时常会谈到家庭，尤其是子女们的生活，还有米莉的5个孙辈的生活。孔静说：“她一直很尊重孩子们的兴趣。对我来说，这是身为母亲需要学习的重要一课，即如何不将自己的想法强加给孩子，而是不断鼓励他们。”[73]

现在，孔静成了麻省理工学院电气工程系和计算机科学系的正教授，也是二维材料方面的著名专家。她对这个领域产生的影响可以从她在办公室书架上摆放着的十几个香槟瓶看出来，每个瓶子都标志着她指导的一位博士生答辩成功。谈到米莉时她露出笑容：“她教导学生们的方式，以及对自己工作的热爱，真的给我树立了一个很好的榜样。”[74]

2010年10月5日上午，当海姆和诺沃肖洛夫因其“关于二维材料石墨烯的开创性实验”而获得诺贝尔物理学奖时，碳纳米科学再次成了公众关注的焦点。[75]值得一提的是，尽管两人在2004年和2005年发表的论文确实在引发人们对石墨烯的兴趣上起到了决定性的作用，但诺贝尔奖不只是颁给一项科学发现的，也是为了奖励他们在一门新兴科学的前沿领域不断取得进步。在诺贝尔奖获奖名单宣布后，米莉和团队里的博士后保罗·阿劳约（Paul Araujo）共同撰写了关于石墨烯的简史，其中写道："海姆和诺沃肖洛夫团队在这个快速更新的领域，因为持续产出令人兴奋的新成果，而保持着他们的领导地位。正是这些有着很高质量与极大影响力的论文和公开演讲，在石墨烯和更广泛的科学领域留下了不可磨灭的印记。"[76]

从 1972 年颁布的关于超导性的诺贝尔物理学奖开始，这是米莉一生中第三次助力其他研究者获得诺贝尔奖。在关于石墨烯的诺贝尔奖中，她发挥的作用尤为突出，两位获奖者都在诺贝尔奖致辞中感谢了她。诺沃肖洛夫将她列在了影响他的十几个物理学家之中，而海姆则两次提到她，一次是提到她在石墨嵌层化合物相关方面所做的基础性工作，另一次是提到她与吉恩、藤田光孝和齐藤理一郎在碳纳米管相关的理论工作中提出的见解，这让他有了灵感。她还受邀作为海姆的荣誉嘉宾，参加了他的诺贝尔奖颁奖典礼。[77]

在纳米碳领域研究了这么多年，而且一直居于领导地位，还发表了一系列影响深远的个人研究成果，却从未获得诺贝尔奖。米莉会对此感到失望吗？简单来讲，一点也不会。就像我在下一章会讲到的那样，米莉获得了物理学和科学领域除诺贝尔奖外几乎所有的最高奖项。虽然大众媒体最终在诺贝尔奖年度文章中形容她是当之无愧的诺贝尔奖候选人，但她并不会浪费时间去考虑这些。

米莉的助理道蒂强调，看到研究取得进展一直都是对米莉最大的奖励。**“她不觉得自己需要被认可，也不觉得自己需要荣誉。她希望看到科学有进一步的发展。”**[78]

米莉甚至在 2002 年的一次采访中说，在与他人合作完成的工作中获得了这么多奖项，让她感觉有些愧疚。她说：“**我在我的领域很有名，这就够了。**”[79]

Carbon Queen

第 10 章

人生赞美歌

追随自己的好奇心和梦想，唱响非凡的颂歌

2010 年 12 月的第一个周六，米莉与 250 位她最亲密的同事、学生和朋友们一起参加了聚会。就在几周之前，永远热情洋溢的米莉度过了她的 80 岁生日。大家以她的名义举办了一场特殊的酒会，将所有认识和爱她的人都聚在了一起，为庆祝她不可思议的事业与生活干上一杯。[1]

2007 年，米莉成为名誉教授，这刚好是她作为年轻的电气工程系客座教授在麻省理工学院开始她传奇一生的整整 40 年后。算上她在林肯实验室的时光，到那时为止，她在这所院校中度过了将近半个世纪的时光，跨越了这所院校历史的三分之一的时间。[2]

但事实上，米莉一度很难接受“慢下来”这个概念，她从未如此尝试过。虽然她曾在多个场合表示自己计划“某天”退休，但似乎这个合适的时间从来没有出现过。[3] 在自己的生日聚会上，她打趣道：**“我跟你们说，80 岁并没有那么糟。只要你脑子里还有科学，还有那些有趣的事情要做，你就根本感觉不到年龄在增长。”**[4]

事实上，只需要瞥一眼她在 13 号楼的办公室，我们就能知道，甚至在职业生涯的暮年，米莉仍旧满脑子都是科学。她的办公室里满是由论文和图书堆成的“小山”，各种球形棒状的化学模型，还有她在无数次的合作和旅行中所获得的那些纪念品。你会有一种感觉，她肯定对热门的“近藤麻理惠”① 整理法嗤之以鼻，如果整理只是因为她工作的地方堆了那么多“让她快乐”的东西。

米莉办公室的访客们会被邀请到一个位于中间的小型座位区域。这个安排很巧妙，以免访客在“学院教授”说话时，因为被她桌上的一堆东西挡到而无法看到她本人。米莉曾在接受《波士顿环球报》的采访时表示：“这里是我的小窝，充满堆成山的待清理的论文。”[5] 当然，她不是第一个把家安在凌乱的办公室中的物理学家，也不会是最后一个；她的同事、理论物理学家阿兰 · 古思（Alan Guth）就曾经赢过“波

① 日本空间规划师，畅销书《怦然心动的人生整理魔法》的作者。——编者注

士顿最杂乱办公室”的比赛。[6]但米莉的助理道蒂证实，米莉的办公环境常常会一团糟。事实上，就在美国前总统奥巴马于 2009 年访问她所在的办公大楼时，米莉的这间办公室就被贴上了有潜在火灾隐患的标记。[7]道蒂说：“我们甚至在那里安排了消防警察。”[8]

米莉使用高科技通信设备的时间并不算早。2012 年，她才在助理里德·舒斯基（Read Schusky）的帮助下学会了使用平板电脑，这是她晚年时声称她最喜欢的一台设备。但是她真正通过电脑来与人交流都到 21 世纪初了。她的第一部手机是一部黑莓手机，是她当时在美国能源部工作期间收到的，这标志着她第一次能够系统性地撰写和发送电子邮件。[9]道蒂宣称：“这是具有革命性的变化！”[10]

在那之前，米莉严重依赖固定电话，尤其是传真机，这导致她的办公室里纸张堆积如山。当她在全世界频繁地跑来跑去时，她就会带着装满文件的手提箱，并且在等候转机时用红色的马克笔在文件上做标记，然后想办法在落地后的第一时间将这些文件邮寄出去，这样的事情数不胜数。[11]但即使在她开始更加频繁地使用电子邮件和电子版文件之后，她还是更喜欢手写标记。舒斯基说：“她在论文上做了大量的标记内容，那些一直都是她手写在纸上的，百分之百全部都是。”[12]

音乐，一生的爱好

20 世纪 90 年代末，在接受《麻省理工科技谈话》的采访时，米莉透露她取得长期成功的秘诀是晚上 11 点半就寝，并在第二天早上 5 点半或 6 点到达麻省理工学院。道蒂回忆说，直到晚年，米莉都睡得很少，精神却很好。她常在办公桌前小睡一会儿，让自己精神抖擞，为投入更多的工作做好准备。[13]

她成功的另一个秘诀在于，确保在学术和服务工作之外，有一个创造性的出口。对米莉来说，这个出口一直都是音乐。这始于她早期在纽约生活时上的音乐课，之后她在剑桥大学也参加了音乐活动，在林肯实验室时她加入了冯希佩尔的四重奏团队，在实验室聚会和其他活动中和他们一起演奏。她后来经常在家召集家人组成临时的室内音乐团队，用她灵活的指尖为数百个世纪悠久的和弦赋予生命。[14]

道蒂说："米莉既不看电视和电影，也不看书。"她的主要爱好是拉小提琴和中提琴，此外，远足和烹饪也是她非常喜欢的活动。道蒂既是米莉的日程管理者，也是一位职业歌手，对于米莉在音乐方面的投入，她有着特别深入的了解。道蒂目睹了米莉在不旅行的时候，几乎每天都要留出时间享受音乐，以及她在家中或者其他地方所举行的非正式音乐晚会上与家人、学生、朋友等许多人分享自己的经历的场景。道蒂说："由吉恩所安排的晚间日程与白天的日程一样重要，音乐日程神圣不容亵渎。"[15]

布雷彻曾是米莉的学生，后来她在行星科学、核科学、交通运输等领域从事了各种工作。在 2017 的一次纪念活动上，她分享了对米莉音乐世界的美好回忆："我还记得我在读本科期间参加的一次晚宴，当时受邀的还有我的丈夫肯，他是麻省理工学院的一名研究生……我们的晚宴很热闹。之后米莉的 4 个孩子为大家演奏了四重奏——翻乐谱的是吉恩！我们受到了热情款待，场面十分惊艳。"[16]

据布雷彻回忆，1972 年在发起女性论坛的麻省理工学院切尼室里，也常会有中场演奏。在 2017 年的口述史采访中，她提到："我在弹钢琴，而米莉……带了小提琴过来，我们一起演奏柴可夫斯基的音乐。通过在电气工程系的每次研讨会上演奏音乐，米莉实现了音乐的教化作用。在麻省理工学院，这是前所未闻的。"[17]

道蒂也曾多次在德雷斯尔豪斯家的室内乐团的伴奏下唱歌。据她说，米莉对音乐的热爱，正像她对待自己不断发展的事业一样。她说："我希望一切都很完美，但是……他们对此没有耐心。你从头到尾演奏一遍，如果中间断了或者漏了音符，你就重新开始。米莉是这样教育大家的，我认为这也是她的人生态度：**如果你中断了，或者你遇到了困惑，你就从头开始。不要停止、不要抱怨、不要找借口。”**[18]

科学是一门世界性的语言

米莉这个来自布鲁克林的早熟的孩子从小就对这个世界充满好奇，她强烈的求知欲从未减弱。米莉对碳、铋和其他材料的研究一直持续到她 80 多岁的时候，但驱使米莉坚持下去的不仅是对新科学认识的追求，与世界各地的教师、学生、博士后和合作者之间建立的友谊同样重要。2007 年，米莉说："麻省理工学院一直是我的大家庭。我的学生就像我的孩子一样。"[19]

米莉和吉恩定期为伙伴们敞开家门。除了音乐之夜，他们还经常邀请学生和同事们前往他们在阿灵顿的住所，一起谈笑风生、享受美食。特别是在感恩节期间，许多学生都讲述了受邀参加感恩节晚宴的经历。每年米莉和吉恩都会准备感恩节晚宴，并向团队里所有没其他地方可去的人敞开家门。[20] 中国台湾大学的物理学副教授马里奥·霍夫曼（Mario Hofmann）曾在 2005 年到 2011 年跟随米莉的团队读博士，他表示："米莉可不只是把几个'流浪儿'收留了，而是把实验室里的大部分人带走了。"[21] 当然，米莉团队的这个大家庭的成员并不局限于麻省理工学院的师生。在米莉担任教授的最初几年里，她的合作伙伴就已遍布全球（见图 10-1）。

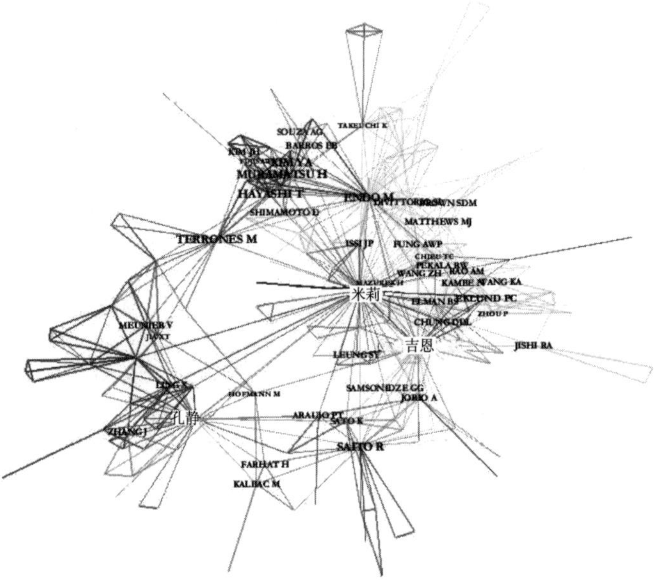

图 10-1 米莉的合作伙伴遍布全球

注：米莉团队的博士生、物理学家霍夫曼突发灵感，对米莉的学术大家庭做出了量化。据霍夫曼说，他根据米莉发表过的将近 1 700 份研究论文，编出了一个足有 4 872 个分支的“家族树”谱系图。在她最经常合作的 8 个人里，只有孔静和吉恩是她在麻省理工学院的同事，其他人都分布于世界各地。

据道蒂回忆，米莉会根据同事们所在的时区，来规划自己每天的时间。她巧妙地编排发送的信息，就像编排一场复杂的舞蹈一样，以给接收者们留出足够的时间，让他们能在第二天前回信。在职业生涯的大多数时间里，无论游历到哪里，米莉都有一些认识的人，比如她以前的学生、研究助理，或者一些团队。他们会铺上红毯，为她的到访精心安排，要么就是像对待最喜欢的阿姨或者祖母那样对待她。[22] 在 2007 年的口述史采访中，米莉曾说：**“科学的好处就是，它是一门世界性的语言。我们彼此相识，大家互相关心。”**[23]

现任美国公共广播电视公司首席技术官的马里奥·韦基（Mario Vecchi）在 2017 年的致敬活动中说：“米莉成功的关键在于她的为人，还有她对待工作和生活的价值观……米莉和吉恩为他们的孩子和所有的朋友创造了最鼓舞人心的环境。”[24]

对米莉来说，在他们需要帮助时，时不时地利用自己拥有的行业影响力来支持之前的学生或博士后，这件事并不罕见。卡尔文·洛（Calvin Lowe）是麻省理工学院一位优秀的学者，20 世纪 80 年代，无论在学术上还是社会关系上，他都遇到了困难，但似乎只要遇到合适的机会，他肯定就能大放异彩。米莉在她的另一名学生任教的一所大学里，帮卡尔文·洛找了一份助教的工作，这样在卡尔文·洛需要帮助时，她的那名学生也能直接帮到他。[25] 米莉在麻省理工学院的同事克拉伦斯·威廉姆斯说："她一直都没放弃过卡尔文，而他最终成了一所传统黑人大学①的副校长，主要负责研究工作，后来又成了一所大学的校长。在他的职业生涯中，米莉扮演了最重要的角色。"[26]

后来，米莉又对一名曾经来访学的学生以及他的兄弟在获得新职位方面给予了很大的支持和帮助。这名学生名叫毛里齐奥·特罗内斯（Mauricio Terrones），2009 年他们与墨西哥前雇主发生了争执。[27] "米莉帮我们搬到了美国……一切都非常顺利。她帮了我们，给我们写了非常棒的推荐信，我们才能够来到这里。" 现在是宾夕法尼亚州立大学物理学家的特罗内斯在 2017 年说道。[28]

对她以前的学生霍夫曼来说，米莉对陌生人的帮助意愿极大地改变了他的生活。霍夫曼说："我有一个实习职位没有拿下。一天晚上，我的导师拿起电话打给了米莉，那时他真的只在一次会议上见过她一次。他作了自我介绍，描述了我的情况后，米莉毫不犹豫地同意接过这个麻烦，这个经济上的负担，邀请我去麻省理工学院。我激动得几乎喘不上气，因为她可是纳米碳研究领域的权威专家。"[29]

① 传统黑人大学指的是美国在 1964 年前，专为黑人而设立的高等教育机构。——译者注

米莉一次又一次地伸出援手，这里一封推荐信，那里一份私下背书，她为学生和同事保驾护航，把他们送到了开辟人生道路的关键位置。对于那些与米莉合作密切的人来说，这些做法只会提升米莉作为女导师的声誉。她的支持让受益者终生感激，即便这些受益者是那些与她关系不怎么密切的人。

然而，想为同事创造这样一种家庭氛围也有其局限性。在她职业生涯的最后 10 年里，由于向米莉寻求推荐和帮助的人太多，米莉几乎无法再一一满足。道蒂说："寻求帮助的人真的太多了，而且源源不断，就像河水一样永不停息。事实上，米莉很少拒绝。她总是说，'嗯，我可以办到'，她的大脑总是处于解决问题的模式下。因此，如果有人请她做什么事，她甚至都没想过'我是否想做这件事'而是会思考'我该怎么才能办到呢'。"[30]

当然，除了应对有关工作的请求，米莉也需要共度家庭时光。随着米莉的家庭日渐壮大，有了 5 个孙辈之后，她会尽力多花些时间来看望他们。为此，她经常会协调家庭探访和工作会议的时间，也会计划让每个孙子孙女都享受一趟特别的"米莉之旅"，去一些遥远的地方。[31]

她在加州大学伯克利分校从事凝聚态物质理论物理研究

工作的博士孙女伊丽莎白说道："2011 年夏天，当我与米莉一起去英国和中国旅行时，才意识到她的名气有多大。在世界另一端的人们认出了她的名字和研究内容，想跟我们合影。这简直太难以置信，太不真实了。"[32]

她在加州大学戴维斯分校读本科、专业是应用数学和心理学的另一个孙女克拉拉·德雷斯尔豪斯（Clara Dresselhaus）补充道："我认为，人们没有意识到，米莉具有一种冒险精神。"她和米莉去了英国的牛津旅行。"我们在泰晤士河上泛舟，这是很有趣的经历，结果我从船上掉进了水里。返回岸边时，我优雅得像个落水的猫咪而米莉坐着……笑容灿烂，咯咯笑个不停。"[33]

她的影响无处不在

一位身材娇小的耄耋老人头顶编成皇冠状的银色高髻，身着剪裁合身的大象灰外套，套着黑色的宽松长裤静静地坐在一众 21 世纪最出名的美国人之间。坐在米莉左边的是一位戴着眼镜的演员，被誉为"那一代人中的佼佼者"，在超过 45 年的演艺生涯里，她凭借《克莱默夫妇》（*Kramer Kramer*）、《苏菲的抉择》（*Sophie's Choice*）和《铁娘子》（*The Iron Lady*）等电影 3 次获得奥斯卡金像奖，并被提名 21 次（创造了历史纪录）。坐在米莉前面的是有史以来最有影响力的音乐家之一，他凭借《迷信》（*Superstition*）、《你是我生命中的阳光》（*You Are the Sunshine of My Life*）和《电话诉衷情》（*I Just Called to say I Love You*）等歌曲获得了 25 次格莱美音乐奖。① [34]

当轮到米莉时，这位当天一众获奖者中唯一的科学家带着灿烂的笑容优雅地站了起来。在 2014 年的总统自由勋章颁发典礼上，米莉这位科学家和工程师先驱作为杰出人士站在那些新闻、公共服务和艺术名流之中，似乎就像在家里一样从容自在。

在开场白中，奥巴马对米莉这样评价道：**"她的影响无处不在，在我们驾驶的汽车中，在我们生产的能源中，在为我们的生活提供动力的电子设备中。"**当台上响起她的名字、请她上台领奖时，她站起身，环顾四周，正如颁奖词所说的那样：她是"那一代人里最杰出的物理学家、材料科学家和电气工程师之一"，是"一位领导者和指导者"，**她树立的"榜样证明了，当我们鼓起勇气追随自己的好奇心和梦想时，我们可以取得怎样的成就"**。[35]

在整个职业生涯中，米莉获得了无数的荣誉。在她生命

① 3 次获得奥斯卡金像奖的是梅里尔·斯特里普（Meryl Streep），25 次获得格莱美音乐奖的是史蒂维·旺德（Stevie Wonder）。——编者注

的最后 10 年里，半个世纪以来的研究和领导工作让她一下子获得了一大堆奖项，她的公众形象也达到了一个全新的高度。她的助理道蒂说："我们必须尽力让她学会享受这种认可。米莉明白让公众了解科学的重要性是非常迫切的。通过腾出时间拍照和接受采访，她认识到自己为这项事业做出了贡献。"[36]

在使人们重新认识到她的巨大成就与影响力的众多奖项中，欧莱雅－联合国教科文组织世界杰出女科学家成就奖是一个表彰在生活和材料科学研究中取得杰出成就的人的全球性奖项。米莉最早带的博士后之一，也是她获得的这个奖项中的提名者，物理学家彼得·埃克隆在 2007 年的《波士顿环球报》文章中发问道："还能有谁会比她更好呢？"[37] 道蒂补充道："她很乐意成为全世界科研人员的榜样。"[38]

米莉的孙女莱奥拉直到与高中同学一起去巴黎旅行，并在戴高乐机场发现了一张米莉被授予欧莱雅－联合国教科文组织世界杰出女科学家成就奖的巨幅海报时，才意识到自己的祖母有多么出名。在成长过程中，莱奥拉几乎对米莉的名气一无所知。在看到了机场的海报后，她说："那时我才意识到，事情并不简单。"[39]

由美国国家科学理事会所颁发的万尼瓦尔·布什奖

（Vannevar Bush Award）是授予推动科技进步的公共服务模范的，米莉在 2009 年获得了这个奖。对她来说，这个奖有着特别的意义。万尼瓦尔曾长期担任麻省理工学院的电气工程系教授，也是第二次世界大战后推动科技公共资助的领导者之一，还是促成支持基础科研的美国国家科学基金会在 1950 年成立的主要推手。① 在麻省理工学院时，万尼瓦尔曾担任副校长兼电气工程系系主任，以及该校的管理机构主体——麻省理工学院集团的主席和终身成员。麻省理工学院的 13 号楼，这个米莉一直从事学术研究的地方也是以万尼瓦尔的名字命名的。13 号楼的大厅里直到如今还挂着他的大幅肖像画。他的精神甚至渗透到了米莉的工作场合里：加入麻省理工学院的教学团队后，学校分配给米莉的办公室正是万尼瓦尔之前所使用的一间，这间办公室带给了她许多灵感。[40]

类似的著名奖项，米莉还得过两次，这两个奖项分别以在米莉的生命中发挥了重要作用的两个人的名字命名。一个是美国能源部颁发的恩里科·费米奖，是以她早期的导师的名字命名的。那次的颁奖典礼很特别，她还在白宫见到了时任美国总统奥巴马。另一个是由材料研究学会颁发的冯希佩尔奖，是以她的另一位导师的名字命名的，该奖是为了表彰她在材料科学研究、能源与科学政策方面的领导地位，以及

① 万尼瓦尔是“曼哈顿计划”的提出者和执行人，也是信息论之父香农的老师。——编者注

对年轻科学家的指导。[41] 米莉在21世纪10年代获得的其他荣誉还包括：因在石墨嵌入和热电方面的研究工作而入选美国国家发明家名人堂，获得电气电子工程师学会的荣誉勋章。这些都进一步巩固了她在物理学、材料科学和电气工程学领域的崇高地位。尽管她一直没获得诺贝尔奖，但她所获得的另一个同样源自斯堪的纳维亚半岛的奖项弥补了这一缺憾，为她庆祝自己所取得的不可思议的成就提供了设想中的一切盛况、仪式和欢乐。[42]

科维理基金会是一个由挪威裔美国企业家弗雷德·科维理（Fred Kavli）创立的慈善组织，旨在推动和促进科学事业的发展。科维理奖于2008年由科维理基金会首次颁发，每两年颁发一次，旨在表彰科学家们在天体物理学、纳米科学和神经科学这三个不同领域所做的开创性研究工作，分别对应的是“最大的”“最小的”和“最复杂的”三个方面的科学进展。该奖项很快就有了比肩诺贝尔奖的声望。获奖者会像名人一样受到款待，并能获得与至少一位挪威王室成员见面的机会。在一场所有人穿着礼服、打着黑色领带的盛大典礼上，获奖者会被授予一枚金奖章、一个卷轴还有一张面额100万美元的支票。[43]

对任何一位科学家来说，获得科维理奖都会是职业生涯中的一项重要成就。对米莉而言，这个奖项的意义就更为重大了，因为她是所有门类中的第一位单人获奖者。这位 82 岁的物理学家获奖的原因部分是“她为我们更好地理解降低维度对材料的基础热学与电学性能产生的影响奠定了基础”。[44] 这是她的孙女克拉拉说的，她还补充道：“有一天我从学校回家，听说挪威王室要给我奶奶米莉发个奖，这消息让我惊呆了。”[45]

2012 年，在挪威奥斯陆举行的那场熠熠生辉的科维理奖颁奖典礼上，米莉穿着一件层层叠叠数十层的天蓝色连衣裙——看起来就像由裁剪的碳纤维制成，令人目眩。她的获奖感言给许多观众留下了深刻的印象。她不但表达了深深的谢意，还宣布了她会将奖金捐给有前途的后继科学家们。[46] 那天晚上第一次见到米莉，后来为了《布朗克斯的孩子们》（*Just Kids from the Bronx*）这本书而采访过米莉的阿琳·阿尔达（Arlene Alda）写道：“我立刻就被才华横溢、慷慨大方的米莉吸引了。”[47] 对米莉来说，这个夜晚值得铭记，这个奖项也值得铭记，它不但肯定了她一生的工作，也激励了她朝着新的方向继续前行。

始终鼓励女性进入理工科领域

在生命的最后几年中，米莉愉快地参与了许多研究项目。她晚年的那些论文通常与二维材料相关，包括石墨烯和磷烯（一种类似于石墨烯的单层磷原子结构）。[48] 在最后几年里为吉恩和米莉管理专业事务的助理舒斯基说：“她没怎么放缓工作节奏。”[49] 不过，米莉确实将自己的日程表安排得没那么紧了，她终于不再是早晨 6 点到校，而是改到了 7 点，这也许是她上了年纪这件事所显露出来的最大的信号了。[50]

她在晚年时光中感到特别开心的一件事，就是与孙女莱奥拉的交流。就在本科将要毕业时，莱奥拉还不确定自己的学术方向，也不确定自己要去哪里读研。但在 2012 年春天她访问麻省理工学院坎布里奇校区时，米莉和吉恩让她有机会窥探了未来，她了解了如果选择麻省理工学院她的生活会是什么样的。她最后在麻省理工学院读了物理化学方向的博士。谈起自己的决定时，莱奥拉说道：“我开始意识到，除非我在科学领域认识米莉，否则我永远无法真正理解她。通过在麻省理工学院学习来了解她，让我获得了从别的渠道永远无法获得的见解。”[51]

米莉和莱奥拉两人在坎布里奇校区时，安排了每周的午餐相聚。她们的谈话主要集中在实验、合作，也会间接聊到女性选择从事科研领域的工作时需要付出的努力。[52] 回顾历史，自从米莉开始独立研究发展自己的事业之后，50 多年来女性在科研领域已经取得了很大进展。但即便法律和规范有所改善，保障了女性在工作中的合法权益，但是科学和工程学领域的女性还是会遭遇不公平的对待，比如晋升方面的不公、学术环境中的排挤、照顾家庭方面的困难、经常遇到的无意识偏见、基于性别的冒犯，有时甚至是赤裸裸的骚扰等。

虽然米莉在某些方面已经尽力帮助女性取得了巨大进步，但她也承认，她还是低估了那些持续存在且往往隐蔽的不公平现象带来的影响。比如，在机会、晋升、薪酬和实验室空间方面，都存在着贬低女性的评论和男女不一致的待遇。

1999 年，麻省理工学院的生物学教授南希・霍普金斯（Nancy Hopkins）等人起草了一份报告，展示了麻省理工学院科学学院的女教师们是如何受到系统性的歧视的，尽管歧视者并不是有意的。这份具有里程碑意义的报告在整个学术界引起了连锁反应，并引发了麻省理工学院乃至整个学术界的重大变化。[53] 这份报告也让米莉感到惊讶。

在 2012 年接受 BBC 的采访时，米莉表示："南希所做的事情是对的，她说我们应当享有平等的权利。我只是在寻求一份宽容，寻找一个能容纳我们从事自己专业领域的工作的机会，在工作中我们能拥有与男性平等的地位。但她想要的，是我们能拥有男性要求并已得到的所有便利。”[54]

米莉还承认，她对属于性别骚扰范畴的一些行为已感到司空见惯：常见的轻微冒犯和欺侮，比如暗示女性无法在自己的领域取得成功，或者同一个想法在同一个会议上，由女性提出时会被忽视，而由男性提出时却会被称赞。她在接受BBC的采访时这样说道：“我认为大多数女性经历过这些，所以这是一种你忍受惯了的烦恼。但年轻一代并不会忍耐这些，她们也不喜欢这样。”[55]

即使她们的一些担忧并没有完全显现出来，但米莉还是继续与年轻科学家们合作，以此来支持他们。只要有可能，她就会鼓励进入这一领域的年轻女性，包括她的几个对理工科感兴趣的孙辈。在她职业生涯的后期，她参与了一系列“新星”研讨会，通过建立人际关系网和开展坦率的讨论，来帮助刚进入科学与工程学领域的职业女性应对持续存在的挑战。[56]

在生命的最后几年里，米莉获得了一个特殊的机会，可以鼓励女性从事理工科领域的工作。当时，通用电气邀请米莉出演一个时长一分钟左右的广告，并提出这样的问题：“如果科研领域的著名女性被视为与职业运动员、流行歌星和好莱坞演员一样的名流，会怎么样？对于这个领域的女性来说，一切会发生怎样的变化？行业和学科会因此获得怎样的提升？”拍摄这个广告是为了招募和雇用更多女性科学家与工程师，也就是本书前言讲述的那个场景。米莉扮演了一位世界著名的科学明星，孩子们会模仿她的穿着，狗仔队和普通路人会在她经过时拍照，社交媒体上的粉丝们会成群结队地出现在她的科学讲座上。视频的结尾，通用电气承诺，到 2020 年公司将在科学、工程和技术领域雇用 2 万名女员工。[57]

米莉的孙女莱奥拉表示：“他们把剧本发给她，然后她说，‘我真搞不懂这个’。”米莉不明白扮成名人如何能给科学界的女性带来积极的影响，对于社交媒体是什么，如何运作，她也只有模糊的概念。“于是我说，‘米莉，你不能拒绝……这是你影响这代人所需要做的事’。”[58]

米莉听从了这个建议，并去拍了广告。多次拍摄、在舞台上行走、摆姿势以及与其他演员自拍都让她感觉很尴尬，但这段视频达到了预期的效果：在 2017 年播出时，通过电视观看这个广告的人数多达 3 千万，视频在社交媒体上也获得了广泛的积极回应。[59]

作家安涅·唐斯（Annie F. Downs）在 Twitter 上写道：“看完米莉为通用电气拍摄的这个广告，我起了一身鸡皮疙瘩，简直太完美了。”一家专注于女性健康的公司的首席执行官辛迪·埃克特（Cindy Eckert）也写道：“如果像米莉这样的女性成为大家效仿的名人，你能想象这对女孩们意味着什么吗？”密歇根州前州长，后来成为拜登政府能源部部长的珍妮弗·格兰霍姆（Jennifer Granholm）则说：“我每次观看米莉的广告都会被打动。”[60]

通用电气的副总裁兼首席营销官琳达·博夫（Linda Boff）在2017年对材料研究学会说：“我们希望理工科的女性能获得更多的关注，想用一种吸引人的方式来讲述这件事。我们要找的人，不但要有科学方面的荣誉，还要有可亲的形象，具有魅力和个性，而且是一个真正致力于支持女性在科研领域发展的人。而米莉正是符合上述各个方面的完美人选。”[61]

当然，这则广告并没有对女性在决定进入科学、工程学或信息技术领域后，如何继续解决那些特有的障碍做出解答，也没有提到如何解决包括黑人、美国印第安人以及拉美裔美国人在内的那些少数族群在理工科领域中受到不公平对待的问题。不过，这个项目与米莉之前在整个职业生涯中的做法是一致的，她试图利用她的影响力来鼓舞这些领域的女性获得应有的地位，然后协助她们在这些领域创造积极的变化。

截至2020年年末，通用电气并未发布与米莉广告中提到的员工雇用目标相关的更新数据。不过那年，通用电气任命了首位全球首席多元化官（chief diversity office）以及旗下 9 个业务部门的首席多元化官，其中有 5 人是女性。通用电气于 2021 年年初发布过一份多元化报告，声称截至 2020 年 12 月，该公司 22% 的全球员工和 26% 的高层领导者都是女性。报告称："很明显，我们还有更多工作要做。"[62]

通用电气的全球领导力项目和高校关系主管朱莉·格泽达（Julie Grzeda）通过书面声明表示："虽然过去几年里，我们的系列产品和员工队伍发生了变化，但我们关于包容性和多元化的基本承诺从未改变……在一定程度上，多亏了像米莉出演的那段广告这样的外联活动，我们在高校招聘中吸引了更多从事科技行业的女性，改进了全球招聘的成果。我们也同样为实习生和领导层中拥有很高比例的女性而感到自豪。"[63]

这则广告于 2017 年 2 月在美国国家电视台首播，当时是插播在《周六夜现场》（*Saturday Night Live*）的电视直播节目当中，而在电视和社交媒体上首播前，米莉就看过了广告最后呈现的效果。通用电气还计划在第 89 届奥斯卡金像奖颁奖典礼期间播出，并邀请了米莉参加当晚的颁奖典礼，让这位科学界的明星与银幕上那些最大牌的明星一起出现在红毯上。但米莉没能赶上奥斯卡颁奖典礼，也没能看到这段广告最后产生的影响，没能了解这最后一次公开表演是如何以及为什么会成为她最广为人知的一件事。

传奇消逝，永远不会耗尽的内心“能源”

2017 年 2 月初，寒假结束，麻省理工学院的学生们正返校的时候，天气预报显示，波士顿地区将迎来一场暴风雪，所有的商业和学术活动都要因此暂停。当然，米莉没有因为这次的天气预报而慌张，她如往常一样计划好了一周的日程，并充满热情地来到了实验室。

这也是她最后一次前往麻省理工学院，这个她深爱的另一个家。

那天早上晚些时候，米莉感觉很不舒服。她住进了位于坎布里奇校区西侧的芒特奥本医院。据那里的医生说，米莉因为中风需要卧床休息，等待进一步诊断。[64]

几天后，她之前的学生布莱克因为米莉没回邮件开始担心起来。布莱克后来说：“几小时后，我就知道出事了，因为她总是在一小时之内回复邮件。”[65]

接下来的两周里，家人和密友纷纷前来看望米莉。2017

年 2 月 20 日周一，这个世界的传奇消逝了，米莉在亲人好友的陪伴下安详地逝去，享年 87 岁。她被安葬在附近的芒特奥本公墓里，离巴克敏斯特・富勒的墓只有不到 200 米，而以富勒的名字命名的分子——巴基球正是米莉协助发现并非常熟悉的分子。**她的墓碑上有一组碳六边形的标志，上面写着："珍爱的妻子、母亲与祖母；物理学家和麻省理工学院的教授；碳女王。"**[66] 4 年半之后，吉恩也陪伴在了米莉身边。他于 2021 年 9 月 29 日逝世，享年 91 岁。

接下来的那个周末，按照原定计划，米莉为通用电气拍摄的广告在奥斯卡颁奖典礼的黄金时段播出。对于像我这样了解她的遗泽而且得知她几天前逝世消息的人来说，晚会庆祝中间的这段一分钟左右的广告，激发了我们汹涌的情感洪流。麻省理工学院的桑吉塔・巴蒂亚（Sangeeta Bhatia）教授一直将米莉视为一盏明灯，她说："那一刻我泪流成河。这是纪念她的很好的一种形式。"[67]

米莉的两个孙女莱奥拉和克拉拉代替她作为通用电气的嘉宾走了红毯。莱奥拉说："我想，这样就是一个完整的循环了。让我们以此展示下一代女性科学家的风采。"[68]

米莉去世之后，世界各地的人们纷纷向她致敬。

物理学家乔治·克拉布特里（George Crabtree）在《材料研究学会通报》中写道：“她是许多美德的代表——科学、女性、真理和服务精神等。她将这些演绎得那么好、那么自然，以至于我们中的很多人都将其视为理所当然。”[69]

米莉之前的学生布雷彻在2017年的口述史采访中提到：“对麻省理工学院的许多女性师生来说，米莉是十分重要的激励者，对我来说，她更是我职业生涯的支持者。她帮助很多学生找到了那么多行业内的好工作，并且让大众对于科学政策的重要性有了更清楚的认知，从而推动麻省理工学院在华盛顿设立了一个办公室。”[70]

乌克兰哈尔科夫国立技术大学的物理学教授埃琳娜·罗加切娃（Elena Rogacheva）曾跟米莉合作过，她在《今日物理》的致敬文中写道：“聪明的头脑、深刻的洞察力、完美的科学直觉，这只是她作为科学家的其中一些品质。米莉的研究与能源问题相关，而她内心也有着取之不尽的能源。”[71]

米莉以前的学生阿杜·佐里奥在《今日物理》中写道：“我从米莉身上学到的最重要的东西，不是材料科学、团队理论、拉曼光谱或纳米技术的有关知识，而是要永远看到事物积极、具有建设性的一面。米莉从来不会指出论文的缺点并横加指责，她总是指出其中的优点。米莉会聆听人们对于建筑结构、政策等所有事情的抱怨，然后指出其中积极的一面作为回应。如果没有办法找到优点，她就会说‘以后会更好的’。虽然和米莉在一起的日子里，我们总是在辛苦地工作，但是这个过程充满了幸福和欢声笑语。”[72]

米莉的合作者、日本物理学家远藤守信在 2017 年年末的致敬活动中这样说：“米莉老师，我想，您现在可以在天堂里写论文了。请关照吉恩老师和您的家人……还有世界上其他的科学家，让他们在碳和其他材料方面的研究更进一步，因为您是他们研究生涯中共同的‘母亲’。”[73]

不可思议的命运交响曲，来吧，和我一起

在米莉去世一年半以后，位于麻省理工学院校园中心地带的纳米科学与技术研究机构——纳米科学与技术中心（MIT.nano）[①] 终于开放使用，这个耗资 4 亿美元的项目完成得太迟了。米莉错过了它盛大的开幕仪式，她一直非常期待它的完工，期待麻省理工学院新一代纳米研究的展开，以拓宽人类对物理学、化学、材料科学、能源、生物学等领域的理解。[1]

① 2022 年，麻省理工学院将该中心所在地 12 号楼命名为“Lisa T. Su 大楼”，以表彰华人校友苏姿丰在科研领域所做的杰出贡献。——编者注

根据米莉的孙女肖什的说法，米莉也将纳米科学与技术中心视为自己在这所院校遗泽的延伸。2019 年年末，麻省理工学院的“无尽走廊”和纳米科学与技术中心南侧立面之间的庭院，为了纪念米莉而被重新命名。这个地方的新名称是**“不可思议的小路”**，是对米莉奇迹般的成长历程的致敬。她出身于微末，奋起于纽约，最终将名字传遍全球；她鼓励那些可能成为导师的人，让他们花时间去了解年轻的同事和学生，一句鼓励的话便很可能极大地改变他们的人生道路。[2]

在米莉去世后的短短几年里，她的同事们所取得的新进展就已经带上了米莉研究的痕迹，并向着更加吸引人的方向拓展。例如，石墨烯仍是科学界最热门的研究课题之一。在 21 世纪 10 年代的早期和中期，米莉研究的是被称为“错位石墨烯”的材料，即将石墨烯薄片扭曲之后，蜂巢式的形状在重叠时就会产生轻微的错位。[3] 根据米莉等人的预判，这样的做法是在尝试一种“有趣的模式”，可能会有助于发现石墨烯中有用的特性。[4]

2018 年，米莉在麻省理工学院的同事巴勃罗·哈里略－埃雷罗（Pablo Jarillo-Herrero）等人发现，如果将两张石墨烯薄片组合成一个超晶格，再以所谓的“魔法角度”1.1 度来排列它，它就会形成具有超导或绝缘性质的一个系统，于是他们提出了“错位石墨烯”这个概念。这一重大发现，标志着所谓的“扭旋电子学”（twistronics）子领域即将产生。这被《物理世界》誉为科研领域的年度突破。[5]

对另一位年轻的科学家来说，米莉的研究工作深入了她的日常生活里，就像是她通往全新职业生涯的一面有形的背景墙。出生在加拿大的纳米技术专家法纳兹·尼鲁伊（Farnaz Niroui）从未想过，她会追随一位最著名的纳米材料研究者的脚步。但这位刚加入麻省理工学院电气工程系与计算机科学系的助教，每天都能从自己的工作场所获得灵感。这里正是米莉原来的办公室。

尼鲁伊的研究重点是使原子层面上的物质更容易被操纵和处理，这样科学家和工程师们就能研究其化学与物理特性了。当尼鲁伊还在麻省理工学院读博士时，才华横溢的她就获得了北美多所著名大学的录用通知，邀请她成为教职员工团队的一分子。但麻省理工学院能给予她的是别的学校无法给予的一些东西：她每天有机会坐在米莉坐过的地方继续发展自己的事业，塑造那些曾令“碳女王”都兴奋不已的纳米科学与技术设施。尼鲁伊说：“那种感觉就像，我自己也成了她遗泽的一小部分。”[6]

尼鲁伊不仅在研究工作方面与米莉有一定的重叠，她还以米莉为榜样，对科学与工程学领域的女性提供支持，并使每个人都更容易接触到碳科学与技术。例如，她曾为有志成为终身教授的理工科女性组织了研讨会，并领衔开发了“从纳米技术的角度”讲述的系列讲座，以及新的“米尔德里德·德雷斯尔豪斯系列讲座”。2018 年，尼鲁伊对麻省理工学院校友协会说道：“在读研究生时我就认识米莉了，因为我们的办公室离得很近，我一直很敬佩她。在我开始自己的学术生涯时，能够在她的办公室里工作对我来说是很让人振奋的，也很有价值。”[7]

米莉无可估量的贡献还会继续对纳米科学与技术的发展产生深远的影响，无论是对整个研究领域，还是对那些以其他方式受到米莉的教导、培训和鼓励的人来说。她对半金属的性质所做的研究是无人能及的，影响了无数人探索纳米材料的方向。她是重新点燃热电学领域的关键人物，这一领域旨在改善能源转换。作为教育工作者，她也具有很大的影响力：她编撰了许多重要的教科书和评论文章，也经常总结研究与信息交流会议；她指导了数百名学生，给数千名学生上课。作为非常重要的科学管理部门领导，她活跃在许多组织甚至美国政府中。她一直坚定地致力于为科学与工程学界的女性和其他未受到公平对待的群体提供更好的发展机会。

米莉非凡的经历提醒着我们，一个人可以克服巨大的困难，在或大或小的各个方面努力提升自己。能走到那么高的位置上，米莉需要付出许多努力。但实际上，正是米莉自己的坚持、她的才华和她对别人的无限关怀，才真正成就了米莉，让她成为她那个时代最杰出的科学家之一。

很明显，米莉骨子里是个探险家。从她最初在纽约的生活开始，她就一直在个人经历方面，以及为生活中的无数问题寻找答案方面探索着新的可能。她投入一个她能够对基础研究做出贡献的事业上，不断拓宽我们对碳和其他材料的理解。从那些能让她思绪游荡，不断激发她的好奇心的线索中，她获得了很多乐趣。[8] 米莉曾说：**“能够参与到这场知识大爆炸中，对我来说是一种莫大的荣幸，而能够向他人讲授这些知识，更是荣幸之至。”**[9] 她在 2013 年补充说道：**“我认为科学家的目标就是发现未知，这是个永恒的目标。它能让你每天都保持警觉与兴奋。”**[10]

当然，米莉也很想回馈大众，包括学生们、她的研究团队，以及整个社会。2007 年，她说道：“我刚开始自己的事业时，以为自己没有事业。事实上，我能拥有事业，正是因为社会给予我的帮助。因此，我觉得我应当做出回馈。”[11] 米莉一生中所做的贡献，远远超过了她被给予的。在她 87 年的时光里，她一直是个给予者，她一直向别人给予她的时间、她的智慧、她的精力、她的关爱和她的热情。在她最后接受的其中一次采访中，“碳女王”米莉确信，她的话能激励他人在未来掀起科学发现的浪潮。她宣称：**“我们需要新科学和新想法，我们有足够的空间容纳年轻人加入，助力他们在激发那些新想法的工作上成就自己的事业。这条人生道路非常有趣。来吧，和我一起！”**[12]

致谢

Carbon Queen

2002 年夏天，我是《发现》杂志的一名年轻的科学记者。当时，我接到了一项最令我难忘的研究任务：撰写一篇特别文章，突出当时被编辑们称为“科学界最重要的女性”的 50 个人。我对科学界女性的历史非常感兴趣，兴致勃勃地研究了名单上的每个人，并与她们取得联系以确保我们搜集的信息准确无误。在最终布局中，夹在粒子物理学家珀西丝・德雷尔（Persis Drell）和海洋学家西尔维娅・厄尔（Sylvia Earle）之间的了不起的米尔德里德・德雷斯尔豪斯露出了她一贯的迷人笑容。

当我 2014 年来到麻省理工学院新闻办公室担任编辑时，我开始更深入地了解米莉的影响力。没过多久，我就在麻省理工学院庄严的大厅里听到人们充满敬意地提到她的名字。我对她 80 多岁还在继续从事研究工作感到敬畏。那年年末，我有机会见到了这位受人尊敬的教授。那是 11 月的一个阴天下午，就在她从奥巴马手中接过总统自由勋章的几天前，我步行前往她的办公室，本以为我会很快将我按照她的样子制作的乐高迷你人偶交给她，而实际上，她却热情地招待了我至少半小时。在此期间，我们聊了环球旅行、科学界的女性，以及她在纽约的成长经历。最后她与我合影留念，并将迷你人偶放在了她最珍贵的奖项中间。

然而，直到她 2017 年去世，我才开始认识真正的米莉。通过整理她几十年来的访谈和个人资料，以及对她的家人、同事、学生和其他人进行访谈，我逐渐了解到的这位科学家、导师、管理者、母亲和祖母，与我在 2002 年第一次瞥见的单一、明亮的波长相比，这时的她就像一道棱镜般的彩虹。

说起邀请我踏上穿越米莉一生的史诗之旅的人，我首先要感谢我在麻省理工学院出版社的同事们，特别是叶尔米·马修斯（Jermey Matthews），他陪我一起走过了通往第一作者身份的桥梁，在这一路上为我提供了关键的指导和帮助；埃米·布兰德（Amy Brand）在项目的各个阶段不断给予我鼓励；黑利·比尔曼（Haley Biermann）为本书的制作全程提供程序协助；4 位匿名审稿人，他们的评论使本书初稿的质量得到进一步提升；还有吉塔·马纳克塔拉（Gita Manaktala）、朱迪思·费尔德曼（Judith Feldmann）、贝弗利·米勒（Beverly Miller）、苏珊·克拉克（Susan Clark）、玛格丽塔·恩科米恩达（Margarita Encomienda）、肖恩·莱利（Sean Reilly）、凯特·埃尔韦尔（Kate Elwell）、杰伊·马尔齐（Jay Martsi）、尼古拉斯·迪萨巴蒂诺（Nicholas DiSabatino）、杰斯·佩利安（Jess Pellien）、比尔·史密斯（Bill Smith）和他的销售团队，以及所有帮助将这本书推向全世界的编辑、设计师和营销经理。我也非常感谢通过麻省理工学院出版社多元声音基金支持该项目的资助者，该基金支持理工科领域自我认同的女性、非二元个体和其他未受到公平对待的群体的写作。

德雷斯尔豪斯大家庭提供了有关米莉和吉恩的过往信息、令人大开眼界的照片和两人之间感人的片段。我特别感谢肖什的贡献，她分享了她的见解、档案文件、照片和其他资源，包括米莉职业生涯非常详细的时间线。我非常感谢玛丽安娜邀请我走进她的大家庭，感谢吉恩、保罗、艾略特、卡尔、伊丽莎白、克拉拉、莱奥拉、杰弗里·库珀（Geoffrey Cooper）与我互动，分享米莉的故事和经历。

劳拉·道蒂担任德雷斯尔豪斯夫妇的行政助理长达20年，在这段时间里，她在很多方面为米莉和吉恩提供了持续不断的支持。谢谢你，劳拉，谢谢你诉说的回忆中的故事和你眼中的米莉的魔力。

许多其他人与我分享了他们记忆中的米莉。我感谢里德·舒斯基、克拉伦斯·威廉姆斯、陈刚、孔静、阿维娃·布雷彻、伊丽莎白·斯图尔特、芭芭拉·雅各布斯（Barbara Jacobs）、玛茜·布莱克、法纳兹·尼鲁伊、马里奥·霍夫曼、桑吉塔·巴蒂亚、彻丽·默里（Cherry Murray）、赛勒斯·莫迪（Cyrus Mody）、舍温·莱勒（Sherwin Lehrer）和劳拉·罗思对米莉的怀念。

许多人在早期给予了我很多的鼓励，并给我提供了宝贵的反馈意见。我非常感谢艾米丽·尼尔（Emily Neill）、约瑟夫·马丁、特蕾西·斯沃茨（Traci Swartz）、阿瑟·艾森克拉夫特（Arthur Eisenkraft）、汤姆·吉尔蒂（Tom Gearty）、赛斯·姆努金（Seth Mnookin）、爱丽丝·德拉古恩（Alice Dragoon）、黛博拉·布鲁姆（Deborah Blum）、彼得·邓恩（Peter Dunn）、黛博拉·钟（Deborah Chung）、玛丽恩·雷恩（Marion Reine）、莎拉·西蒙（Sarah Simon）、科琳·史密斯（Coleen Smith）、劳伦·格拉维兹（Lauren Gravitz），特别是詹妮弗·朱（Jennifer Chu）、丹尼尔·胡登（Daniel Hudon）和艾米丽·希斯坦德（Emily Hiestand）对我的大力指导。

衷心感谢卡罗琳·范德·米尔同意把她献给米莉的颂歌交给我作为本书的献词一起出版，感谢吉利恩·德雷厄（Gillian Dreher）、特雷莎·麦克赫默（Theresa Machemer）和埃莱·威洛比（Ele Willoughby）为我提供了他们为米莉绘制的精美的肖像画。

我很感谢我在麻省理工学院新闻办公室的同事史蒂夫·布拉德特（Steve Bradt）、金伯利·艾伦（Kimberly Allen），特别是凯西·雷恩（Kathy Wren），他们给了我很多鼓励，并在我休假期间替我分担了很多工作。我还要感谢麻省理工学院图书馆的工作人员，特别是麻省理工学院特色馆藏馆的迈尔斯·克劳利（Myles Crowley）、诺拉·墨菲（Nora Murphy）和伊丽莎白·安德鲁斯（Elizabeth Andrews），以及拉德克利夫学院施莱辛格图书馆和亨特学院附属高中图书馆的工作人员。

我也很感谢麻省理工学院教务长办公室的多琳·莫里斯（Doreen Morris），她提供了有关艾比·洛克菲勒·莫泽基金会资助的教授职位的档案信息；麻省理工学院研究所的莉迪亚·斯诺弗（Lydia Snover）提供了有关麻省理工学院女性的数据；雷切尔·肯珀（Rachel Kemper）、安妮·斯图亚特（Anne Stuart）、艾琳·黄永蓉（Irene Yong Rong Huang，音译）和斯蒂芬·索尔克（Stephen Salk）为麻省理工学院的系级和人力资源指导提供了帮助；罗伯特·格雷（Robert M. Gray）和黛比·道格拉斯（Debbie Douglas）对麻省理工学院女性的历史提出了深刻见解。我还要感谢麻省理工学院的同事们，他们为我的这个项目提供了后勤支持，以及 Lumina Datamatics 的合作者，他们为我提供了重要的照片、插图，以及戴维·卢利亚克（David Luljak）在索引方面所做的工作。

我非常感谢在我写这本书和专注于其他工作时帮我照顾家人的许多人。我向你们每个人表达我的感激之情，因为是你们使这一切成为可能。

如果没有我家人的大力支持，我不可能写出这本书，尤其是我的父母罗莎和洛，他们给了我很多鼓励，还让我拥有了固定的写作时间，让我能够全身心投入其中。我的兄弟乔迪，是他给了我承担如此重大项目的勇气。还有我深爱的米诺，他持续的轻轻的鼾声陪伴了无数个我投入写作的深夜。温斯托克家族每天给予我灵感。感谢你们所做的一切。

最后，写给我的小宝贝：米莉的故事也是你的故事，因为在你出生的最初几年里，米莉的故事伴随着你一起成长。谢谢你成为我生命中的一束光。

考虑到环保的因素，也为了节省纸张、降低图书定价，本书编辑制作了电子版的注释。请扫描下方二维码，直达图书详情页，点击“阅读资料包”获取。

未来，属于终身学习者

我们正在亲历前所未有的变革——互联网改变了信息传递的方式，指数级技术快速发展并颠覆商业世界，人工智能正在侵占越来越多的人类领地。

面对这些变化，我们需要问自己：未来需要什么样的人才？

答案是，成为终身学习者。终身学习意味着永不停歇地追求全面的知识结构、强大的逻辑思考能力和敏锐的感知力。这是一种能够在不断变化中随时重建、更新认知体系的能力。阅读，无疑是帮助我们提高这种能力的最佳途径。

在充满不确定性的时代，答案并不总是简单地出现在书本之中。“读万卷书”不仅要亲自阅读、广泛阅读，也需要我们深入探索好书的内部世界，让知识不再局限于书本之中。

湛庐阅读 App：与最聪明的人共同进化

我们现在推出全新的湛庐阅读App，它将成为您在书本之外，践行终身学习的场所。

- 不用考虑“读什么”。这里汇集了湛庐所有纸质书、电子书、有声书和各种阅读服务。
- 可以学习“怎么读”。我们提供包括课程、精读班和讲书在内的全方位阅读解决方案。
- 谁来领读？您能最先了解到作者、译者、专家等大咖的前沿洞见，他们是高质量思想的源泉。
- 与谁共读？您将加入优秀的读者和终身学习者的行列，他们对阅读和学习具有持久的热情和源源不断的动力。

在湛庐阅读App首页，编辑为您精选了经典书目和优质音视频内容，每天早、中、晚更新，满足您不间断的阅读需求。

【特别专题】【主题书单】【人物特写】等原创专栏，提供专业、深度的解读和选书参考，回应社会议题，是您了解湛庐近千位重要作者思想的独家渠道。

在每本图书的详情页，您将通过深度导读栏目【专家视点】【深度访谈】和【书评】读懂、读透一本好书。

通过这个不设限的学习平台，您在任何时间、任何地点都能获得有价值的思想，并通过阅读实现终身学习。我们邀您共建一个与最聪明的人共同进化的社区，使其成为先进思想交汇的聚集地，这正是我们的使命和价值所在。

著作权合同登记号：图字：01-2024-5321 号

图书在版编目（CIP）数据

碳女王的科学幻想曲/（美）马娅·温斯托克著；孙薇译. --北京：中国纺织出版社有限公司，2024.12. -- ISBN 978-7-5229-2283-6

Ⅰ. K837.126.1

中国国家版本馆CIP数据核字第2024KC4738号

责任编辑：刘宇飞　　责任校对：王蕙莹　　责任印制：王艳丽

中国纺织出版社有限公司出版发行
地址：北京市朝阳区百子湾东里 A407 号楼　邮政编码：100124
销售电话：010—67004422　传真：010—87155801
http://www.c-textilep. com
中国纺织出版社天猫旗舰店
官方微博 http://weibo.com/2119887771
唐山富达印务有限公司印刷　各地新华书店经销
2024年12月第1版第1次印刷
开本：880 × 1230　1/32　印张：10.25　插页：9
字数：195千字　定价：109.90元

凡购本书，如有缺页、倒页、脱页，由本社图书营销中心调换